普通高等教育"十一五"国家级规划教材

普通高等学校计算机教育"十二五"规划教材

AutoCAD 2014 计算机辅助设计

（土木类）（第2版）

AUTOCAD 2014
COMPUTER-AIDED DESIGN
(CIVIL ENGINEERING)(2nd edition)

王茹 ◆ 主编

U0212644

人民邮电出版社

北京

图书在版编目（ＣＩＰ）数据

AutoCAD 2014计算机辅助设计：土木类／王茹主编
. -- 2版. -- 北京：人民邮电出版社，2014.5（2022.11重印）
普通高等学校计算机教育"十二五"规划教材
ISBN 978-7-115-34829-6

Ⅰ．①A… Ⅱ．①王… Ⅲ．①计算机辅助设计—
AutoCAD软件—高等学校—教材 Ⅳ．①TP391.72

中国版本图书馆CIP数据核字(2014)第046104号

内 容 提 要

本书是土木类专业院校教授与设计院、设计软件研究院、施工单位的 AutoCAD 专家联手编著的结晶。

全书结合设计院、施工单位、教学三方面的实践，介绍了 AutoCAD 在土木工程中的应用，是一本理论与务实兼顾的 AutoCAD 专业图书。全书共 10 章，第 1 章～第 8 章介绍了常见结构工程 CAD 软件，结合国家规范及行业标准，详细讲解了 AutoCAD 的强大功能和绘图方法。第 9 章给出了建筑结构绘图模板及典型建筑工程图形的绘制方法和技巧，是利用 AutoCAD 软件进行建筑结构设计的综合应用。第 10 章，结合作者多年工程实践，详细讲解了钢筋混凝土施工图、结构平法施工图、钢结构施工图的相关知识和绘制方法，是结构工程师利用 AutoCAD 软件进行设计绘图的基础。本书在引导读者学习掌握 AutoCAD 的基础上，还在附录 A、附录 B 中分别介绍了我国自主研发的结构设计软件 PKPM 的基本操作和基于 BIM 技术的 Revit Structure 软件的使用。

本书适合作为高等院校本、专科计算机辅助绘图设计课程的教材，也是一本土木工程等相关行业的设计和工程绘图人员学习计算机绘图的参考书。

未经本书原作者和出版者允许，任何单位和个人不得以任何形式或手段复制或传播本书的部分或全部内容。

◆ 主　　编　王　茹
　　责任编辑　邹文波
　　执行编辑　吴　婷
　　责任印制　彭志环

◆ 人民邮电出版社出版发行　　北京市丰台区成寿寺路 11 号
　　邮编　100164　　电子邮件　315@ptpress.com.cn
　　网址　http://www.ptpress.com.cn
　　固安县铭成印刷有限公司印刷

◆ 开本：787×1092　1/16
　　印张：20.75　　　　　　　2014 年 5 月第 2 版
　　字数：504 千字　　　　　2022 年 11 月河北第 17 次印刷

定价：45.00 元

读者服务热线：(010)81055256　　印装质量热线：(010)81055316
反盗版热线：(010)81055315
广告经营许可证：京东市监广登字20170147号

第 2 版前言

"十一五"国家级规划教材《AutoCAD 计算机辅助设计（土木工程类）》自出版以来，得到广大工科院校土木类专业教师的认同而被选用，第 2 版保留原教材概念深入浅出，内容丰富、翔实的特色，仍然保持了第 1 版内容主体结构不变，对每个章节的内容进行了全面更新，并在各章节大量增加土木工程图形实例和绘图技巧，加强了实践操作环节。

同时，为适应卓越工程师实践性的需要，在第 2 版编写过程中，除了有多年教学经验的高校一线教师参加外，还邀请了中国核电工程有限公司郑州分公司民用建筑设计院林元庆总工、中国建筑研究院 PKPM 工程部马恩成研究员和中国建筑股份有限公司上海分公司陈雨生高工参与编写。全书结合设计院、施工单位、教学三方面的实践经验，增强了教学、设计、工程应用三方面的统一和协调。在保证方便教学的同时，大大加强实践性环节，使读者通过阅读本书真正达到学以致用的目的。

第 2 版以目前推出的最新版本 AutoCAD 2014 为基础，通过"技巧与提示"等方式兼顾读者对不同版本使用的需求，主要进行了以下几方面的改进工作。

（1）将第 1 版中第 9 章——建筑结构施工图绘图标准，分别放到相应章节中，使读者对工程结构设计软件的学习与国家规范及行业标准更好地衔接。并在对应章节中明确给出建筑图纸设计绘图中的常用参数设置，如建筑图纸常用文字样式、图层、线型、典型建筑图纸尺寸标注样式及其子标注样式参数设置等。

（2）在第 1 章中，一方面增加了土木工程设计与施工图绘制基础知识，另一方面在介绍 AutoCAD "草图与注释"新操作界面的基础上，为使用过 AutoCAD 以前版本的用户，保留了 "AutoCAD 经典"界面操作应用。

（3）在第 2 章~第 8 章中，增加介绍 AutoCAD 更多新功能。如：设置对象约束，路径矩阵及矩阵编辑，图形文件的检查、修复和清理，动态块的应用，设计中心与附着外部参照，通过外部文件在 AutoCAD 中输入 Excel 表格等，配合大量绘图技巧与提示，大大提高读者的绘图效率。同时结合工程设计实际，增加了例题和习题的数量，便于读者学习和实践。

（4）新的第9章，在介绍建筑结构绘图模板的基础上，给出了一套完整的建筑总平面图、平面图、立面图及剖面图的设计与绘制实例，并结合实际应用给出大量的绘图技巧与提示，是利用 AutoCAD 软件进行建筑结构设计的综合应用。

（5）新的第10章，结合作者多年工程实践，详细讲解了钢筋混凝土施工图、结构平法施工图、钢结构施工图的相关知识和绘制方法，是结构工程师利用 AutoCAD 软件进行设计绘图的基础。

（6）随着 BIM 技术在土木工程领域的快速应用，本书在第2版的附录 A 中介绍我国自主研发并被广泛使用的 PKPM CAD 软件系统；在附录 B 中介绍了基于 BIM 技术的 Revit Structure 软件的使用。

全书由王茹主编并统稿。参加本书具体编写工作的有：西安建筑科技大学王茹重新修订并编写第1章、第4章、第9章及附录 B；西安理工大学邢毓华重新修订并编写第3章、第6章、第8章；中国核电工程有限公司郑州分公司民用建筑设计院林元庆重新修订并编写第10章、中国建筑研究院 PKPM 工程部马恩成编写附录 A；中国建筑股份有限公司上海分公司陈雨生重新修订并编写第7章及附录 B；西安建筑科技大学朱旭东重新修订并编写第2章，中北大学王艳红重新修订并编写第5章。

本书第1版的作者雷光明教授由于年龄关系不再参加编写工作，张琪玮、张淑艳老师也因为工作变动或其他原因没能参加本书第2版的编写工作，在此衷心感谢雷光明、张琪玮、张淑艳等第1版的作者为本书做出的重要贡献！编者的研究生张祥、宋楠楠参与部分资料收集工作，徐东东、朱旭、王敏、韩婷婷进行了部分文字校对工作，在此一并感谢。

尽管我们已经付出极大的努力来完善本书，但书中难免存在不足之处，恳请广大读者批评指正。同时，希望采用本教材的广大教师和读者，对使用中发现的问题，提出宝贵的意见和建议，使之更臻完善。联系邮箱：rukingjsj@sina.com。

编者

2016 年 1 月于西安

目　录

第 1 章 计算机辅助设计概述

计算机辅助设计（Computer Aided Design，CAD）技术作为 20 世纪人类最杰出的成就之一，已广泛渗透和普及于机械制造、航空、船舶、汽车、土木工程、电子、轻工业、纺织服装、大规模集成电路以及环境保护、城市规划等行业，彻底改变了传统的以手工绘图为主的产品和工程设计方式，极大地提高了设计效率和设计质量，缩短了新产品研发和工程建设周期，降低了成本，提高了企业的市场竞争力，成为代表与衡量一个国家科技与工业现代化水平的一个重要标志。随着我国土木建筑行业的蓬勃发展，土木工程设计需求的不断增长，采用计算机软件辅助土木工程设计已成为不可逆转的趋势。

1.1 土木工程设计与施工图绘制基础

建筑与土木工程是基础建设的重要工程领域，它们研究和创造人类生活需求的形态环境，建造与完善各类工程设施。建筑与土木工程领域，不仅涉及区域与城市规划、工业与民用建筑物的设计，而且还涉及各类工程设施与环境的勘测、设计、施工和维护。土木工程设计，一般包括建筑设计、结构设计和设备设计等部分，它们之间既有分工，又相互密切配合。

1.1.1 土木工程设计阶段概述

土木工程设计主要分为初步设计、技术设计和施工图设计三个阶段。

1. 初步设计阶段

初步设计是土木工程设计的第一阶段，它的主要任务是提出设计方案，即在已定的基地范围内，按照设计任务书所拟的房屋使用要求，综合考虑技术经济条件和建筑艺术方面的要求，提出设计方案。

初步设计的内容包括确定建筑物的组合方式，选定所用建筑材料和结构方案，确定建筑物在基地的位置，说明设计意图，分析设计方案在技术上、经济上的合理性，并提出概算书。

初步设计的图纸和设计文件有以下几种。

（1）建筑总平面。比例尺 1：500～1：2000（建筑物在基地上的位置、标高、道路、绿化以及基地上设施的布置和说明）。

（2）各层平面及主要剖面、立面。比例尺 1：100～1：200（标出房屋的主要尺寸，房间的面积、高度以及门窗位置，部分室内家具和设备的布置）。

（3）说明书（设计方案的主要意图，主要结构方案及构造特点，以及主要技术经济指标等）。

（4）建筑概算书。

（5）根据设计任务的需要，可能辅以建筑透视图或建筑模型。

建筑初步设计有时可有几个方案进行比较，送审经有关部门协议并确定的方案批准下达后，这一方案便是二阶段设计时的施工准备、材料设备定货、施工图编制以及基建拨款等的依据文件。

2. 技术设计阶段

技术设计时的主要任务是在初步设计的基础上，进一步确定房屋各工种和工种之间的技术问题。技术设计的内容为各工种相互提供资料、提出要求，并共同研究和协调编制拟建工程各工种的图纸和说明书，为各工种编制施工图打下基础。在三阶段设计中，经过送审并批准的技术设计图纸和说明书等，是施工图编制、主要材料设备定货以及基建拨款的依据文件。

技术设计的图纸和设计文件，要求建筑工种的图纸标明与技术工种有关的详细尺寸，并编制建筑部分的技术说明书，结构工种应有房屋结构布置方案图，并附初步计算说明，设备工种也提供相应的设备图纸及说明书。

对于不太复杂的工程，技术设计阶段可以省略。把这个阶段的一部分工作纳入初步设计阶段，称为扩大初步设计；另一部分工作则留待施工图设计阶段进行。

3. 施工图设计阶段

施工图设计是土木工程设计的最后阶段。它的主要任务是满足施工要求，即在初步设计或技术设计的基础上，综合建筑、结构、设备各工种，相互交底、核实核对，深入了解材料供应、施工技术、设备等条件，把满足工程施工的各项具体要求反映在图纸中，做到整套图纸齐全统一，明确无误。

施工图设计的内容包括：确定全部工程尺寸和用料，绘制建筑、结构、设备等全部施工图纸，编制工程说明书、结构计算书和预算书。

施工图设计的图纸及设计文件有以下几种。

（1）建筑总平面。比例尺 1：500（建筑基地范围较大时，也可用 1：1000、1：2000，应详细标明基地上建筑物、道路、设施等所在位置的尺寸、标高，并附说明）。

（2）各层建筑平面、各个立面及必要的剖面。比例尺 1：100～1：200。

（3）建筑构造节点详图。根据需要可采用 1：1、1：5、1：10、1：20 等比例尺（主要为檐口、墙身和各构件的连接点，楼梯、门窗以及各部分的装饰大样等）。

（4）各工种相应配套的施工图。包括基础平面图和基础详图、楼板及屋顶平面图和详图，结构构造节点详图等结构施工图、给排水、电器照明以及暖气或空气调节等设备施工图。

（5）建筑、结构及设备等的说明书。

（6）结构及设备的计算书。

（7）工程预算书。

1.1.2　土木工程设计制图标准

在建筑设计过程中，设计人员需要按照国家相关规范和标准进行设计，确保建筑的安全性、经济性、适用性等，并形成设计图纸。国家标准《房屋建筑制图统一标准》GB/T 50001—2001、《总图制图标准》GT/T50103—2001、《建筑制图标准》GB/T 50104—2001 是土木建筑专业手工制图和计算机制图的依据。

制图标准是每个技术人员必须遵守的技术法规，只有熟悉现行的制图标准，才能在设计时绘制出符合要求的设计、施工图纸。本书将结合基本绘图命令，在以后各章节中介绍现行建筑结构制图国家标准的有关基本规定。

1.1.3　施工图的分类及组成

建筑工程图根据其内容和工种不同可分为以下几种类型。

1. 建筑施工图

建筑施工图（简称建施）主要用来表示建筑物的规划位置、外部造型、内部各房间的布置，内外装修、结构及施工要求等。建筑施工图包括施工图首页、总平面图、各层平面图、立面图、剖面图及详图。本书将在第 9 章通过实例介绍总平面图、各层平面图、立面图、剖面图及详图的设计绘图方法。

2. 结构施工图

结构施工图（简称结施）主要表示建筑物承重结构的类型、结构布置、构件种类、数量、大小及做法等。结构施工图包括结构设计说明、结构平面布置图及构件详图等。本书将在第 10 章通过实例介绍钢筋混凝土结构施工图、钢结构施工图设计绘图方法。

3. 设备施工图

设备施工图（简称设施）主要表达建筑物的给水排水、暖气通风、供电照明、燃气等设备的布置和施工要求等。设备施工图主要包括各种设备的平面布置图、系统图和详图等内容。

1.2　常用土木工程 CAD 软件介绍

目前，CAD 技术已在众多行业广泛应用，各行业的 CAD 类软件数不胜数。以土木工程结构设计行业为例，众所周知，土木工程结构设计的计算工作复杂而繁重，绘图、设计、分析的工作量很大，其中许多重复性工作单调而枯燥，但又容不得差错，这正是最能体现和发挥 CAD 技术应用价值的领域。因此，土木工程结构设计是较早采用 CAD 技术的专业之一，目前已在设计、施工等方向广泛应用。表 1-1 为常用土木工程辅助设计、分析软件介绍。

表 1-1   **常用土木工程 CAD 软件介绍**

软件名称	开发单位（厂商）	适用范围	主要功能及特点
PKPM 系列软件	中国建筑科学研究院设计软件事业部（PKPM CAD 工程部）	PKPM 系列软件是具有完全独立知识产权的一套集建筑设计、结构设计、设备设计、节能设计于一体的大型建筑工程综合 CAD 系统	PKPM 系列软件包括建筑设计系列软件 APM、ABD；平面建模 PMCAD、空间结构建模 SpasCAD、二维建模 PK；多高层分析设计软件 SATWE、PMSAP、TAT 等；以及施工图设计软件、建筑工程量统计软件 STAT-S、STSL 等 APM 用人机交互方式输入三维建筑形体，直接对模型进行渲染及制作动画，可完成平面、立面、剖面及详图的施工图设计，还可生成二维渲染图。PKPM 结构分析软件包，容纳了国内最流行的各种计算方法，全部结构计算模块均按新的设计规范编制。软件具有丰富和成熟的结构施工图辅助设计功能，适应多种结构类型，在国内率先实现建筑、结构、设备、节能、概预算数据共享。它是结构工程设计与分析中常用的工具
AutoCAD	美国 Autodesk（欧特克）公司	AutoCAD 是一个通用的交互式绘图软件，其绘图功能完善，使用方便，是目前国内外广为流行的计算机辅助设计软件，应用范围涉及机械、电子、土木建筑、航空、汽车制造、造船、石油化工、轻纺、环保等领域	AutoCAD 不仅具有丰富的绘图功能，还具有强大的编辑功能和良好的用户界面，用于二维绘图、详细绘制、设计文档和基本三维设计。现已经成为国际上广为流行的绘图工具。AutoCAD 2000 以后，增强了三维造型、图像处理功能以及附加工具集，支持程序设计界面 ActiveX Automation，提供开发脚本、宏和第三方 Automation 应用程序的手段，还具有网络绘图功能，支持多种图形存取格式，可实现不同的 CAD 系统间的图形传递。其开放式的绘图接口，适合在其基础上开发各种专业的绘图软件，天正结构 CAD 就是其中的一种
广联达建设工程造价软件	中国广联达软件股份有限公司	广联达建设工程造价软件以建设工程项目招投标为起点，围绕项目招投标和全过程造价管理，为项目各个参与方提供计价和招投标管理的软件产品	核心产品主要有土建算量软件、安装算量软件、钢筋算量软件、计价软件、审核软件、精装算量软件、图形对量软件、钢筋对量软件、结算管理软件、造价指标数据管理软件等 围绕建设项目招投标、施工、结算审计过程中的造价管理工作，通过先进的软件产品、专业咨询及服务，实现工程项目的计量、对量、询价、计价、招/投标文件编制、电子评标、数据积累、指标分析、施工进度统计及审核、结算管理和审核，并依据各参与方不同阶段的造价管理特点形成针对性的阶段运用模式，从而推动各参与方造价管理能力不断进步，建立起协同、整合、高效的动态工程造价管理体系
Bentley 系列软件	美国奔特力（Bentley）工程软件有限公司	Bentley 系列软件主要包括 MicroStation、ProjectWise、AssetWise 等多款技术软件	MicroStation 具有先进的信息建模环境，是建筑、土木工程、交通运输、加工工厂、离散制造业、政府部门、公用事业和电讯网络等领域解决方案的基础平台。ProjectWise 是一款专门针对基础设施项目的建造、工程、施工和运营（AECO）进行设计和建造开发的项目协同工作和工程信息管理软件。与传统的文档管理和协同工作软件不同的是，ProjectWise 是一个协同工作服务器和服务系统，用于在基础设施项目进行设计和施工时为其提供 AECO 信息。AssetWise 是一个资产信息管理平台，可提供基础设施资产运营所需的应用程序和在线服务。该平台提供卓越的资产生命周期信息管理（ALIM），在显著提高信息完整性和运营效率的同时，在整个生命周期内简化并维护于基础设施资产相关的业务流程

软件名称	开发单位（厂商）	适用范围	主要功能及特点
SAP2000 中文版	美国 CSI 公司 /北京金土木软件技术有限公司 /中国建筑标准设计研究院	SAP2000 中文版是一款集成化的通用结构分析与设计软件	主要适用于模型比较复杂的结构，如桥梁、体育场、大坝、海洋平台、工业建筑、发电站、输电塔、网架、高层民用建筑等结构形式的三维结构整体性能分析。空间建模方便，荷载计算功能完善，可从其他 CAD 软件导入，文本输入输出功能完善。结构弹性静力及时程分析功能相当不错，效果高，后处理方便。不足之处在于弹塑性分析方面功能较弱，有塑性铰属性，非线性计算收敛性较差。提供二次开发接口。结构工程分析中常用的工具
ETABS 中文版	美国 CSI 公司/中国建筑标准设计研究院	ETABS 是一个建筑结构分析与设计的集成化环境	ETABS 建模方便，采用平面、立面和自定义视平面进行功能强大的 3D 建模，并辅以多种自动模板来适应不同类型的建筑；面向对象的实体单元建模，允许采用较大的单元而不需要在每个节点都进行划分强大的类似 AutoCAD 的编辑特点；支持多种 CAD 数据文件格式，方便用户使用；集成了荷载计算、静动力分析、线性与非线性计算等计算分析为一体；集成了美国、加拿大、欧洲规范和中国等多国设计规范，可以完成绝大部分国家和地区的结构工程设计工作，有利于参与国际性的设计竞争。结构工程设计与分析中常用的工具
Xsteel	芬兰 TEKLA 公司	Xsteel 是一个基于面向对象技术的智能化的钢结构详图设计软件包。独立的三维智能钢结构模拟、详图的生成。主要应用于土木建筑、航空、汽车制造、造船等领域	用户可以在一个虚拟的空间中搭建一个完整的钢结构模型，模型中不仅包括结零部件的几何尺寸也包括了材料规格、横截面、节点类型、材质、用户批注语等在内的所有信息。模型能产生所需要的图纸、报告清单及 NC 机器所需的输入数据。所有的信息都可以储存在模型的数据库内。当需要改变设计时，只需改变模型，便可轻而易举地创建新的图纸文件及报告
ANSYS/Multi-Physics 系列软件	美国 ANSYS 公司	ANSYS 软件是融结构、流体、电场、磁场、声场分析于一体的大型通用有限元分析软件。主要应用于航空航天、汽车工业、生物医学、桥梁、建筑、电子产品、重型机械、微机电系统和运动器械等各个工程领域的结构分析、热分析、流体分析、电/静电场分析、电磁场分析	ANSYS 整个产品线包括结构分析（ANSYS Mechanical）系列，流体动力学（ANSYS CFD（FLUENT/CFX））系列，电子设计（ANSYS ANSOFT）系列以及 ANSYS Workbench 和 EKM 等。软件主要包括三个部分：前处理模块、分析计算模块和后处理模块。它提供了 100 种以上的单元类型，用来模拟工程中的各种结构和材料。它能与多数 CAD 软件接口，实现数据的共享和交换，如 Creo, NASTRAN, Alogor, I-DEAS, AutoCAD 等，是现代产品设计中的高级 CAE 工具之一
ABAQUS	达索公司	ABAQUS 是一套功能强大的工程模拟有限元软件，可应用在建筑、勘查、地质、水利、交通、电力、测绘、国土、环境、林业等方面	其解决问题的范围从相对简单的线性分析到许多复杂的非线性问题。ABAQUS 包括一个丰富的、可模拟任意几何形状的单元库。并拥有各种类型的材料模型库，可以模拟典型工程材料的性能，其中包括金属、橡胶、高分子材料、复合材料、钢筋混凝土、可压缩弹性泡沫材料以及土壤和岩石等地质材料，作为通用的模拟工具，ABAQUS 除了能解决大量结构（应力 / 位移）问题，还可以模拟其他工程领域的许多问题，例如热传导、质量扩散、热电耦合分析、声学分析、岩土力学分析（流体渗透 / 应力耦合分析）及压电介质分析

续表

软件名称	开发单位（厂商）	适用范围	主要功能及特点
MIDAS 系列软件	韩国 MIDAS IT 公司	MIDAS 是土木工程有限元分析系列软件，包括 Gen 建筑结构分析设计系统、Civil 桥梁结构分析与设计系统、Building 建筑结构分析设计系统、GTS 岩土与隧道分析设计系统、FEA 土木结构仿真分析程序、FX 机械仿真分析软件等	MIDAS/Civil 是通用的空间有限元分析软件，可适用于桥梁结构、地下结构、工业建筑、飞机场、大坝、港口等结构的分析与设计 MIDAS/Civil 提供灵活多样的建模功能，提高用户的工作效率；提供刚构桥、板型桥、箱型暗渠等多种建模助手；提供中国、美国、欧洲等多个国家和地区的材料和截面数据库，以及混凝土收缩和徐变规范和移动荷载规范；特别是针对桥梁结构，MIDAS/Civil 结合国内的规范与习惯，在建模、分析、后处理、设计等方面提供了很多的便利的功能，目前已为各大公路、铁路部门的设计院所采用
Revit 系列软件	美国 Autodesk 公司	Autodesk Revit 是基于建筑信息模型（Building Information Modeling，简称 BIM）的系列软件，包括 Architecture、Structure、MEP（建筑、结构、水暖电）三款专业软件	Revit Architecture 软件可以按照建筑师和设计师的思考方式进行设计，通过使用专为支持建筑信息模型工作流而构建的工具，来获取并分析概念，保持从设计到建筑的各个阶段的一致性。Revit Structure 软件为结构工程师和设计师提供工具，可以更加精确地设计和建造高效的建筑结构；使用智能模型，通过模拟和分析深入了解项目，并在施工前预测性能；使用智能模型中固有的坐标和一致信息，提高文档设计的精确度。Revit MEP 向暖通、电气和给排水（MEP）工程师提供工具，可以设计复杂的建筑系统，帮助导出更高效的建筑系统从概念到建筑的精确设计、分析和文档。使用信息丰富的模型在整个建筑生命周期中支持建筑系统

随着工程结构的日益复杂和计算机软件技术的发展，土木工程结构分析与设计软件成为结构工程师的最重要的工具之一。当前国内的土木工程结构设计软件以国产软件为主，一些国外软件公司和国内设计院、公司合作，加快了相关软件的本地化。国外一些更为先进的结构设计软件由于不能完全符合中国规范的相关规定，很大程度上是作为超高超限的高层建筑结构的对比分析软件来使用。

1.3　AutoCAD 软件及其操作基础

AutoCAD 是美国 AutoDesk 公司 1982 年推出的计算机辅助设计软件包。自推出以来已经进行了 20 多次升级，其功能日益强大和完善，目前推出的最新版本是 AutoCAD 2014，适用于 Win7 /Vista /Win XP 等操作系统。本书以 AutoCAD 2014 为基础，通过"技巧与提示"等方式兼顾读者对不同版本使用的需求。

1.3.1　AutoCAD 的启动与界面介绍

1. AutoCAD 的启动

安装了 AutoCAD 2014 中文版软件后，可以采用以下 3 种方法启动。

（1）双击桌面上的 AutoCAD 2014 快捷图标 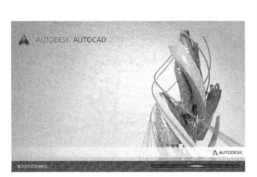。

（2）单击 Windows 桌面左下角的"开始"按钮 ，选择级联菜单中的"所有程序 | Autodesk | AutoCAD 2014-简体中文版（Simplified Chinese）| AutoCAD 2014"。

（3）从"我的电脑"打开相应的文件夹，找到 AutoCAD 2014 的安装目录，双击"SETUP.EXE"文件对应的启动程序图标 。

在启动的过程中会出现如图 1-1（a）、图 1-1（b）所示的初始化界面和"欢迎"界面。"欢迎"界面用于帮助用户了解新增功能和一些入门知识。如果不想每次启动软件时弹出该界面，可以取消勾选该界面左下角的"启动时显示"选项。

（a）初始化界面　　　　　　　　　　　（b）"欢迎"界面

图 1-1　程序启动界面

启动完成后的默认操作界面如图 1-2 所示。

图 1-2　AutoCAD 2014 中文版的默认操作界面

技巧与提示

➤　除了运用以上方法外，用户还可以在.DWG 格式的 AutoCAD 文件上双击，启动 AutoCAD 2014 应用程序，并打开该文件。

➤　为了更清晰显示绘图区域，可以将默认打开的绘图区的"工具选项板"和"平滑网格"工具条关闭。

➤ 本书为打印显示方便，将默认界面中的背景色改为白色。操作方法是：在图 1-2 黑色绘图区域中单击鼠标右键，在弹出的快捷菜单中选择最后一行的"选项..."菜单，在打开的"选项"对话框中单击"显示"标签，单击 颜色(C)... 按钮，在进一步打开的"图形窗口颜色"对话框中可将绘图区背景色调为白色，调整后的显示界面如图 1-3 所示。详细的操作步骤参见本书 3.4.1 节。

2. 体验 AutoCAD 2014 的全新界面

AutoCAD 的操作界面是主要的工作界面。AutoCAD 2014 包含"草图与注释"、"AutoCAD 经典"、"三维基础"和"三维建模" 4 个工作界面。启动 AutoCAD 2014 中文版后的默认界面为"草图与注释"，如图 1-3 所示。

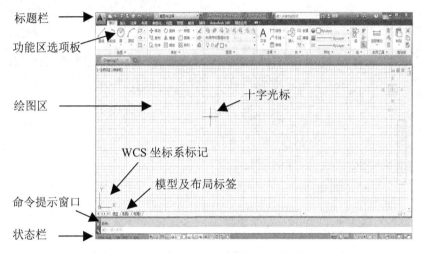

图 1-3　AutoCAD 2014 中文版的"草图与注释"界面简介

（1）标题栏。标题栏位于应用程序窗口的最上方，主要包括"应用程序菜单"按钮、"快速访问"工具条和 AutoCAD 的"文件信息"工具条 3 个部分。

单击标题栏的"应用程序菜单"按钮，系统将弹出如图 1-4 所示的应用程序菜单，其中包括了 AutoCAD 的功能命令和最近使用的文档。选择相应的命令，可以创建、打开、保存、打印和发布 AutoCAD 文件，将当前图形作为电子邮件附件发送，以及制作电子传送集。此外，还可以执行图形维护及关闭图形等操作。

AutoCAD 2014 "快速访问"工具条中包含最常用的操作快捷按钮，方便用户使用。在默认情况下，其中包括"新建"按钮、"打开"按钮、"保存"按钮、"另存为"按钮、"打印"按钮、"放弃"按钮与"重做"按钮、"工作空间"下拉列表 8 个快捷工具。

AutoCAD 的"文件信息"工具条中显示了当前版本、

图 1-4　应用程序菜单

文件名及相关网络服务按钮等信息。第一次打开 AutoCAD，默认文件名为"Drawing1.dwg"。在文本框 [提示关键字或短语] 中输入需要帮助的主题，并单击搜索按钮，可获得相关的帮助；在联通网络的情况下，单击"登录" [登录] 按钮，可以登录 Autodesk Online 服务，访问与桌面软件集成的服务；单击"交换"按钮 [交换]，将显示"交流"窗口，其中包含信息、帮助和下载内容，也可以访问 AutoCAD 社区；单击"帮助"按钮 [帮助] 右侧小三角，在打开的帮助菜单中选择相关选项，可以获得相应帮助。关于如何在 AutoCAD 中获得良好帮助的方法，将在 1.3.7 节详细介绍；"文本信息"工具条最右边的图标可以使 AutoCAD 窗口最小化 [─]、最大化 [□] 和关闭 [×]。

（2）功能区选项板。全新的功能区选项板是下拉菜单和工具栏的主要替代工具，用于显示与基于任务的工作空间关联的按钮和空间。默认状态下，在"草图与注释"工作界面中，功能区选项版包括常用、插入、注释、参数化、视图、管理、输出和 Express Tools 8 个选项卡，每个选项板中包含若干个面板，每个面板中又包含许多命令按钮，如图 1-5 所示。

技巧与提示

➢ 如果需要扩大绘图区域，则可以单击选项卡右侧"功能区调整按钮组" [◠▾] 的左侧按钮 [◠]，使功能区选项板最小化为选项卡。再次单击 [◠] 按钮，则恢复显示完整功能区；也可根据需要，选择"功能区调整按钮组" [◠▾] 的右侧按钮 [▾]，在打开的下拉菜单中可以选择"最小化为选项卡"、"最小化为面板标题"、"最小化为面板按钮"及"循环浏览所有项"等菜单项，调整功能区的大小。

图 1-5　功能区选项板

（3）绘图区。绘图区是无限延伸的绘图空间，利用视图显示操作，可使绘图区域增大或缩小，无论多大的图形，都可置于其中。

该区域左下角显示 WCS（世界坐标系）坐标系统标记，坐标定位设备（鼠标）在绘图区域以"十字光标"的形式在该工作区移动。AutoCAD 将当前十字光标交点坐标值实时显示在状态栏左下角。在 1.3.5 小节中将进一步介绍 AutoCAD 的坐标系统。

（4）模型及布局标签。AutoCAD 的空间分为模型空间和图纸空间，模型空间是用户绘制图样的基本环境，图纸空间则主要完成图纸的布局和输出。绘图区的左下部有 3 个标签，即模型、布局 1、布局 2，它们用于模型空间和图纸空间的切换。模型标签的左边有 4 个滚动箭头，用来滚动显示标签。在 8.1 节中，将专门讲解模型空间与布局空间的相关知识。

（5）命令提示窗口。命令提示窗口用于接受用户的命令和显示信息与提示，是用户和 AutoCAD 进行人机对话的窗口。通过该窗口发出的命令，与菜单和工具栏中相应的按钮操作等效。在绘图时应特别注意这个窗口，AutoCAD 的输入及反馈信息都在其中。AutoCAD 2006 以后的版本中，系统在"动态输入"光标附近提供了一个命令反馈界面，以帮助用户专注于绘图区域。通过使用上箭头键<↑>和下箭头键<↓>，并按<Enter>键查看命令窗口中的命令，并可以重复当前任务中使用的任意命令。

技巧与提示

➢ 在 AutoCAD 2014 版本中，命令提示窗口也可以浮动条的形式显示在绘图区域中下方 ，如图 1-2 所示 。可将鼠标移至浮动条最左侧拖动浮动条，至绘图区域左下方，则命令窗口显示为如图 1-3 所示形式。

➢ 当将鼠标移动至如图 1-3 所示命令提示窗口的上边缘，出现拖动标记 ⬌ ，可扩大或缩小命令提示窗口。对大多数命令，带有两行或 3 行预先提示的命令行（称为命令历史）足以供用户进行查看和编辑。

➢ 要查看不止一行的历史命令，可以单击<F2>功能键切换到文本窗口。文本窗口是命令窗口的扩展，用户可以在其中输入命令，查看提示和信息。文本窗口显示当前工作任务完整的命令历史记录。可以使用文本窗口查看较长的命令输出信息。例如"LIST"命令，该命令显示关于所选"矩形"对象的详细信息，如图 1-6 所示。新版本的文本窗口，增加了"编辑"下拉菜单，可以编辑选择需要的命令（AutoCAD 2014 草图界面浮动条命令窗口，单击<F2>功能键后，浮动条拓展为浮动窗口）。

图 1-6　<F2>功能键切换到的文本窗口　　　　图 1-7　命令窗口或文本窗口中的快捷菜单

➢ 如果在命令窗口或文本窗口中单击鼠标右键，将显示一个快捷菜单，如图 1-7 所示。从中可以访问最近使用过的命令、复制选定的文字或全部命令历史记录、粘贴文字以及访问"选项"对话框。

➢ 利用<Ctrl>+<9>组合键，可以快速实现隐藏或显示命令窗口的切换。

（6）状态栏。AutoCAD 2014 显示界面的最下部是状态栏。状态栏用来显示当前的绘图状态，最左边显示当前光标在绘图区中的三维坐标 900.9093, 507.6416, 0.0000 ；中间位置是一组绘图辅助工具的开关按钮，控制绘图时正交、对象捕捉、栅格显示、极轴、线宽等辅助绘图工具的开关模式。单击可将其切换成打开或关闭状态。该部分的操作方法将在第 3 章中详述。

状态栏右侧 包括一些常用的显示工具和注释工具，通过单击相关按钮可以控制图形或绘图区的状态。

模型 按钮：在模型与布局空间之间进行转换。

按钮：快速查看当前图形在布局空间的布局。

按钮：快速查看当前图形在模型空间的图形位置。

按钮：单击注释比例按钮右侧三角符号，弹出注释比例列表，可根据需要选择适当的注释比例。

按钮：当图标亮显时，表示显示所有比例的注释性对象；当图标变暗时，表示仅显示当前比例的注释性对象。

按钮：在注释比例更改时，自动将比例添加到注释对象。

按钮：单击该按钮，弹出如图 1-8 所示"切换工作空间"菜单，已勾选的选项，是当前正在使用的工作空间，可选择相应工作空间，进行工作空间转换，也可对工作空间进行相关设置。

按钮：用来锁定或解锁指定的工具栏和窗口位置的大小。在该按钮上单击右键，可在如图 1-9 所示的弹出菜单中选择对应操作。

按钮：硬件加速按钮。

按钮：可以进行对象的隔离或隐藏。

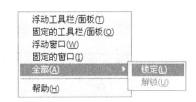

图 1-8　切换工作空间　　　　图 1-9　工具栏窗口位置的锁定与解锁弹出菜单

按钮：用于控制状态栏中的图标显示。单击该应用程序状态栏按钮，在如图 1-10 所示的弹出菜单中选择相应操作。

按钮：全屏显示按钮。该按钮会将窗口中除绘图区、菜单行、命令行外的所有内容隐藏。如果用户习惯于用菜单和命令绘图，可以单击此按钮，则 AutoCAD 2014 屏幕窗口转换为如图 1-11 所示全屏显示模式。也可以通过按<Ctrl>+<0>（零）组合键，在目前用户窗口和清除屏幕窗口间切换。还可以通过单击下拉式菜单"视图（V）｜全屏显示（C）"来切换。

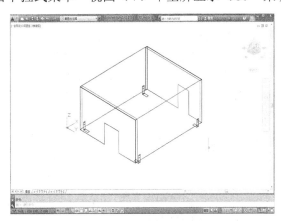

图 1-10　状态栏菜单　　　　图 1-11　AutoCAD 2014 全屏显示界面

3. AutoCAD 2014 的经典界面

为了便于使用过 AutoCAD 以前版本的用户学习，我们在此也对 AutoCAD 2014 经典界面的使用给予介绍。

工作界面的转换方法是：单击界面状态栏右下角的"切换工作空间按钮" ，在打开的工作空间选择菜单中选择"AutoCAD 经典"选项，如图 1-12 所示，系统转换到 AutoCAD 经典界面，如图 1-13 所示。

图 1-12　工作空间选择菜单

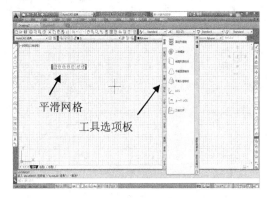

（a）打开绘图区栅格

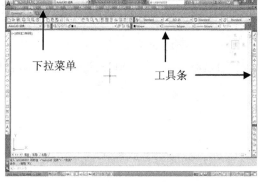

（b）关闭绘图区栅格

图 1-13　AutoCAD 2014 中文版的经典界面

🤚 **技巧与提示**

➤ 为了节省绘图区的空间，可以将如图 1-13（a）所示绘图区的"工具选项板"和"平滑网格"工具条关闭。还可单击状态栏栅格按钮▦，关闭绘图区栅格，结果如图 1-13（b）所示。

在 AutoCAD 经典界面中，标题栏、绘图区、命令窗口及状态栏与"草图与注释"默认界面完全相同，默认界面中的"功能区选项板"集合了经典界面的下拉式菜单栏和工具栏的功能。下面我们重点介绍下拉式菜单栏和工具栏这两个部分。

（1）菜单栏。AutoCAD 经典界面的菜单栏与其他 Windows 程序一样也是下拉形式的，是 AutoCAD 命令的集合。AutoCAD 2014 经典界面的的菜单栏包含"文件"、"编辑"、"视图"、"插入"、"格式"、"工具"、"绘图"、"标注"、"修改"、"参数"、"窗口"和"帮助"12 个菜单，这些菜单几乎包含了 AutoCAD 中所有的命令，可以在菜单栏选择命令。本书将在以后的章节中，结合各章内容详细介绍相关菜单命令的使用。

（2）工具栏。工具栏是一组图标型工具条的集合。为提高绘图效率，AutoCAD 系统提供了 40 多种工具条。启动 AutoCAD 后，在默认情况下，可见绘图区顶部的"标准"工具条、"样式"工具条、"图层"工具条、"特性"工具条和"工作空间"工具条，如图 1-14（a）所示。位于绘图区左侧的"绘图"工具条、位于绘图区右侧的"修改"工具条和"绘图次序"工具条，如图 1-14（b）所示。

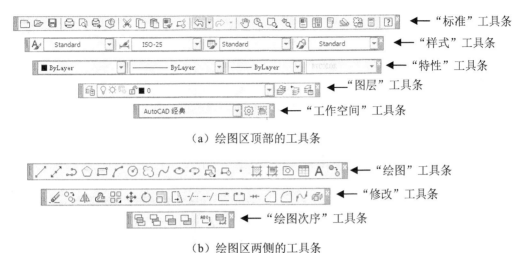

（a）绘图区顶部的工具条

（b）绘图区两侧的工具条

图 1-14　默认情况下打开的工具条

拖动工具条的标题竖线位置 ▐（位于工具条的左侧或顶部），可以移动相应工具条到需要的位置；单击工具条右侧的关闭按钮 ▐ ，可以关闭已打开的工具条。根据需要，也可以打开其他工具条或关闭已有工具条。打开或关闭工具条可采用以下两种方法。

方法一：在 AutoCAD 窗口已打开的任意一个工具条上单击鼠标右键，在弹出的菜单中选择需要打开或关闭的工具条，如图 1-15（a）所示。

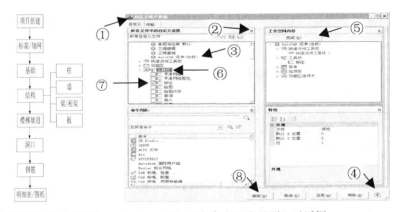

（a）弹出的工具栏菜单　　　（b）"自定义用户界面"对话框

图 1-15　弹出的工具栏菜单

方法二：①单击"视图"菜单，选择"工具栏（O）…"，打开"自定义用户界面"对话框，如图 1-15（b）所示。②单击对话框第一行 "所有文件中的自定义设置"右边的展开按钮 ∨，变为 ∧，则在对话框中展开"所有自定义文件"窗口。③在窗口中单击" ✿ AutoCAD 经典(当前)"。④单击对话框右下角的展开按钮 ⊙，变为 ⊙，展开对话框。⑤在右上角展开的"工作空间内容"窗口中单击 自定义工作空间(C) 按钮，其变为 完成(D) 按钮。⑥在"所有自定义文件" 窗口中单击"工具栏"前面的"+"，则展开的工具栏中显示多个复选框。⑦单击要打开的工具栏名称前的复选框，⑧单击对话框下边的 确定 按钮。

技巧与提示

➢ 当把光标移动到工具条上的工具按钮时，稍停片刻即在该按钮图标一侧显示相应的功能提示，可以帮助用户更好的使用相应工具按钮。图 1-16 所示为"绘图"工具条上"多段线"工具按钮的功能提示。

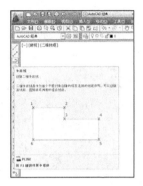

图 1-16 "多段线"工具按钮的功能提示

图 1-17 "自定义用户界面"对话框

➢ AutoCAD 提供了大部分命令对应的按钮图标，但是并不是所有的按钮图标都默认在相应工具条上。如绘制建筑平面图墙线常用的"多线"按钮，就没有在默认的"绘图"工具条上，如果要将该按钮拖放到工具条上，可采用以下操作：单击菜单栏"视图 | 工具栏…"，打开如图 1-17 所示的"自定义用户界面"对话框，在命令列表中找到多线按钮，用鼠标将其直接拖放到"绘图"工具条上。如图 1-18 所示，用户自己添加到工具条上的按钮。

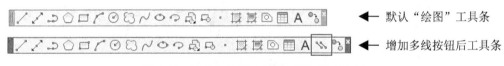

图 1-18 用户自己在工具条上添加工具按钮

本教材在以后章节 AutoCAD 命令及功能应用的讲解中，将同时给出"AutoCAD 经典"和"草图与注释"界面下的操作方法，以便读者学习和使用。

1.3.2 常用基本功能键定义及快捷键输入

除了通过命令行输入命令、通过经典界面下拉菜单和工具栏按钮以及草图界面工具面板操作外，在 AutoCAD 2014 中还定义了不少的功能键和热键。通过这些功能键和热键，一方面可以快速实现指定功能，另一方面还可以简化操作。AutoCAD 2014 中预定义的常用功能键和热键如表 1-2 所示。

表 1-2	常用功能键和热键定义
功能键	作用
F1	联机帮助（HELP），单击此键相当于单击下拉式菜单"帮助（H）"选项
F2	文本窗口开关（TEXTSCR），单击此键可在 AutoCAD 的绘图工作区和文本窗口之间切换
F3、Ctrl + F	对象捕捉开关（OSNAP）。等价于单击状态栏按钮

功能键	作用
F4、Ctrl + T	数字化仪开关（TABLET）
F5、Ctrl + E	等轴测平面右/左/上转换开关（ISOPLANE）
F6、Ctrl + D	坐标开关（COORDS）
F7、Ctrl + G	网格显示开关（GRID）。等价于单击状态栏▦按钮
F8、Ctrl + L	正交模式开关（ORTHO）。等价于单击状态栏▢按钮
F9、Ctrl + B	捕捉模式开关（SNAP）。等价于单击状态栏▦按钮
F10、Ctrl + U	极轴开关。等价于单击状态栏◢按钮
F11、Ctrl + W	对象捕捉追踪开关。等价于单击状态栏∠按钮
F12	动态输入开关。以光标跟随的形式显示命令交互，默认是打开方式。等价于单击状态栏⊞按钮
Ctrl + A	编组（GROUP）
Ctrl + Z	取消操作（U）
Ctrl + X	剪切（CUTCLIP）。等价于标准工具条✄按钮
Ctrl + C	复制（COPYCLIP）。等价于标准工具条▢按钮
Ctrl + V	粘贴（PASTECLIP）。等价于标准工具条◉按钮
Ctrl + S	快速存盘（QSAVE）。等价于标准工具条▤按钮
Ctrl + P	输出（PLOT）。等价于标准工具条▦按钮
Ctrl + O	打开图形文件（OPEN）。等价于标准工具条▨按钮
Ctrl + N/M/J	新建图形文件（NEW）。等价于标准工具条▯按钮
Ctrl + K	超级链接（HYPERLINK）
鼠标左键	输入点/点取实体/选择按钮、菜单、命令，双击文件名可直接打开文件
鼠标右键	弹出快捷菜单，在不同区域有不同的菜单
Ctrl+	选取实体时可以循环选取，选取打开文件时可以间隔选取
Shift+	选择文件时可以连续选取
Alt	执行菜单
空格、回车	重复执行上一次命令，在输入文字时空格不同于回车键
Esc	中断命令执行

1.3.3　AutoCAD 的命令输入与交互操作

AutoCAD 中命令可分为透明命令和模式命令。透明命令是指在其他命令的执行期间可以执行的命令，如视图缩放（ZOOM）、视图平移（PAN）、捕捉（SNAP）、正交（ORTHO）等命令。而如画线（LINE）、圆（CIRCLE）、阵列（ARRAY）等命令均为模式命令。

AutoCAD 命令的输入可分为鼠标输入和键盘输入。

1. 利用鼠标输入命令（以画圆命令为例）

在"AutoCAD 经典"界面中：

（1）工具按钮：绘图工具条上单击圆绘制按钮⊙。

（2）菜单：单击下拉菜单"绘图｜圆（C）"，选择相应圆绘制方式。

在"草图与注释"界面中：

（3）功能区选项板：默认选项卡｜绘图面板｜单击圆绘制按钮⊙

（4）功能区选项板：默认选项卡 | 绘图面板 | 单击圆折叠菜单，选择相应圆绘制方式。

两种界面中通用的操作方式：

（5）最近输入的命令：用鼠标在绘图区右击，在弹出菜单中选择相关命令。在不同的状态下，弹出菜单中的选项不同。如在绘图区空白处单击鼠标右键，弹出如图 1-19 所示快捷菜单，可以从最近输入的命令中选择需要命令。

技巧与提示

➢ 如果在命令行空白处单击鼠标右键，弹出 1.3.1 小节中如图 1-7 所示的快捷菜单，也可以从最近输入的命令中选择需要的命令。

图 1-19 绘图区快捷菜单中的命令

2. 利用键盘输入相关命令

（1）直接在命令提示窗口输入：CIRCLE<回车>。

（2）在命令提示窗口用对应命令的快捷键输入：C<回车>。

（3）命令的重复：单击空格键<Space>或单击回车换行键<Enter>重复刚刚执行的命令。

输入命令后，系统会在命令提示窗口中出现提示语句进行人机交互，操作者必须根据提示语句回答其问题，命令才能继续执行下去，当采用以上任意一种方法输入命令后，就必须注意命令提示区所显示的提示语句及需要输入的正确响应。

技巧与提示

➢ 在 AutoCAD 2006 版以后，为了使用户专注于绘图区的工作，命令交互的过程不仅可以在命令提示窗口查看，AutoCAD 还提供了新的动态提示输入，可以设置以光标跟随的形式显示命令交互，如图 1-20 所示。可以让用户直接在鼠标单击处快速启动命令，读取提示和输入值，而不需要将注意力分散到绘图区以外的地方。是否进行光标跟随模式，在表 1-2 中已列出可以通过单击<F12>功能键设置，也可以通过单击状态行 开关按钮操作。

图 1-20 动态提示输入操作

1.3.4 本书中的约定

为了提高读者使用 AutoCAD 的效率，充分发挥其强大功能，本书在介绍命令的使用时提供了命令的多种操作方式，避免读者学习完之后只会使用某一种操作方式。

1. 针对"AutoCAD 经典"和"草图与注释"界面中共有的操作方法，如在标题栏单击"应用程序"菜单按钮，在打开的菜单中选择命令；在标题栏单击快速访问工具条上的命令按钮　　　　　　　　　　；在命令提示窗口直接输入命令；在键盘上直接输入快捷键；单击状态栏上的命令按钮　　　　　　　　　　　　　等，以打开文件命令和栅格的打开关闭命令为例，本书直接按如下方式给出。

程序按钮： 单击▲ ｜ 打开

标题栏： 在标题栏单击打开按钮☞

命令： OPEN

快捷键： Ctrl +O

状态栏： 单击栅格按钮▦

2．对于 1.3.3 小节介绍的在弹出菜单中"最近的输入"命令操作方法，在介绍命令操作时不再表述。

3．在"草图与注释"界面（图 1-3）中，将经典界面的下拉菜单与工具条合二为一，形成功能区选项板（图 1-5）。在功能区选项板中，不同的选项卡，对应相应操作面板。对于有多种操作方式的命令，通常有绘制按钮图标和折叠菜单按钮图标。以绘制圆命令为例，本书按如下方式给出：

草图界面：（1）默认选项卡｜绘图面板｜单击圆绘制按钮⊘

　　　　　　（2）默认选项卡｜绘图面板｜单击圆折叠菜单▦

4．在"AutoCAD 经典"界面（图 1-13）中，命令的输入主要有两种方式：下拉菜单方式和工具栏（图 1-14）按钮方式。以绘制圆命令为例，本书按如下方式给出：

经典界面：（1）绘图菜单｜圆（C）｜圆心，半径（R）……

　　　　　　（2）绘图工具条｜圆绘制按钮⊘

命令及提示：

命令: _circle

指定圆的圆心或[三点(3P)/两点(2P)/相切、相切、半径(T)]:

1.3.5　AutoCAD 坐标系统与数据输入

为了正确输入数据，首先要了解 AutoCAD 的坐标系，如图 1-21（a）所示。AutoCAD 有两种坐标系，一种是被称为世界坐标系（WCS）的固定坐标系，另一种是被称为用户坐标系（UCS）的可移动坐标系。默认的设置是世界坐标系，但用户可以根据自己的需要定义自己的坐标系，即用户坐标系。默认情况下，这两个坐标系在新图形中是重合的。

在世界坐标系（WCS）中，定义坐标可用直角坐标、极坐标、球面坐标和柱面坐标表示，以笛卡尔直角坐标和极坐标最为常用。

笛卡尔直角坐标系有 3 个轴，即 X、Y、Z 轴。输入坐标值时，需要指示沿 X、Y、Z轴相对于坐标系原点（0,0,0）的点的距离（以绘图单位表示）及其方向（正或负）。

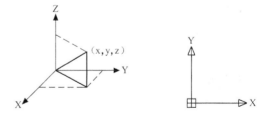

（a）AutoCAD 的坐标系　　　（b）屏幕上的坐标系图标

图 1-21　AutoCAD 的坐标系及其图标

通常在二维视图的 WCS 中，笛卡尔坐标的 X 值指定水平距离，Y 值指定垂直距离。如图 1-21（b）所示。WCS 的原点为 X 轴和 Y 轴的交点（0,0）。XY 平面称为工作平面，工作平面类似于平铺的网格纸。极坐标使用距离和角度来定位点。使用笛卡尔坐标和极坐标，均可以基于原点（0,0）输入绝对坐标，或基于上一指定点输入相对坐标。

坐标点和数值的输入，是 AutoCAD 用来精确控制尺寸的基本方法。可以采用以下几种方式进行坐标点和数值的输入。

1. 直角坐标

（1）绝对直角坐标。绝对直角坐标是相对于绘图区左下角原点（0,0,0）而言，输入点的 X,Y,Z 坐标。在二维图形中，Z 坐标可以省略。如（80,60）表示坐标为（80,60,0）的点，表示从原点沿 X 轴正向移 80，沿 Y 轴正向移 60，如图 1-22 所示。

（2）相对直角坐标。相对直角坐标是后一点相对前一点在 X,Y 方向上的位移量。输入相对直角坐标，必须在前面加上"@"符号，如"@50,-40"表示该点相对于当前点右移 50，下移 40，如图 1-22 所示。

2. 极坐标

（1）绝对极坐标。绝对极坐标是给定距离和角度，在距离和角度之间加一个"<"符号，且规定 0° 为 X 轴正向，Y 轴正向为 90°。如"100<45"表示距原点 100，与 X 轴成 45° 的点的坐标，如图 1-23 所示。

（2）相对极坐标。相对极坐标是在距离前加"@"符号，如"@50<-30"，表示该点距上一点的距离为 50，和上一点的连线与 X 轴成-30° 的点的坐标，如图 1-23 所示。

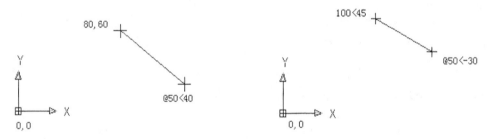

图 1-22 绝对直角坐标和相对直角坐标输入的点　　　　图 1-23 绝对极坐标和相对极坐标输入的点

技巧与提示
➢ 输入的坐标值必须在英文模式下。如果是在中文模式下，则输入的坐标值无效。

1.3.6 图形文件的打开、保存及加密

1. 新建文件

在 AutoCAD 2014 中，有多种形式创建空白的图形文件。

程序按钮： 单击 ▲ | 新建

标题栏： 标题栏单击新建按钮 🗋

命令： QNEW

快捷键： Ctrl + N

以上方式打开如图 1-24 所示"选择样板"对话框，可以通过系统给定的各种样板文件新

建图形文件。

　　也可以单击"打开"按钮右侧的下拉按钮
⬇️，选择"无样板打开-公制"选项，新建 A3
图幅的图形文件。

👉 **技巧与提示**

　　➢　用户也可以自定义样板文件，加快绘
图速度，提高绘图效率。自定义样板文件的方
法将在 9.1 节详细介绍。

图 1-24　"选择样板"对话框

2. 打开文件

可以选择以下几种方式打开文件。

程序按钮：单击 |打开

快速访问：标题栏单击打开按钮

命令：OPEN

快捷键：Ctrl + O

经典界面：（1）菜单：文件｜打开（O）…

　　　　　　（2）按钮：标准工具条，单击打开按钮

　　在打开的"选择文件"对话框图 1-25（a）中双击要选择的文件，可以非常方便地打开
文件。还可以单击该对话框的查看按钮 查看，选择"缩略图"方式预览待打开图形，然
后选择需要的文件，单击打开按钮 打开(0)，如图 1-25（b）所示。

（a）列表方式（默认）　　　　　　　　　　（b）预览方式

图 1-25　"选择文件"对话框

3. 保存文件

AutoCAD 默认的文件格式为.dwg 文件 ，可以采用以下几种方式保存文件。

程序按钮：单击 |保存或另存为

快速访问：标题栏单击保存按钮 或另存为按钮

命令：QSAVE 或 SAVE AS

快捷键：Ctrl +S

经典界面：（1）文件菜单｜保存（S）…或另存为（A）

（2）标准工具条 | 保存按钮 🖫

通过以上任意一种方式可以打开如图 1-26 所示的"图形另存为"对话框。在

保存于(I)： 我的文档 中选择保存路径，在 文件名(N)： Drawing1.dwg 中输入需要的文
件名，单击保存按钮 保存(S) 。

也可以在文件类型里根据需要保存为需要格
式的文件，如图 1-26 所示。

（1）.dwg 格式。标准 AutoCAD 各版本的图形
文件（*.dwg）。低版本的图形文件可以在高版本下
打开，但是高版本的文件不能在低版本下打开，当
需要在装有不同版本的计算机上使用文件时，可以
选择较低的版本存储图形。

（2）.dws 格式。用来创建定义图层特性、标注
样式、线型和文字样式的标准文件。

（3）.dwt 格式。图形样板文件。通常可能包含
预定义的图层、标注样式、文字样式和视图等。系
统定义的样板文件保存在 template 目录中，也可以

图 1-26 "图形另存为"对话框

定制用户自己的样本文件以提高绘图效率。自定义样板文件的方法，将在 9.1 节中详细介绍。

（4）.dxf 格式。是一种被广泛支持的矢量图形格式，文件可以直接采用文本编辑器阅读。
它用于在应用程序之间共享图形数据。目前.dxf 格式是许多图形软件相互之间交换数据的一
种格式，如 Corel Draw、3DS MAX 和 AutoCAD 等都支持.dxf 格式。

4. 图形文件的加密

在 AutoCAD 2014 中进行文件的保存和另存时，还可以对文件进行加密，以提高图形文
件的安全性。

在如图 1-26 所示的"图形另存为"对话框中单击右上角"工具"按钮，在弹出的菜单中
选择"安全选项"命令，打开如图 1-27（a）所示"安全选项"对话框，在"密码"标签中
的文本框中输入密码，然后单击确定按钮，在打开的"确认密码"对话框（图 1-27（b））
的文本框中再次输入密码，单击确定完成当前图形文件打开密码的设定。

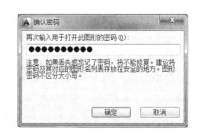

（a）"安全选项"对话框　　　　　　　　　　　（b）"确认密码"对话框

图 1-27 对图形文件加密

为文件设置了密码后，当再次打开该图形文件时，系统出现"密码"对话框，并要求正

确输入密码，否则将无法打开图形。

也可以用 3.3 节介绍的"选项"对话框中"打开与保存"标签中的"安全选项"给图形文件加密。

5. 局部打开与加载文件

如果要处理的图形很大，可以使用 OPEN 命令的"局部打开"选项，选择图形中要处理的视图和图层几何图形（仅限于图形对象）。用户只能编辑加载到文件中的部分图形，但是图形中所有命名对象均可以在局部打开的图形中使用。命名对象包括图层、视图、块、标注样式、文字样式、视口配置、布局、UCS 和线型。

通过将大图形分成几部分显示在不同的视图中，可以只加载和编辑所需部分。例如，如果处理一个建筑总平面图中某一个建筑物周围的道路和绿化带，那么可以通过指定预定义的视图来加载这个绘图区域。如果只需编辑建筑总平面图中的道路部分，那么可以只加载特定图层上的几何图形。

操作方法如下。

在 AutoCAD 界面中单击"文件"下拉菜单，选择"打开（O）"；在打开的"选择文件"对话框中首先选择一个图形文件，再单击"打开"按钮右侧的按钮，在展开的菜单中单击"局部打开"按钮，如图 1-28 所示。在"局部打开"对话框中选择一个视图，默认视图是"范围"。可以只加载保存在当前图形中的来自模型空间视图的几何图形，选择一个或多个图层，单击"打开"按钮，如图 1-29 所示。

图 1-28　在"选择文件"对话框中选择局部打开　　　　图 1-29　"局部打开"对话框

局部加载文件时，必须指定要加载的图层，才能加载对应层上的几何图形。

1.3.7　学会使用帮助

AutoCAD 建立了完整而优秀的帮助系统，通过该系统，用户可以获得几乎所有命令的基本概念和操作方法，它是用户掌握 AutoCAD 系统的良好途径之一。可以采用以下方式获得需要的帮助。

（1）在命令、系统变量或对话框中单击<F1>键或在标题栏右上角单击帮助按钮②。将打开"Autodesk AutoCAD 2014-帮助"对话框，如图 1-30（a）所示。在帮助对话框中，既可以在线获得帮助学习，还可以下载中文脱机帮助文档（图 1-30（b））、系统学习基础知识

（图 1-30（c））、如图 1-30（d）左侧窗口所示，如果在"搜索"标签中输入关键字，可以找到需要帮助的主题，可以就自己关心的内容重点学习。

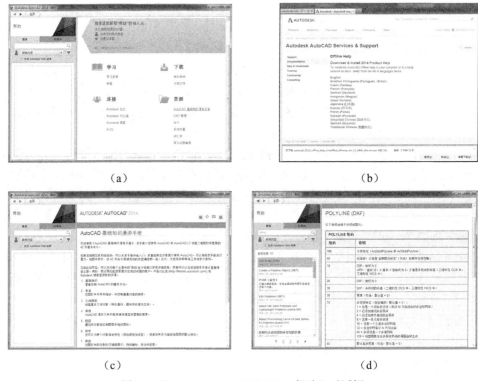

（a）　　　　　　　　　　　　　　　　　（b）

（c）　　　　　　　　　　　　　　　　　（d）

图 1-30 "Autodesk AutoCAD 2014-帮助"对话框

（2）在正在使用的对话框中获得帮助。在正在使用的对话框中当光标悬停在某一对象上，将显示该对象的使用说明，如图 1-31 所示。

（3）对操作的即时帮助。在 AutoCAD 的界面中，当光标悬停在某一对象上，将显示该对象的使用说明，有些还带有该操作对象的视频演示。如图 1-32 所示，在"草图与设置"界面下，当光标悬停在阵列操作图标上时播放的操作视频截图，即时帮助功能为用户学习使用 AutoCAD 2014 带来极大的方便。

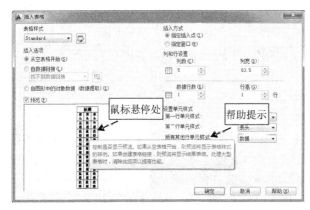

图 1-31　在对话框中获得帮助

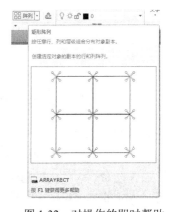

图 1-32　对操作的即时帮助

1.3.8　基本二维图形的绘图步骤

使用 AutoCAD 设计绘制图形时，个人的习惯往往不同，诸如绘图的顺序和操作的手法不同，但绘图的整体过程是大同小异的。有计划、有步骤地绘图是快速、准确、高效绘图的主要条件。下面通过一个最简单的办公室平面图（图 1-33）为例，给出 AutoCAD 绘图的一般顺序。

（1）设定绘图环境。正如人们用图纸绘图一样，绘图前要先准备好图纸（即绘图区域的大小）、绘图工具（如丁字尺、三角板、各种铅笔）和仪器，确定绘图单位等。用 AutoCAD 绘图，绘图前也需要进行绘图环境设定，主要的设定有：设置绘图单位与图形界限，设置图层（含颜色、线型、线宽等）便于对不同图形对象的管理，设置正交、捕捉功能等以便辅助准确绘图。例如，绘制如图 1-33 所示图形，可以设定绘图界限（图纸大小）为 5940，4200，设置轴线层、墙线层、标注层等不同的层放置相应实体对象。

（2）绘制、编辑图形对象。按层绘制图形对象，然后对绘制出的图形进行编辑，必要时可边绘制边编辑。如图 1-33 所示的图形，可以在第（1）步定义好的对应图层绘制轴线、墙线，编辑墙线（开窗洞门洞）、绘制门窗等。

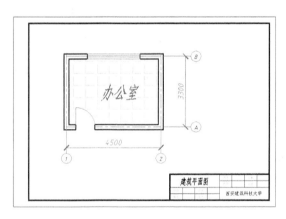

图 1-33　绘图实例

（3）标注尺寸、文本。根据绘制图形的种类，设置尺寸标注样式，并标注对应尺寸。同时设置文字标注样式，在有文本标注的地方，使用单行文字或多行文字命令标注。

（4）绘制填充图案。为了便于填充边界的选取，一般应在标注尺寸和文本后进行图案填充。

（5）定义和插入图幅。一般在图形绘制完成后，要将绘制好的图幅及标题栏以块的形式插入到对应图形中，才不失为一幅完整的作品。图幅及标题栏一般和图形在不同的图层放置，这样定义好的图幅和标题栏块可以重复使用。

（6）保存图形、按比例输出图形。最后图形应保存起来以备用，在绘图的过程中也应注意随时保存图形文件。同一图形以不同比例和要求输出时，还可以根据需要设置不同的布局，然后出图。

具体的操作方法将在后续的章节中逐步介绍。

技巧与提示

➢ AutoCAD 的绘图区域是无限扩展的空间，因此要按照实际图形 1∶1 绘图，而且按照 1∶1 绘制的图形为后续图形尺寸的标注、同一图形不同比例和不同布局的出图操作带来极大的方便。

思考与练习

1. 启动 AutoCAD 系统，将工作界面切换到"AutoCAD 经典"界面。

2. 目前在建筑结构领域，常用的 CAD 软件有哪些？

3. 在 AutoCAD 界面中打开"对象捕捉"和"标注"工具条，并分别拖放至绘图区左右两侧。打开并调整一些常用工具条位置，将绘图界面布置为自己喜欢的形式。

4. 在"绘图"工具条上添加绘制多线 按钮。

5. 在设计绘图时，正确的人机交互过程是顺利进行工作的保证。人机交互的内容主要在 AutoCAD 界面中的哪个区域，AutoCAD 2006 以后的版本中，也可以关注哪个位置？

6. 功能键<F1>—<F12>对应的操作是什么？

7. 在绘图区分别利用输入 Line 命令、使用下拉菜单"绘图｜直线"、及单击绘图工具条直线工具按钮 3 种方式绘制 3 组直线，并将图形以自己的姓名命名，如"张三.dwg"，保存在 c:\路径下。

8. 在计算机系统上建立"D:\我的 CAD 图形"文件夹；打开上题保存的文件，将文件另存为可以在 AutoCAD 2014 版本下打开的文件，并将文件名更改为"张三 07.dwg"保存在"D:\我的 CAD 图形"文件夹中。

9. 打开上题中保存的"张三 07.dwg"文件，保存为"张三 07.dxf"文件。试将该文件在 Corel Draw、Photoshop 或 3DMAX 等软件下打开，体会图形软件间的数据共享。

10. 什么是"绝对坐标"和"相对坐标"？在 AutoCAD 中用来表示对上一点的距离为 25 且角度为 120° 的点坐标如何输入？

第 2 章　基本绘图命令及绘图方法

土木工程图样中无论多么复杂的图形，都是由最简单的点、线等基本图形组成，AutoCAD 提供了丰富的基本绘图命令，利用这些命令可以绘出各种基本图形对象。本章主要介绍基本图形的绘制，诸如直线、圆、圆弧、矩形、多段线、多线、点等绘图命令和方法。

2.1　直线及构造线命令——绘制立面窗

直线命令用于创建线段，是土木工程图样绘制中应用最广泛的命令之一。使用直线命令可以绘制一条线段，也可以绘制连续的多条折线。输入绘制直线命令有以下 3 种方式。

命令： LINE

快捷键： L

经典界面：（1）绘图菜单｜直线（L）

　　　　　　（2）绘图工具条｜直线按钮

草图界面： 默认选项卡｜绘图面板｜直线按钮

命令及提示：

命令: _line 以按钮方式输入的直线命令的屏幕响应。

指定第一点:

指定下一点或[放弃(U)]:

指定下一点或[闭合(C)/放弃(U)]

在"指定第一点"的提示下，可输入直线第一点的坐标，如果以回车响应，则为连续直线方式，可以连续输入下一点坐标。输入"U"（放弃），则擦除最近一次绘制的直线段，输入"C"（闭合），系统会自动将最后一个端点连接至起始点，使所绘制的多条线段组成一个封闭的图形。

【例 2.1】 使用直线命令，利用坐标来绘制如图 2-1 所示的立面窗。

（1）绘制外窗框。单击工具栏中的直线按钮，输入左下角点坐标"0,0<Enter>"，然后在命令提示下输入左上角点相对坐标"@0,1500<Enter>"，继续输入右上角点相对坐标"@1200,0<Enter>"，输入右下角点相对坐标"0,-1500<Enter>"，输入"C<Enter>"封闭外窗框。

（2）绘制内窗框。按回车键<Enter>重复画线命令，输入内窗框左下角点坐标"50,50<Enter>"，然后在命令提示下依次输入内窗框各点相对坐标"@0,1400<Enter>"，

"@1100,0<Enter>"，"@0,-1400<Enter>"，输入"C<Enter>"封闭内窗框。

（3）绘制窗格挡。按回车键<Enter>重复画线命令，输入格挡线第一点坐标"50，600<Enter>"，输入第二点相对坐标"@0,1400<Enter>"，按回车键<Enter>结束画线命令，完成图形绘制。

（4）单击标题栏另存为按钮 🖫，保存为"exp2-1.dwg"图形文件。

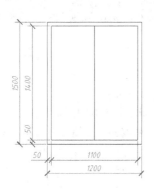

图 2-1　用直线绘制立面窗

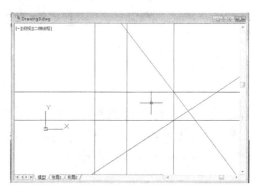

图 2-2　构造线命令绘制直线

技巧与提示

➢ 在"指定下一点"的提示下，用户可以连续绘制多条直线段，每一条线段都是一个独立的对象，可对其进行单独的编辑，如果要将这一系列线段绘制成一个对象，可参照本章多段线（Pline）命令的绘制。

➢ AutoCAD 2014 系统提供了多种绘图辅助工具，对于直线的绘制，除了利用绝对坐标与相对坐标外，还可以借助于正交、极轴追踪与对象捕捉、动态输入等辅助绘图工具快速、精确地绘制图形。

➢ 输入"XLINE"，或在绘图菜单、绘图工具栏上单击构造线按钮 ⟋，也可以绘制在绘图区无限延伸的构造线，有时可以作为工程图的定位线，如图 2-2 所示。由于构造线充满整个绘图区域，往往在复杂图形绘制中给用户造成视觉困扰，更多的时候使用直线命令绘制相应图形。

2.2　圆命令——绘制床头柜台灯平面图

圆也是土木工程图中常见的图形。AutoCAD 提供了 6 种绘制圆的方法，根据图形的特点不同，可以选择不同的方法绘制。输入绘制圆命令方法有以下几种。

命令： CIRCLE

快捷键： C

经典界面： （1）绘图菜单｜圆（C）｜圆心，半径（R）……

　　　　　　（2）绘图工具条｜圆绘制按钮 ⊙

草图界面： （1）默认选项卡｜绘图面板｜单击圆绘制按钮 ⊙

　　　　　　（2）默认选项卡｜绘图面板｜单击圆折叠菜单 ▦

命令及提示：

命令: _circle

指定圆的圆心或[三点(3P)/两点(2P)/相切、相切、半径(T)]:

在经典界面下选择绘图菜单中的圆命令，提供了 6 种方式，如图 2-3 所示。

图 2-3　绘制圆子菜单

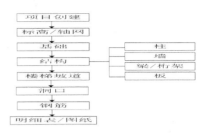

图 2-4　指定圆心和半径或直径绘制圆

下面分别对如图 2-3 所示的这几种绘制圆的方法进行解释说明。

（1）指定圆心和半径（R）或直径（D）。指定圆心和半径（R）是绘制圆的默认方式，如图 2-4 所示。选择此绘制方法，指定圆心后，还可以根据提示，通过下拉箭头 选择输入圆的直径（D）来绘制圆。

（2）两点（2P）。指定圆直径上的两个端点来绘制圆，如图 2-5（a）所示。

（3）三点（3P）。通过指定的 3 个点确定一个圆，如图 2-5（b）所示三角形的外接圆。

（4）相切、相切、半径（T）。选择两个与圆相切的对象，并输入半径值来绘制圆，如图 2-5（c）、图 2-5（d）所示。

（5）相切、相切、相切（A）。选择 3 个与圆相切的对象来绘制圆，如图 2-5（b）所示三角形的内接圆。

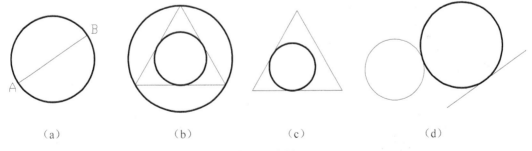

（a）　　　　　　　　　（b）　　　　　　　　　（c）　　　　　　　　　（d）

图 2-5　绘制圆

【例 2.2】　使用直线命令和圆命令来绘制如图 2-6 所示床头柜台灯平面图。

（1）绘制床头柜。单击工具栏中的直线按钮 ，输入左下角点坐标"0,0<Enter>"，然后在命令提示下输入左上角点坐标"0,500<Enter>"，继续输入右上角点坐标"500,500<Enter>"，输入右下角点坐标"500,0<Enter>"，输入"C<Enter>"封闭外边框。回车重复画线命令，依次输入"0,20<Enter>""500,20<Enter>"绘制倒圆弧下边缘线。同理绘制倒圆弧下边缘线。

（2）绘制台灯。单击工具栏中的圆按钮 ，输入圆心坐标"250,250<Enter>"，根据提示，输入半径"120<Enter>"，完成台灯外圆绘制。同理绘制半径为 50 的内圆，完成图形绘制。

（3）单击标题栏另存为按钮，保存为"exp2-2.dwg"图形文件。

☞ **技巧与提示**

➢ 在 AutoCAD 命令交互过程中输入的坐标、长度等都需要按回车键<Enter>，或单击鼠标左键确认，为简单起见，本书在后面的命令交互说明中不再标注<Enter>。

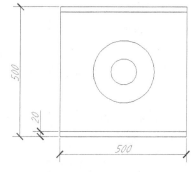

图 2-6　床头柜台灯平面图

2.3　圆弧命令——绘制浴缸

圆弧是圆的一部分，圆弧的绘制方法与圆的绘制方法类似。输入绘制圆弧命令有以下几种方式。

命令：ARC

快捷键：A

经典界面：（1）绘图菜单｜圆弧（A）｜3 点（P）……

　　　　　　（2）绘图工具条｜圆弧绘制按钮

草图界面：（1）默认选项卡｜绘图面板｜单击圆绘制按钮

　　　　　　（2）默认选项卡｜绘图面板｜单击圆折叠菜单

命令及提示：

命令：_arc

圆弧创建方向: 逆时针(按住<Ctrl>键可切换方向)。

指定圆弧的起点或[圆心(C)]:

指定圆弧的第二个点或[圆心(C)/端点(E)]:

指定圆弧的端点:

在 AutoCAD 中提供了 11 种绘制圆弧的方法，这些方法都包含在"绘图｜圆弧"菜单命令中，如图 2-7 所示。

下面分别对这 11 种绘制圆弧的方法进行解释说明。

（1）三点。指定圆弧的起点、圆弧上的某一点和圆弧端点创建圆弧。这是绘制圆弧的默认方法，也是最常用的方法。

（2）起点、圆心、端点。指定圆弧的起点、圆心和终点绘制圆弧。由于 AutoCAD 总是逆时针画圆弧，所以起点与终点选择顺序不同则绘制出的圆弧亦不同。

（3）起点、圆心、角度。指定起点、圆心及圆弧所对应的圆心角绘制圆弧。

图 2-7　绘制圆弧子菜单

（4）起点、圆心、长度。指定起点、圆心及圆弧所对应的弦长绘制圆弧。

（5）起点、端点、角度。指定圆弧的起点、终点及圆弧所对应的圆心角绘制圆弧。

（6）起点、端点、方向。指定圆弧的起点、终点及圆弧起点外的切线方向绘制圆弧。

（7）起点、端点、半径。指定圆弧的起点、终点及半径绘制圆弧。

（8）圆心、起点、端点。指定圆弧的圆心、起点及终点绘制圆弧。

（9）圆心、起点、角度。指定圆弧的圆心、起点及圆弧所对应的圆心角绘制圆弧。

（10）圆心、起点、长度。指定圆弧的圆心、起点及圆弧所对应的弦长绘制圆弧。

（11）继续。该命令是以上一次绘制的线段或圆弧的终点
作为新圆弧的起点，并以上一线段或圆弧终点处的切线方向
作为新圆弧起点的切线方向绘制圆弧。

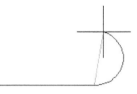

技巧与提示

➢　利用"继续"方式，可方便完成线-弧、弧-弧光滑连
接。如图 2-8 所示，输入画线命令，完成一直线段绘制。输入
圆弧命令，直接回车，系统进入"继续"模式，自动将上次
绘制的直线终点作为圆弧起点，输入另一点给出圆弧弦长，完成线-弧光滑连接。

图 2-8　线-弧光滑连接

【例 2.3】　绘制如图 2-9 所示浴缸。

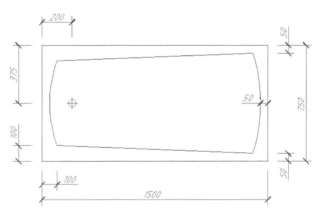

图 2-9　绘制圆弧

（1）绘制浴缸外缘。在命令提示行输入画线命令"L"，输入左下角点坐标"0,0"，然后
在命令提示下输入左上角点坐标"0,750"，继续输入右上角点坐标"1500,750",输入右下角
点坐标"1500,0"，输入"C"封闭浴缸外缘。

（2）绘制浴缸内缘。输入画线命令"L"，输入起点坐标"100,100"，终点坐标"1400,50"
回车结束画线命令；选择菜单"绘图｜圆弧｜三点"命令，分别输入圆弧的起点坐标
"1400,50"、第二点坐标"1450,375"，第三点坐标"1400,700"；输入画线命令"L"，输入
起点坐标"1400,700"，终点坐标"100,650"回车结束画线命令；选择菜单"绘图｜圆弧｜
三点"命令，分别输入圆弧的起点坐标"100,650"、第二点坐标"50,375"，第三点坐标"100,100"
完成浴缸内缘绘制。

（3）绘制浴缸下水出口。输入画圆命令"C"，输入圆心坐标"200,375"，输入半径 25。
完成如图 2-9 所示浴缸绘制，并保存为"exp2-3.dwg"文件。

技巧与提示

➢ 利用坐标绘图是非常有效的方法。但是我们还可利用后面学习的更多绘图命令采用更为快捷方便的方法绘制图 2-1、图 2-6 及图 2-9。如我们可以利用矩形命令绘制浴缸外缘，利用多段线命令完成浴缸内缘绘制。

➢ 当我们绘制的图形起点不在坐标原点时，可用 1.3.5 节介绍的"相对坐标"方法和第 3 章 3.2.4 小节介绍的"对象捕捉"和"捕捉自"命令辅助定位浴缸内缘起点等。

➢ 在实际绘图中，应根据实际情况，选择 11 种中最佳绘制圆弧的方法，以达到快速、准确绘图。另外，对于利用"起点、圆心、角度"、"起点、端点、角度"等命令绘制圆弧时，在其他条件相同的情况下，若分别输入圆心角为 240°与−120°，所绘制出的圆弧是不一致的，读者可以参考课后练习上机实践。

2.4 矩形命令——绘制双人床

矩形是土木工程图中常用的基本几何图形，用户通过 AutoCAD 绘制矩形时可以通过指定其两个对角点绘制矩形，也可以通过指定矩形面积和长度或宽度值来绘制。使用直线（Line）命令同样可以绘制矩形，但使用直线（Line）命令绘制的矩形四条边是相互独立的对象，而使用矩形（Rectang）命令绘制出的矩形四条边是作为一个整体对象存在。输入绘制矩形命令有以下几种方式。

命令：RECTANG

快捷键：REC

经典界面：（1）绘图菜单｜矩形（G）

（2）绘图工具条｜矩形绘制按钮▭

草图界面：默认选项卡｜绘图面板｜多边形折叠按钮▭·｜矩形按钮▭ 矩形

命令及提示：

命令: _rectang

指定第一个角点或[倒角(C)/标高(E)/圆角(F)/厚度(T)/宽度(W)]:

指定另一个角点或[面积(A)/尺寸(D)/旋转(R)]:

使用 Rectang 命令绘制矩形时，利用"倒角（C）"选项和"圆角（F）"选项，可以将所要绘制矩形的四个角设定成具有规定尺寸的倒角或圆角，且倒角的两个尺寸可以不等，还可以利用"宽度（W）"选项绘制指定宽度的矩形，如图 2-10 所示。

(a)一般矩形　　　　(b)有倒角的矩形　　　　(c)有圆角的矩形　　　　(d)矩形线宽−10

图 2-10　矩形的 4 种形式

在指定矩形的第一个角点后，系统默认提示是指定矩形的另一个角点，同时也提供了"面积（A）"、"尺寸（D）"等选项，用户可以根据实际需要，选择相应的选项方便快捷地得到所需要的矩形。若需旋转则选择选项"旋转（R）"，给定旋转角度，如图 2-9 所示。

【例 2.4】 如图 2-11 所示，根据给定的尺寸绘制双人床。

（1）绘制床体图形：单击工具栏中的矩形按钮▭，选择倒圆角（F），输入圆角半径 40 后，指定矩形的第一个角点"0,0"，然后指定另一个角点"@1500,2000"。

（2）绘制枕头图形：单击工具栏中的矩形按钮▭，指定矩形的第一个角点"140,1540"，然后指定另一个角点"@530,370"。

同理绘制枕头内圈矩形，然后用复制命令复制另外一个枕头。

（3）用直线（Line）命令绘制被子图形。

（4）单击标题栏另存为按钮▣，保存为"exp2-4.dwg"图形文件。

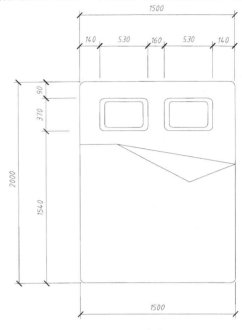

图 2-11　双人床

2.5　正多边形命令——绘制装饰图案

通过 AutoCAD 可以创建 3～1024 个边的正多边形，绘制出的正多边形各边为闭合多段线，即正多边形为一个独立的对象。输入绘制正多边形命令有以下几种方式。

命令：POLYGON

快捷键：POL

经典界面：（1）绘图菜单｜多边形（G）

　　　　　　（2）绘图工具条｜多边形绘制按钮▱

草图界面：默认选项卡｜绘图面板｜多边形折叠按钮▱▾｜多边形按钮⬠多边形

命令及提示：

命令：_polygon

输入边的数目<当前值>:

指定正多边形的中心点或[边(E)]:

输入选项[内接于圆(I)/外切于圆(C)]<I>:

指定圆的半径:

（1）内接于圆的正多边形：指定中心点及外接圆的半径，正多边形的所有顶点都在该圆周上。

（2）外接于圆的正多边形：指定从正多边形中心点到各边中心的距离，绘制外切于圆的正多边形。

【例 2.5】 绘制如图 2-12 所示的内接正五边形及外切正六边形，并绘制五角星图案和花瓣图案。

（1）绘制圆内接正五边形及五角星图案（图 2-12（a））：单击工具栏正多边形按钮⬠，输入正多边形边数 5，指定中心点为该圆的圆心，然后选择"内接于圆（I）"，在圆 1-2 象限点单击。输入画线命令"L"，捕捉五边形端点隔点相连完成五角星绘制。

（2）绘制圆外切正六边形及花瓣图案（图 2-12（b））：单击工具栏正多边形按钮⬠，输入正多边形边数 6，指定中心点为该圆的圆心，选择"外切于圆（C）"，捕捉该圆周最上面的象限点。选择菜单"绘图｜圆弧｜三点"命令，分别捕捉六边形端点、圆心点及相隔端点完成花瓣图案绘制。

（3）单击标题栏另存为按钮⊟，保存为"exp2-5.dwg"图形文件。

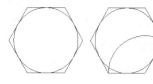

（a）圆内接多边形及图案绘制   （b）圆外切多边形及图案绘制

图 2-12　正多边形绘制

🔧 **技巧与提示**

➢ 从现在开始，不做特别说明的话，本教材中的实例均保存为相应的"exp*-*.dwg"文件。其中"*"表示例题的章、节号。

2.6　圆环命令——绘制五环图案

圆环是带有宽度的闭合多段线，指定圆环的圆心与内外圆直径即可创建圆环。绘制方法有以下两种。

命令：DONUT

快捷键：DO

经典界面：绘图菜单｜圆环（D）

草图界面：默认选项卡｜绘图面板｜绘图折叠按钮 绘图 ▼ **｜圆环按钮◎**

命令及提示：

命令: _donut

指定圆环的内径<0.5000>: **20**✓   输入圆环的内径 20

指定圆环的外径<1.0000>: **30**✓   输入圆环的外径 30

指定圆环的中心点或<退出>:   在绘图区指定中心点 A

指定圆环的中心点或<退出>:✓   回车退出命令

当外径大于内径形成空心圆环，若指定内径为 0，则绘制实心圆，如果内外径相等，则绘制圆，如图 2-13 所示。通过指定不同的中心点，可以继续创建多个相同的圆环。

（a）内外径不等　　　　　　（b）内径为 0　　　　　　（c）内外径相等

图 2-13　绘制圆环

【例 2.6】　绘制如图 2-14 所示五环。

（1）绘制定位线（图 2-14（a））。输入画线命令"L"，在绘图区任意位置输入水平线第一点，在状态栏单击正交按钮，打开正交模拟式，鼠标向右平移，输入水平定位线长 300，回车完成第一条水平线定位，同理绘制垂直定位线。输入复制命令"C"，输入水平定位线，输入复制距离为"75"，结束复制命令。同理复制间距为 50 的纵向定位线。

（2）绘制圆环。在绘图菜单中选择圆环命令，输入内径 120，外径 150，5 次捕定定位线的相应交点，完成如图 2-14（b）所示五环的绘制。

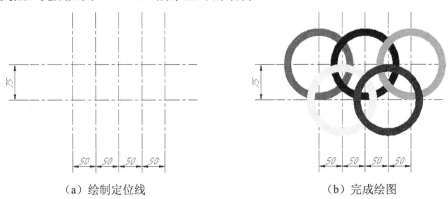

（a）绘制定位线　　　　　　　　　　　　　（b）完成绘图

图 2-14　五环绘制

技巧与提示

➤ 学习了 3.3.2 节图层与颜色的设置和管理后，还可以对五环设置相应的颜色。

2.7　椭圆命令——绘制洗脸池平面图

AutoCAD 提供的椭圆命令，极大地减少了手工绘制椭圆时的不便，提高了图形绘制的准确性。输入绘制椭圆命令有以下几种方式：

命令： ELLIPSE

快捷键： EL

经典界面：（1）绘图菜单｜椭圆（E）

　　　　　　（2）绘图工具条｜椭圆绘制按钮

草图界面：（1）默认选项卡｜绘图面板｜创建椭圆折叠按钮｜圆心方式

　　　　　　（2）默认选项卡｜绘图面板｜创建椭圆折叠按钮｜轴端点方式

　　　　　　（3）默认选项卡｜绘图面板｜创建椭圆折叠按钮｜椭圆弧方式

命令及提示：

命令：_ellipse

指定椭圆的轴端点或[圆弧(A)/中心点(C)]:

指定轴的另一个端点:

指定另一条半轴长度或[旋转(R)]:

（1）指定长、短轴端点绘制椭圆（弧）。单击工具栏椭圆按钮 ⬭，依次指定椭圆的长轴端点 A、B 及短轴端点 C 绘制椭圆，如图 2-15（a）、图 2-15（c）所示。

（2）指定椭圆中心点创建椭圆（弧）。单击工具栏椭圆按钮 ⬭，依次指定椭圆的中心点 O，及长轴端点 B 与短轴端点 C 绘制椭圆，如图 2-15（b）、图 2-15（d）所示。

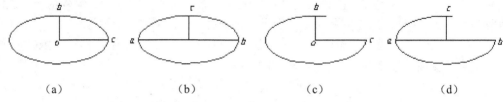

（a）　　　　　　　　（b）　　　　　　　　（c）　　　　　　　　（d）

图 2-15　创建椭圆及椭圆弧

【例 2.7】 绘制如图 2-16 所示洗脸池平面图。

（1）绘制定位轴线（图 2-16（a））。输入画线命令"L"，在绘图区任意位置绘制横向轴线和纵向定位轴线。单击修改工具条偏移按钮 ⬒（可参看 4.2.5 节），输入偏移量为 55，选择偏移对象为纵轴线，鼠标向纵轴线左侧单击，偏移得到左侧水管定位线，再向右侧单击得到右侧水管定位线。输入椭圆命令，根据提示输入"C"选择中心点模式，单击定位轴线中心交点，鼠标向上移动，输入椭圆纵半轴长 172.5，鼠标向右移动，输入椭圆横半轴长 237.5 完成上水管孔定位椭圆绘制。

（2）绘制水池。输入偏移命令，输入偏移量为 27.5，选择偏移对象为定位椭圆，鼠标向内侧单击，偏移得到水池内壁，再向外侧单击得到水池内壁。

（3）绘制水管孔。输入画圆命令"A"，指定图 2-16（a）中 2 点为圆心，半径为 15，绘制上水管孔。同理指定 3 点、4 点为圆心，绘制其他水管孔。回车重复画圆命令，指定 1 点为圆心，半径为 20 绘制落水管孔；输入偏移命令，输入偏移量为 2，指定 R20 的圆孔向内偏移。完成如图 2-16（b）所示椭圆洗脸池的绘制。

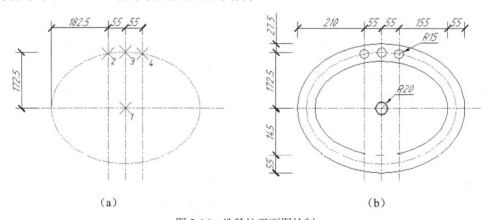

（a）　　　　　　　　　　　　　　　　　　　（b）

图 2-16　洗脸池平面图绘制

2.8　多段线命令——绘制梁截面配筋图

多段线是可以由不同宽度、不同线型的直线或圆弧组成的连续线段，线段和圆弧首尾相连组成一个独立对象，用户可以对其线段宽度或圆弧曲率进行调整设置，创建多段线后，可以使用 Pedit 命令对多段线进行编辑（详见 4.3 节），或使用 Explode 命令将其转换成单独的直线段或圆弧分别进行编辑。输入绘制多线段线命令有以下几种方式。

命令： PLINE

快捷键： PL

经典界面：（1）绘图菜单｜多段线（P）

　　　　　　（2）绘图工具条｜多段线绘制按钮

草图界面： 默认选项卡｜绘图面板｜多段线按钮

命令及提示：

命令: _pline

指定起点:

当前线宽为 0.0000

指定下一个点或[圆弧(A)/半宽(H)/长度(L)/放弃(U)/宽度(W)]:

指定多段线起点后，命令提示显示当前线宽，在指定下一点时，有"圆弧（A）"等选项可供选择。下面分别对这些提示选项进行解释。

（1）圆弧（A）：用于绘制圆弧。

（2）半宽（H）：用于指定从有宽度的多段线线段的中心到其一边的宽度，即线宽的一半。

（3）长度（L）：用于与前一线段相同的角度方向上绘制指定长度的直线段。

（4）放弃（U）：用于删除最近一次添加的线段。

（5）宽度（W）：用于指定下一条线段的宽度，可以分别设置起始点与终点的宽度。

如图 2-17 所示为用多段线命令绘制的圆环、实心圆、实心半圆、不同宽度的线、弧、及线弧连接、弧弧连接的图形。

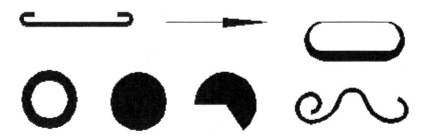

图 2-17　用多段线绘制的图形

【例 2.8】 用多段线命令绘制如图 2-18 所示梁截面配筋图（国标中钢筋与钢箍弯钩的画法的规定可参考 10.2 节图 10-10 中的相关说明）。

（1）混凝土保护层的绘制：单击绘图工具条｜矩形绘制按钮，根据提示，输入左下角点坐标为"0,0"，右上角点坐标为"250,400"。输入"Z"，选择"A"将矩形放到全图模式（可参看 3.6.1 节）。

（2）箍筋绘制：输入矩形命令，根据提示输入"W"，指定线宽为"8"，输入左下角点坐标为"25,25"，右上角点坐标为"225,375"。

（3）绘制纵筋：在绘图菜单中选择圆环命令，输入内径"0"，外经"18"，6 次输入圆环圆心点"38,38"、"125,38"、"212,38"、"212,362"、"125,362"、"38,362"，完成如图 2-18 所示 6 根纵筋的绘制。

（4）箍筋弯钩绘制（简化画法）：输入多段线命令"PL"，指定起点坐标"43,25"，根据提示输入"W"，指定线宽为"8"，输入终点坐标为"@24<45"。回车重复多段线命令，指定起点坐标"25,43"，输入终点坐标为"@24<45"。

🔧 技巧与提示

➤ 学习了 3.2.4 节后，步骤（1）可以在绘图区任意点输左下角点，用相对坐标"@250,400"输右上角点，步骤（2）的左下角点可以采用捕捉 ⬚ 自来获得。甚至步骤（3）的 6 个圆心也可以通过捕捉自 ⬚ 获得。

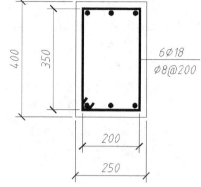

图 2-18　梁截面配筋图绘制

➤ 步骤（4）根据规定（参考图 10-10），可根据箍筋左下角坐标加纵筋直径确定起点坐标；终点长度可根据箍筋直径的 3 倍确定为 24，弯钩转角 135°，确定相对前一点的角度为 45°，因此输入相对极坐标"@24<45"。

2.9　多线命令——绘制建筑墙线

多线是由多条平行线组成的组合对象，平行线之间的间距和数目是可以调整的，多线命令在土木建筑图中常用于绘制墙体、门、窗等平行线对象。在绘制过程中，用户可以编辑和调整平行直线之间的距离、线的数量、线条的颜色和线型等属性。

2.9.1　多线样式设置

在开始创建多线前，都要先设置多线样式，如多线的数目、偏移距离等。设置方法有以下两种。

命令：MLSTYLE

经典界面：（1）格式菜单 | 多线样式（M）

AutoCAD 系统默认的多线样式为"STANDARD"，是由两条平行线组成，偏移量分别为 + 0.5 与 −0.5，即两条平行线距离为 1。下面以"墙线 240"为例，说明多线样式具体设置步骤。

【例 2.9.1】设置"墙线 240"的多线样式。

（1）输入"Mlstyle"命令，系统会弹出"多线样式"对话框，如图 2-19 所示。单击"多线样式"对话框中"新建"按钮。

图 2-19 多线样式对话框图

图 2-20 创建新的多线样式

（2）在弹出的"创建新的多线样式"对话框中输入新样式名"墙线 240"，单击"继续"按钮，如图 2-20 所示。

（3）在弹出的"新建多线样式：墙线 240"对话框里，在图元窗口选偏移量为 0.5 的线，在偏移编辑框中将其值改为 120，同理设置另一线偏移量为-120，如图 2-21 所示。

图 2-21 设置多线样式

（4）设置两端直线封口。设置完毕，单击"确定"按钮完成多线样式的设置。

2.9.2 绘制多线

可通过以下方式输入绘制多线命令：

命令：MLINE

快捷键：ML

经典界面：（1）绘图菜单｜多线（U）

命令及提示：

命令:_mline

当前设置: 对正 = 上，比例 = 1.00，样式 = STANDARD

指定起点或[对正(J)/比例(S)/样式(ST)]:

下面对提示做相关说明。

当前设置：显示当前多线的设置属性。

（1）对正（J）。用于设置多线的对正方式，多线的对正方式有 3 种：上（T）、无（Z）、下（B）。上、无、下 3 种对正方式的区别在于光标的定位不同，上对正是光标位于一组平行线最顶端直线端点上，无对正是光标位于这组平行线中间，下对正是光标位于平行线最底端直线端点上，如图 2-22 所示。

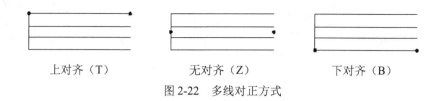

| 上对齐（T） | 无对齐（Z） | 下对齐（B） |

图 2-22　多线对正方式

（2）比例（S）。用于设置多线的比例，即指定多线宽度相对于定义宽度的比例因子，用户可以根据实际情况自行对其进行设置。

（3）样式（ST）。用于选择多线的样式或显示当前已加载的多线样式，系统默认的多线样式为 STANDARD，用户可以自定义多种多线样式，在绘图过程中加以选择。

下面通过具体的例子来说明多线的绘制。

【例 2.9.2】 利用例 2.9.1 设定的"墙线 240"多线样式，绘制开间为 3600，进深为 3000 的 240 墙的房间平面图，如图 2-23（a）所示。

在命令行输入"ML"，在命令提示下输入"ST"，输入"墙线 240"，采用自定义的墙体多线样式；输入"J"，输入"Z"，选择与中线对齐的方式；在绘图区定位左下角 A 点，依次输入"@3600，0"、"@0,3000"、"@-3600,0"、"C"，封闭多段线，完成房间平面图的绘制。

技巧与提示

➤　也可以采用系统定义的墙线样式 STANDARD，该样式为偏移量分别为 0.5 的两条平行线，要绘制 240 墙，则在使用 Mline 命令时，应输入"S<Enter>"，输入"240<Enter>"，使多线比例为 240。

➤　在绘制 DA 段墙线时，应选择"闭合（C）"选项封闭多段线，而不应直接单击 A 点。否则形成一个多段线的角点，还需用其他命令编辑，如图 2-23（b）所示。

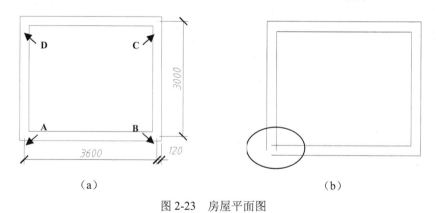

（a）　　　　　　　　　　　　　　　　　　（b）

图 2-23　房屋平面图

2.10　点命令——等分图形对象

点是最基本的图形元素，是用于精确绘图的辅助对象，在绘制点时，可以在屏幕上直接拾取，也可以用对象捕捉定位。为了使用户能够方便地识别点对象，可以设置不同的样式，以便使点清晰地显示在屏幕上。输入绘制点命令有以下 3 种方式。

命令：POINT

经典界面：（1）绘图菜单｜点（O）｜单点、多点、定数等分、定距等分

　　　　　　（2）绘图工具条｜点按钮

草图界面：（1）默认选项卡｜绘图面板｜绘图折叠按钮 绘图 ▼ ｜多点按钮

　　　　　　（2）默认选项卡｜绘图面板｜绘图折叠按钮 绘图 ▼ ｜定数等分按钮

　　　　　　（3）默认选项卡｜绘图面板｜绘图折叠按钮 绘图 ▼ ｜定距等分按钮

命令及提示：

命令: _point

当前点模式: PDMODE = 35　PDSIZE = 0.0000

指定点: (指定点的位置)

2.10.1　设置点样式

在默认情况下，点是以一个小圆点的形式表现，不便于识别。在绘制点前，通常要对点的样式和大小进行设置，以保证点能够清楚地显示在屏幕上。设置方法有以下两种。

命令：DDPTYPE

经典界面：绘图菜单｜点样式（P）

执行此命令后，系统弹出"点样式"对话框，如图 2-24 所示。

用户可以设置点的样式和大小，有 20 种样式可供选择，"点大小"一栏可以输入点相对图形显示大小的百分比。可以选择相对于屏幕设置大小，也可以选择绝对绘图单位大小。

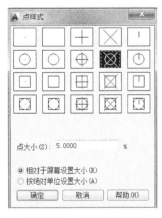

图 2-24　点样式对话框

图 2-25　绘制点子菜单

2.10.2　在图形中添加等分参照点

点作为精确绘图的辅助对象，可以作为对象捕捉和相对偏移的节点，主要起到参照功能。在图形中添加参照点有 4 种方法，如图 2-25 所示，分为"单点"、"多点"、"定数等分（Divide）"和"定距等分（Measure）"。

下面分别对如图 2-25 所示的这 4 种点的绘制方法进行说明。

（1）单点：绘制一个点后，命令结束。

（2）多点：可以连续绘制多个点。

（3）定数等分（Divide）：在图线对象上按指定数目等间隔地插入点。这并不意味着把图线分为若干段独立的对象，而只是在图线定数等分的位置上添加节点。

（4）定距等分（Measure）：按指定的长度，从指定的端点测量一条直线、圆弧、多段线等，并在所测量的等长度的位置处标记点。

【例 2.10.2 】 5 等分直线、样条曲线；指定长度定距等分直线、样条曲线。

（1）在绘图区绘制如图 2-26 所示的直线、样条曲线。

（2）5 等分直线、样条曲线。命令交互如下。

命令: **divide**　　　　　　　直接输入定数等分命令

选择要定数等分的对象:　　　在绘图区选择对象

输入线段数目或[块(B)]: **5**✓　　5 等分，如图 2-26 所示

图 2-26　定数等分

（3）指定长度定距等分直线、样条曲线。命令交互如下：

命令: **_measure**

选择要定距等分的对象:

指定线段长度或[块(B)]:　指定第二点:　　指定线段长度 AB

完成如图 2-27 所示定距等分。

图 2-27　定距等分

技巧与提示

➤　应引起注意的是，在绘制定距等分点选择所要定距等分的对象时，鼠标拾取点的位置更靠近图线对象的哪个端点，该端点即为测量的起始点。

➤　定距等分和定数等分中的"块（B）"选项，在我们学习了第 5 章图块的创建后，还可以直接在图形对象中插入图块作为标记，参看 5.2.3 小节例题。

2.11　图案填充（BHATCH）

图案填充就是用某些图案来填充图形中的一个区域，以表达该区域的特征。图案填充的应用非常广泛，例如，要表达一个剖切区域，可以使用图案来填充从而表示不同的材料。输

入图案填充命令有以下 3 种方式。

命令： BHATCH

快捷键： BH

经典界面：（1）绘图菜单｜图案填充

　　　　　　（2）绘图工具条｜图案填充按钮  渐变色按钮

草图界面：（1）默认选项卡｜绘图面板｜折叠按钮 ｜图案填充按钮 图案填充

　　　　　　（2）默认选项卡｜绘图面板｜折叠按钮 ｜渐变色按钮 渐变色

单击图案填充按钮 ，会弹出图案填充和渐变色对话框，如图 2-28 所示，通过此对话框可以定义图案填充和渐变色对象的边界、图案类型、图案特性等。下面通过对该对话框各选项的讲解，来学习图案填充的方法。

1."图案填充"选项卡

（1）类型和图案。预定义图案存储在软件自带的 acad.pat 或 acadiso.pat 文件中。"图案"中列出可供选择的预定义图案，单击 ，会显示出"填充图案选项板"对话框，如图 2-29 所示，用户可以从中选择需要的预定义图案，并进行预览，或者用户亦可自定义图案。

图 2-28　"图案填充和渐变色"对话框

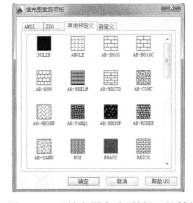

图 2-29　"填充图案选项板"对话框

（2）角度和比例。用户可以指定填充图案的角度、缩放比例。预定义中的图案，根据用途不同，图案本身的比例在同一图形中并不一定相同。图 2-30（a）中别墅立面图琉璃瓦的绘制，可用"ANSI32"图案，旋转 45°，比例放大 30 倍来实现。图 2-30（b）中地面填充时，客厅地面填充采用"BOX"图案，需要比例放大 30 倍才能得到图中效果，而两个卧室地面填充使用"AR-HBONE"图案，只需将比例调整为 3 即可达到要求效果。

（3）图案填充边界。可以采用拾取点方式 和选择对象边界 两种方式选择图案填充边界。拾取点方式是延拾取点旋转 360°获得的封闭区域，而选择对象方式是奇数次遇到边界开始绘制填充图案，偶数次遇到边界停止图案填充。如图 2-31 所示。

 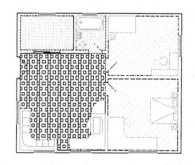

（a）别墅屋面琉璃瓦填充图案 　　　（b）地面填充中不同比例的图案效果

图 2-30　填充图案的比例和旋转角度

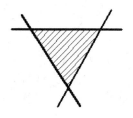 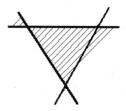

（a）拾取内点填充 　　　（b）选择对象填充

图 2-31　两种图案填充边界的不同填充效果

（4）关联性复选框 ☑关联(A) 对填充图案的影响，如图 2-32 所示。

 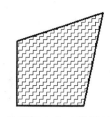 

（a）填充图案原图 　（b）关联图案修改边界后 　（c）不关联图案修改边界后

图 2-32　关联复选框对填充图案的影响

（5）继承特性 📋 继承特性(I) 实现相同填充图案的复制。

2. "渐变色"选项卡

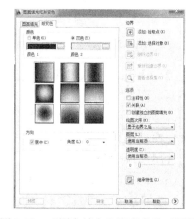

"渐变色"选项卡定义渐变填充的外观，如图 2-33
所示。

（1）颜色。"单色"是对某种颜色从较深到较浅色
调平滑过渡的填充。"双色"是两种着色之间平滑过渡
的渐变填充。

（2）方向"居中"是指对称渐变配置，如果没有选
定此选项，渐变填充将朝左上方变化，创建光源在对象
左边的图案。"角度"是相对当前 UCS 的角度，此选项　　图 2-33　"图案填充和渐变色"对话框

与所设置的图案填充的角度互不影响。

3. 3 种图案填充方式

单击图案填充对话框右下角按钮⊙，展开了对话框的孤岛检测区域，如图 2-34 所示，默认为普通模式，可以根据需要，选择填充图案"外部"模式，或"忽略"模式。

图 2-34　"图案填充和渐变色"对话框孤岛检测方式

下面通过实例演示图案填充、渐变色及继承特性的应用。

【例 2.11】　绘制如图 2-35（a）所示图形，利用继承特性，实现图 2-35（c）的图案填充。

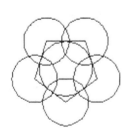　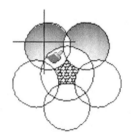　

（a）填充图案原图　　　（b）关联图案修改边界后　　　（c）不关联图案修改边界后

图 2-35　图案填充实例

（1）绘制图 2-35（a）。输入画圆命令"C"，在绘图区单击鼠标指定圆心，输入半径为 300，完成中心圆绘制；在绘图工具栏单击正多边形按钮⬠，输入侧面数为 5，指定圆心为正多边形中心点，输入"C"，选择外切模式，选择圆 1-2 象限点，获得外切圆半径，完成正 5 边形绘制。输入画圆命令"C"，分别以 5 边形 5 个顶点为圆心，以 300 为半径绘制 5 个圆。删除正多边形。

（2）绘制花心图案。单击绘图工具栏图案填充按钮⬚，单击，在打开的"填充图案选项板"对话框中选"STARS"图案，设置图案比例为 6，单击拾取点按钮⬚，在花芯区域单击，在单击确定完成花芯图案填充，如图 2-35（b）所示。

（3）绘制渐变色花瓣。单击绘图工具栏渐变色按钮▨，选择红黄双色，选择第 2 行第 3 列的渐变模式，单击拾取点按钮▣，在右上角花瓣区域单击，单击确定完成一个花瓣渐变色填充。单击绘图工具栏图案填充按钮▨，单击继承特性按钮▨，先在已填充花瓣区域单击，当鼠标提示变成"大刷子"🖌标记，在其余各花瓣上单击，完成全部图案填充。

2.12 综合操作练习

以上介绍了 AutoCAD 2014 基本图形的绘制，下面进行综合举例说明其操作。

【例 2.12-1】 根据本章所学过的基本绘图命令，绘制如图 2-36 所示的简易栏杆。

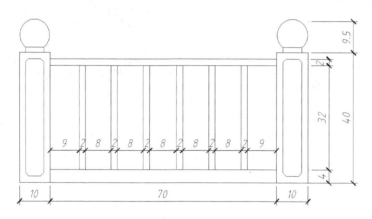

图 2-36　简易栏杆

首先应用多段线、矩形、直线等命令绘制栏柱，再绘制栏杆上下侧连接线，最后采用点的定数等分等命令绘制栏杆。

具体操作如下。

（1）绘制栏柱。单击工具栏中的多段线按钮┗，以坐标原点（0,0）为起点在指定下一点提示下依次输入"@0,40"、"@2,0"、"@0,1.5"，再选择选项"圆弧（A）"画圆弧，先指定圆弧上的"第二个点（S）"为"@3,8"，指定圆弧的端点为"@3,-8"。然后绘制直线，选择选项"直线（L）"，在命令行依次输入"@0,-1.5"、"@2,0"、"@0,-40"，最后输入"C"，使所绘制的线框闭合，结束多线命令。单击工具栏中的矩形按钮▭绘制带倒角的矩形，选择"倒角（C）"，输入两个倒角距离均为1，指定矩形的第一个角点为"2,2"，其对角点为"@6,36"。单击工具栏中的直线按钮╱，分别连接点（2,40）与（8,40）及（2,41.5）与（8,41.5）。

绘制的栏柱如图 2-37 所示。利用复制命令（见 4.2.2），在坐标为（80,0）位置绘制出第二个栏柱。

（2）绘制栏杆上下侧连接线。单击工具栏中的直线按钮╱，连接点（10,0）与点（80,0），点（10,4）与点（80,5），点（10,38）与点（80,38），点（10,36）与点（80,36）。

（3）绘制栏杆。选择绘图菜单|点|定数等分，或在命令行输入命令"Divide"，将下方第二条连接线等分为 7 等分。选择绘图菜单|多线，或在命令行输入命令"Mline"，选择多线样式的当前设置为"对正 = 无，比例 = 1.00，样式 = STANDARD"，输入多线比例为 2，捕

捉等分点为起点，以到上方第二条连接线的垂足为终点绘制多线。重复多线命令，绘制出所有栏杆。

【例 2.12-2】 绘制如图 2-38 所示图例——单扇平开门。

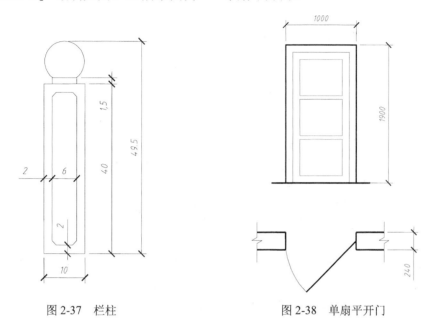

图 2-37 栏柱　　　　　　　　　　　图 2-38 单扇平开门

绘图步骤如下。

（1）绘制平面图。选择绘图菜单|多线，设置"比例（S）"为 240，绘制两段墙线。再单击工具栏中的直线按钮 ╱，选择<极轴 开>，捕捉到 225°方向，绘制门的开启示意线，线长为门宽 1000。选择绘图菜单|圆弧|起点、端点、半径，画圆弧。最后采用直线命令绘制折断线（略）。

（2）绘制立面图。单击工具栏中的矩形按钮 ▭，根据图例所示尺寸绘制门的轮廓线。再选择矩形与直线命令，依次绘制细部结构线条（具体尺寸读者可自定义）。

思考与练习

1. 基本图形绘制练习（请读者自定义尺寸）。

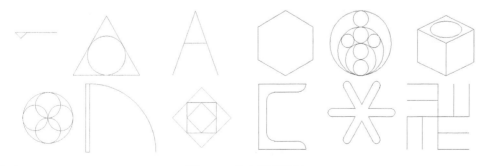

图 2-39 基本图形绘制

2. 简述在 AutoCAD 中可以创建哪些点？结合本章所介绍的"直线"与"点"命令，根据尺寸绘制如图 2-40 所示楼梯踏步，其中踏步高 150，宽 300。

3. 使用多线命令绘制图形，需要先设置多线样式吗？如何设置？用多段线命令绘制如图 2-41（尺寸可自定义）及图 2-42 所示图形。

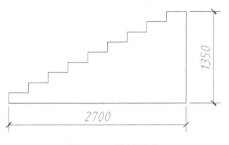

图 2-40　楼梯踏步

图 2-41　多线命令绘图

图 2-42　多线命令绘图

4. 两圆半径分别为 30 和 50，圆心距为 100，其公切圆半径为 120，请绘制公切圆，并思考共能绘制出几个？

5. 利用椭圆命令绘制如图 2-43 所示的图形。

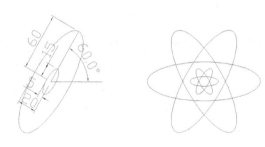

图 2-43　利用椭圆命令绘图

6. 结合"矩形"、"直线"、"圆弧"和"圆"命令，绘制如图 2-44 所示浴缸图形。

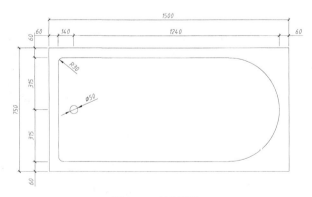

图 2-44　绘制浴缸

第 3 章   常用辅助绘图工具

对于土木建筑专业来说，在画图前设置合适的绘图环境，掌握常用的辅助绘图工具的使用，不仅可以简化大量的调整修改工作，而且有利于统一格式，便于图形的管理和使用。本章介绍绘图环境与常用辅助绘图工具设置方面的知识，包括图形单位、界限的设置、辅助定位点的设置、图层、颜色、线型设置、草图设置、显示控制及常用工具的使用等。

3.1   设置绘图单位和绘图界限

不论使用什么方式进入一个图形，都可通过对话框、下拉菜单或键盘随时改变绘图参数。

3.1.1   国标中图幅、标题栏的基本规定

要利用 AutoCAD 进行建筑结构设计绘图，在学习 AutoCAD 绘图的同时，还必须熟悉建筑施工图设计的专业知识和行业规范，才能在设计时绘制出符合要求的施工图纸。本小节将介绍《房屋建筑制图统一标准》GB/T 50001—2001 和《建筑制图标准》GB/T 50104—2001 中的相关基本规定。

1. 图幅

图幅可分为横式图幅和立式图幅，如图 3-1 和图 3-2 所示。图幅及图框尺寸规定如表 3-1 所示。

从表 3-1 可以看出 A1 图幅是 A0 图幅的对折，依次类推。图幅线用细实线绘制，图框线和标题栏外轮廓用粗实线绘制，标题栏内的分割线用细实线绘制。需要缩微复制的图纸，其一个边上应附有一段准确米制尺度，四边上均附有对中标志，米制尺度的总长应为 100mm，分格应为 10mm。对中标志应画在图纸各边长的中点处，线宽应为 0.35mm，伸入框内应有 5mm。当图幅不能满足要求时，只能按规定加长长边。同一工程同一专业的设计图纸一般不宜多于两种图幅，图纸目录及表格采用的 A4 幅面除外。

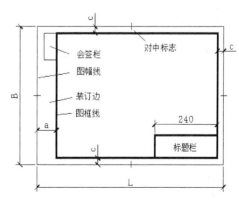

图 3-1   横式幅面（A0～A3）

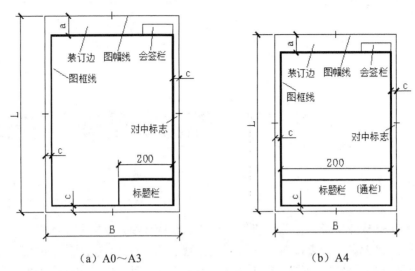

（a）A0～A3　　　　　　　　　　　　　　（b）A4

图 3-2　立式幅面

表 3-1　　　　　　　　　　　　图幅及图框尺寸（mm）

尺寸代号 ＼ 幅面代号	A0	A1	A2	A3	A4
B × L	841 × 1189	594 × 841	420 × 594	297 × 420	210 × 297
c		10			5
a			25		

2. 标题栏与会签栏

图纸的标题栏、会签栏及装订边的位置，应符合如图 3-1 和图 3-2 所示的规定。

标题栏应按如图 3-3 所示，根据工程需要选择确定其尺寸、格式及分区，签字区应包含实名列和签名列。涉外工程的标题栏内，各项主要内容的中文下方应附有译文，设计单位的上方或左方，应加"中华人民共和国"字样。

会签栏应按如图 3-4 所示格式绘制。1 个会签栏不够用时，可另加 1 个，两个会签栏应并列布置，不需会签栏的图纸可不设会签栏。

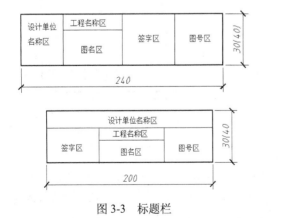

图 3-3　标题栏

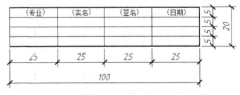

图 3-4　会签栏

3.1.2　设置绘图单位

图形中的每个图形对象都是依据图形单位绘制的，因此，在绘图前应先确定 AutoCAD 中使用的图形单位。AutoCAD 系统绘制图形的基本单位称为"绘图单位"，它是一个无量纲图形单位。例如，10 个绘图单位，它的实际长度到底是多少是用户赋予它的，如果用户在绘图时给定尺寸是以毫米为单位，则 10 个绘图单位将代表 10 毫米。否则，也有可能代表 10 米、10 英寸等。在绘图中，用户可采用以下两种方式根据需要随时进入图形单位对话框更改绘图单位的设置。

命令：UNIT

快捷键：UN

经典界面：格式菜单｜单位

执行该命令后弹出如图 3-5 所示的"图形单位"对话框。

该对话框包含"长度"、"角度"、"插入比例"、"输出样例"和"光源"5 个区及 确定 、
取消 、 方向(D)... 、 帮助(H) 4 个按钮。

（1）长度区。设定长度类型及精度。

① 类型。通过下拉列表框，可以选择长度单位类型。国标中长度数据类型通常选择十进制"小数"类型。

② 精度。通过下拉列表框，可以选择长度精度，也可以直接键入。

（2）角度区。设定角度类型及精度。

① 类型。通过下拉列表框，可以选择角度单位类型。通常选择"十进制度数"类型。

② 精度。通过下拉列表框，可以选择角度精度，也可以直接键入。

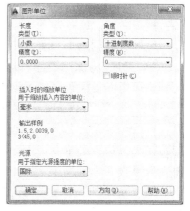

图 3-5　图形单位对话框

③ 顺时针复选框□顺时针(C)。控制角度方向的正负。默认值设逆时针方向为正。选中该复选框时，顺时针为正。正常情况下，绘制建筑工程图时建议采用默认值。

（3）插入时的缩放比例。控制插入到当前图形中的块和图形的测量单位。如果块或图形创建时使用的单位与该选项指定的单位不同，则在插入这些块或图形时，对其按比例缩放。因此，对于采用毫米为单位的建筑工程图形，如果不想进行比例缩放，可选择"无单位"选项或"毫米"选项。

（4）输出样例区。该区给出以上设置后的长度和角度单位格式。

（5）光源区。控制当前图形中光度控制光源的强度测量单位。

（6） 方向(D)... 按钮。设定 0 角度方向。点取该按钮后弹出如图 3-6 所示的"方向控制"对话框。

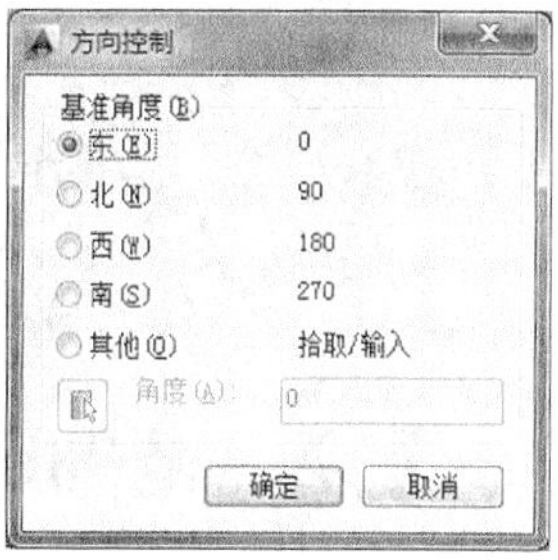

利用该对话框可设定角度起始点及角度测量方向。默认 0°方向为东的方向。如果要设定东、南、西、北以外的方向作为 0°方向，可以点取"其他"单选框，此时"拾取"按钮和"角度"编辑项有效，用户可以单击"拾取"按钮，进入绘图界面拾取某方向作为 0°方向或直接

图 3-6　方向控制对话框

键入某角度方向值作为 0°方向。在建筑工程图形中建议采用默认设置。

3.1.3 设置绘图界限

设置图形界限，可以标记当前的绘图区域，防止图形超出图形界限，便于定义打印区域。图形界限应设定得比绘制对象稍大一些。当栅格被打开时，图形界限内充满了栅格点。可采用以下两种方法更改图形界限。

命令：LIMITS

经典界面：格式菜单｜图形界限（A）

命令及提示：

命令:'_limits

重新设置模型空间界限:

指定左下角点或[开(ON)/关(OFF)]<0.0000,0.0000>:

指定右上角点<420.0000,297.0000>:

操作方法：

可接受的响应是 ON、OFF 或<Enter>。

➤ ON：将保持当前设定值并激活图形的界限检查。界限检查不允许图形对象画在界限之外。可把界限检查当作图纸上的边框，使图形对象始终绘在图纸上。

➤ OFF：取消图形的界限检查，但保留界限值供以后使用。

➤ <Enter>：即默认当前左下角绘图界限<0.0000,0.0000>。这是典型的输入响应，接着屏幕提示指定右上角点。公制单位下默认值为<420.0000,297.0000>，第一数值代表水平尺寸，第二数值代表垂直尺寸。

系统默认在整个图绘图区显示栅格。如果希望获得如图 3-7 所示用栅格显示的图形界限，参考下面的技巧与提示。

技巧与提示

➤ 仅在绘图区显示栅格的设置：图形界限设置完成后，在状态栏栅格按钮上单击右键，在弹出菜单中选"设置…"，在弹出的"草图设置"对话框"捕捉与栅格"选项卡（图 3-9）中，在右下角"栅格行为"选项组中取消"显示超出界限的栅格"复选框

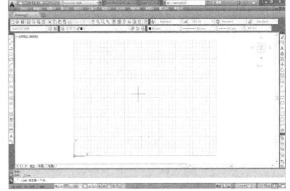

图 3-7 用栅格显示的图形界限

勾选，单击确定按钮。单击<F7>键，打开栅格，可看到如图 3-7 所示结果。

3.2 精确定位工具

到本章为止，已经通过 AutoCAD 命令创建了图形对象，可以通过第 1 章介绍的输入坐标的方法精确定位点，但实际绘图中往往并不能也没有必要获取过程点的坐标值，本节将介

绍几种辅助工具，自动获取中间点的坐标值提高对象定位精度。

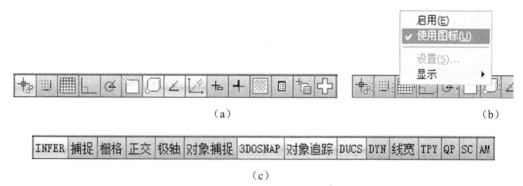

（a）　　　　　　　　　　　　　　　　　（b）

（c）

图 3-8　状态栏上的辅助工具按钮

进入 AutoCAD 2014 中文版后，在状态栏中，系统提供了一组可控制精确输入的工具，如图 3-8（a）所示。这些绘图辅助工具为精确绘图提供了一定的手段和方法。在该状态栏该工具上单击鼠标右键，在打开的菜单中单击"使用图标"，如图 3-8（b）所示。单击后该组工具图标显示为如图 3-8（c）所示的形式。

3.2.1　利用捕捉、栅格辅助定位点

为了精确绘制图形，可用 Snap 命令设置一个适中密度分布于屏幕上的栅格，每当用鼠标输入一个点时，所输入的点的位置只能是栅格上的一个点，就像在一个无形的坐标纸上绘图一样。这种栅格能够捕捉光标，在屏幕上是不可见的，但当与 Grid 命令配合使用时，使得这种栅格可见。可用以下 3 种方式设置捕捉、栅格。

命令：DSETTINGS

快捷键：DS 或 Ctrl+O

经典界面：工具菜单 | 绘图设置…

状态栏：右键单击"捕捉"按钮、、，在弹出的快捷菜单中选择"设置（S）…"。

执行该命令后打开如图 3-9 所示"草图设置"对话框的"捕捉和栅格"选项卡。

该选项卡有"捕捉间距"、"极轴间距"、"捕捉类型"、"栅格间距"、"栅格行为"5 个区，以及选项按钮等。

（1）启用捕捉复选框。打开或关闭捕捉模式。要打开或关闭捕捉模式，还可以单击状态栏"捕捉"按钮、或单击键盘上的功能键<F9>。

（2）捕捉间距区。指定捕捉的 X 方向和 Y 方向的间距，间距值必须为正值。当选择

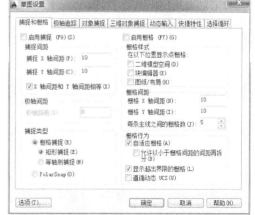

图 3-9　"草图设置"对话框"捕捉和栅格"选项卡

☐ X 和 Y 间距相等(X)复选框后，改变 X 或 Y 间距值时，另一间距值自动修改。

（3）极轴间距区。设定极轴捕捉模式下的极轴距离。

（4）捕捉类型区。

① 栅格捕捉。将捕捉类型设置为"栅格捕捉"。指定点时，光标沿垂直或水平栅格点进行捕捉。栅格捕捉分为矩形捕捉和等轴测捕捉两种形式，图 3-10 所示为正交模式打开的状态下矩形捕捉和等轴测捕捉绘制的图形。

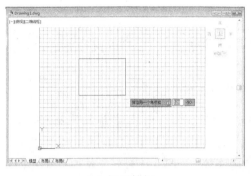
（a）矩形捕捉

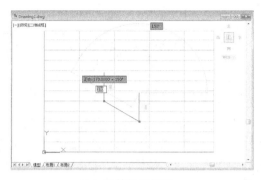
（b）正等轴测捕捉

图 3-10　栅格捕捉

② 极轴捕捉。设定为极轴捕捉模式。点取该项后，极轴间距区有效，而捕捉区无效（灰色显示）。

如果捕捉模式处于打开状态，并在启用了极轴追踪或对象捕捉追踪的情况下指定点，光标将沿极轴角或对象捕捉追踪角度进行捕捉，这些角度是相对于最后制定的点或最后获取的对象捕捉点计算的。

（5）启用栅格复选框☐启用栅格 (F7)(G)。打开或关闭栅格显示。要打开或关闭捕捉模式，还可以单击状态栏"捕捉"按钮或单击键盘功能键<F7>。

（6）栅格样式。可将系统默认的网格型栅格样式（图 3-10），修改为点表示的栅格样式。如图 3-11 所示。

（7）栅格间距。设定栅格在 X 轴方向和 Y 轴方向的点距离。如果此值为 0，栅格将以对应的"捕捉"间距值代替。

（8）栅格行为。

① ☐自适应栅格(A)。控制放大或缩小栅格线的密度。

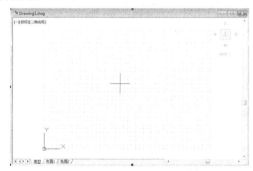
图 3-11　点表示的栅格

② ☐显示超出界限的栅格(L)。AutoCAD 2006 以后版本允许栅格的显示扩展到整个绘图区域。

（9）选项(T)...按钮。点取该按钮，将弹出"选项…"对话框的"草图"选项卡，该选项卡的操作将在本章 3.4.3 节中详述。

🖐 技巧与提示

➤ 若栅格 X 轴、Y 轴间距值均为 0，则在屏幕上看到的栅格点与捕捉栅格点重合。即利用 GRID 栅格使 SNAP 捕捉栅格可见。若在间距值后输入 X，可将栅格间距设置为捕捉间距增加的指定值。

> 栅格点不是图形的一部分，只是作为视觉参考，出图时，绘图机不会将其绘出。

3.2.2　利用正交辅助定位点

在 AutoCAD 中，使用正交模式可以平行于事先设定的捕捉方向绘图，与使用画板的直边绘图效果相同。当正交方式打开时，只能在当前 X 轴和 Y 轴方向上获取点来绘制图形。打开或关闭正交模式可以采用以下方法。

命令：ORTHO

输入模式[开(ON) / 关(OFF)]<开>: **on**　　　　　　　　　输入 on 打开，输入 off 关闭

状态栏：在状态栏中单击"正交"按钮，图标 L 、正交 亮显为打开状态，图标灰显 L 、正交 则为关闭状态。另外，按<F8>键也可以打开或关闭正交模式。

在绘图和编辑过程中，常常同时使用捕捉、栅格和正交模式，它们可以联合发挥作用。捕捉、栅格和正交模式这 3 个命令均为透明命令（所谓透明命令，即在其他命令执行期间可以执行的命令），无论正在使用什么命令，这 3 个工具都可处在打开或关闭状态。状态栏按钮是最快且最方便的操作方法。捕捉、栅格和正交模式联合使用绘制的图形，如图 3-10 所示。

3.2.3　利用极轴追踪辅助定位点

利用极轴追踪可以在设定的极轴角度上根据提示精确移动光标。极轴追踪提供了 1 种精确拾取特殊角度上点的方法。利用极轴追踪辅助定位点有以下 3 种方式。

命令：DSETTINGS

经典界面：工具菜单｜绘图设置…

状态栏：在状态栏中"极轴"按钮处单击鼠标右键，在弹出的快捷菜单中选择"设置（S）…"。

执行该命令后弹出如图 3-12 所示"草图设置"对话框中的"极轴追踪"选项卡。

该选项卡包含了 3 个区："极轴角设置"、"对象捕捉追踪设置"和"极轴角测量"，以及选项按钮 选项(T)... 等。

（1）极轴追踪复选框 □启用极轴追踪 (F10)(P)：打开或关闭极轴追踪。还可以通过单击状态栏"极轴"按钮 ⚿ 、极轴 或单击功能键<F10>打开或关闭极轴追踪。

（2）极轴角设置区。

① 增量角。设置角度增量大小。默认为 90°，即捕捉 90° 的整数倍角度：0°、90°、180°、270°。用户可以通过下拉列表选择其他的预设角度：43°、30°、22.3°、18°、13°、10° 和 3°，也可以键入新的角度值。绘图时，当光标接近设定的角度及其整数倍角度的附近时，自动被"吸"过去并显示极轴和当前方位。

② 附加角。该复选框启用附加角。利用"新建"和"删除"按钮设定任意角度的附加角的值。极轴追踪时仅捕捉附加角的值，不捕捉其整数倍角度。

（3）对象捕捉追踪设置区。

① 仅正交追踪。仅仅在对象捕捉追踪时采用正交方式。

② 用所有极轴角设置追踪意将极轴追踪设置应用到对象捕捉追踪。使用对象捕捉追踪时，光标将从获取的对象捕捉点起沿极轴对其角度进行追踪。

（4）极轴角测量区。

① 绝对。设置极轴角为绝对角度。

② 相对上一段。设置极轴角为相对上一段的角度。

【例 3.2.3】 利用正交、极轴追踪绘制如图 3-13（d）所示的建筑标高图形。

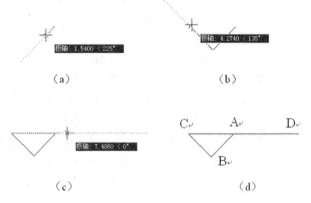

图 3-12 草图设置对话框中的"极轴追踪"选项卡   图 3-13 利用正交、极轴追踪绘制建筑标高图形

（1）设置极轴追踪角增量。在状态栏中"极轴"按钮处单击鼠标右键，在弹出的快捷菜单中选择"设置（S）…"。在弹出如图 3-12 所示"草图设置"对话框中的"极轴追踪"选项卡中设置增量角为 45，单击 [确定] 按钮。

（2）绘制标高图形。单击绘图工具条绘制直线按钮 [/]，单击绘图区任意一点，作为标高图形起点 A；鼠标向左下移动，在极轴追踪模式下可看见−45°（225°）追踪线，输入 4.2，获取第二点 B；如图 3-13（a）所示。鼠标向左上移动，在极轴追踪模式下可看见 135°追踪线，输入 4.2，获取第三点 C，如图 3-13（b）所示。鼠标向右移动，在极轴追踪模式下可看见水平追踪线，输入 15，获取第四点 D，如图 3-13（c）所示。标高图形绘制完成，如图 3-13（d）所示。

请读者将上例的绘制方法与第 2 章的方法作比较，仔细体会各种精确绘图的方法。

3.2.4 使用对象捕捉与对象追踪辅助工具精确定位点

设定对象捕捉方式有多种方法，不同的对象可以设置不同的捕捉模式。使用对象捕捉与对象追踪辅助工具精确定位点，有对话框、快捷菜单、捕捉工具条和直接输入捕捉命令 4 种方式进行对象捕捉。

命令：OSNAP

经典界面：工具菜单｜绘图设置…

状态栏：状态栏中右击"对象捕捉"按钮 [□]、[对象捕捉]，在弹出的快捷菜单中选择"设置（S）…"。

以上方法均可打开"草图设置"对话框中的"对象捕捉"选项卡，如图 3-14 所示，在对话框中进行捕捉方式设定。

快捷菜单： 在绘图区通过同时按下<Shift>键＋单击鼠标右键，如图 3-15 所示。可在弹出快捷菜单中选择捕捉方式。快捷菜单捕捉是一种灵活的一次性捕捉模式。

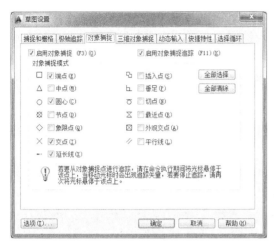

图 3-14　草图设置对话框中的"对象捕捉"选项卡　　　　图 3-15　对象捕捉快捷菜单

经典界面： 打开"对象捕捉"工具条，单击按钮直接应用相应捕捉方式。特别是其中的捕捉自按钮，对复杂图形的准确绘制起到非常重要的作用。后面将通过实例讲解其应用。

键盘输入： 在命令提示符下，键盘输入包含前三个字母的对象捕捉命令。如在提示输入点时输入"MID"此时中点捕捉模式覆盖其他对象捕捉模式，同时可以用诸如"END，PER，QUA"、"QUI，END"的方式输入多个对象捕捉模式。

下面，着重讲解在草图设置对话框中，通过对象选项卡设定对象捕捉。"对象捕捉"选项卡包含了"启用对象捕捉"、"启用对象捕捉追踪"两个复选框以及对象捕捉模式区。

（1）启用对象捕捉复选框（F3）。控制是否启用对象捕捉。

（2）启用对象捕捉追踪复选框（F11）。控制是否启用对象捕捉追踪。

对象捕捉主要包括以下模式。

① 端点（ENDpoint）。允许捕捉以前绘制的线或弧的端点来绘制弧、线或圆。将光标移动到所绘制的新线要连接的线的端点附近，光标不必一定要接触到线的端点，但是一定要在中间点和所要选择的端点之间，这样才会选到正确的一端。当光标接触到线时，在最靠近的端点处会显示一个方形的标记框（图 3-16），单击鼠标拾取键，新的线段就会连接到所选择的端点上。

② 中点（MIDpoint）。允许捕捉以前绘制的线段、圆弧、多段线的中点（图 3-17）。

图 3-16　捕捉端点　　　　　　　　　　　　　图 3-17　捕捉中点

③ 圆心（CENter）⊙。中心点捕捉模式用于任何需要在圆心点绘制对象的情况。一条线或弧经常需要从一个已有圆的圆心绘出，或多个圆需要围绕一个中心点绘制，如图 3-18 所示。使用圆心点捕捉模式可以很方便地完成此类绘制。

④ 节点（NODe）⊙。节点捕捉模式用于捕捉点（由 Point、Divide 等命令指定的点）及尺寸的定义点，如图 3-19 所示。选择节点捕捉模式可以从预先确定的点上绘制线或弧。节点的样式由"格式"下拉菜单的"点样式…"对话框选择。

图 3-18　捕捉圆心点　　　　　　　　　　　图 3-19　捕捉节点和插入点

⑤ 象限点（QUAdrant）◇。如图 3-20 所示，象限点捕捉模式可以捕捉到圆、圆弧或椭圆上 0°、90°、180°和 270°的位置。当提示输入起点或下一点时，选择工具条上的象限点捕捉图标或键入"Q U A<Enter>"激活该捕捉选项。将靶框放置在圆或弧上靠近象限点的位置，新绘制的对象将自动连接到象限点。

⑥ 交点（INTersection）✕。交点模式用于捕捉两图形元素的交点，如图 3-21 所示。这些图形元素包括直线、多线、多段线、射线、样条曲线、参照线、圆、圆弧、椭圆或椭圆弧等。

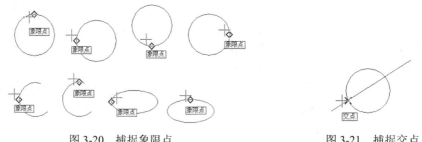

图 3-20　捕捉象限点　　　　　　　　　　　图 3-21　捕捉交点

⑦ 延伸（EXTension）—。可使用"延伸"对象捕捉延伸直线和圆弧。与"交点"和"外观交点"一起使用，可以获得延伸交点。光标停留在直线或圆弧端点上后将显示小的（+）号，表示直线或圆弧已经选定，可以用于延伸。沿着延伸路径移动光标将显示一个临时延伸路径。如果"交点"或"外观交点"处于"开"的状态，就可以找出直线或圆弧与其他对象的交点，如图 3-22（a）所示。

⑧ 插入点（INSertion）⊡。插入点捕捉模式用于捕捉形状（Shape）、文字（Text）、属性（Attribute）或块（Block）的插入点。在以后的章节中将介绍有关插入点的内容，如图 3-22（b）所示。

⑨ 垂足（PERpendicular）⊥。垂足捕捉模式可以捕捉到与圆弧、圆、参照、椭圆、椭圆弧、直线、多段线、射线、对象或样条曲线正交的点，也可以捕捉到对象的外观延伸垂足，所以，垂足未必在所选对象上，如图 3-23 所示。

⑩ 切点（TANgent）⊙。捕捉与圆、圆弧或椭圆相切的点。

（a）交点　　　　（b）插入点　　　（a）捕捉线段上垂足　（b）捕捉圆上垂足　　　　（c）结果

图 3-22　捕捉延伸交点和插入点　　　　　　图 3-23　捕捉垂足绘制直线与圆的公垂线

⑪ 最近点（NEArest）。最近点捕捉模式可以捕捉到该对象上距光标最近的点。

⑫ 外观交点（APParent Intersection）。外观交点模式和交点模式类似，可捕捉空间两个对象的视图交点。注意，在屏幕上看上去"相交"的点，如果第 3 个坐标不同，这两个对象并未真正相交。采用"交点"方式无法捕捉该点，应该采用"外观交点"。

⑬ 平行线（PARallel）。该捕捉模式绘制一条与已有线平行的线。与其他捕捉模式不同，平行线捕捉是在点取起点后进行选择的。

【例 3.2.4-1】 利用最近点模式、平行线模式捕捉过圆上一点绘制直线的平行线，如图 3-24（d）所示。

（1）绘制圆和直线。在命令行输入"C"，启用画圆命令，在绘图区任意位置单击作为圆心，输入圆半径为"50<Enter>"，结束画圆命令。在命令行输入"L"，启用画线命令，在圆旁边任意位置单击，作为线段起始点，向左下方任意位置移动鼠标并单击，回车结束画线命令。

（2）绘制平行线。单击绘图工具条直线按钮，单击"对象捕捉"工具条捕捉到最近点按钮，用鼠标接近圆，出现捕捉最近点提示标记，在圆上单击；单击"对象捕捉"工具条捕捉到平行线按钮，鼠标移至直线上，出现捕捉平行线提示标记，再将鼠标沿平行线方向移动（左下方），出现平行线的追踪虚线，输入线段长度 50，结果如图 3-24（d）所示。

（a）最近点捕捉起点　　（b）光标移至直线上　（c）光标移至直线平行方向点取终点　　　（d）结果

图 3-24　利用最近点方式、平行线方式捕捉过圆上一点绘直线的平行线

⑭ 捕捉自（From）按钮。定义从某对象偏移一定距离的点。"捕捉自"仅出现在"对象捕捉"工具条上，不是对象捕捉模式之一，但往往和其他对象捕捉一起使用。

【例 3.2.4-2】 利用对象捕捉工具条捕捉自按钮绘制立面窗，如图 3-25（d）所示。

（1）设置绘图参数。在命令行窗口输入"LIMITS<Enter>"，输入"0,0<Enter>"，指定左下角坐标，输入"5940,4200<Enter>"，指定右上角坐标。在命令行窗口输入"Z<Enter>"，输入"A<Enter>"，在绘图区域显示全部绘图界限。在状态栏右击 对象捕捉 按钮，在弹出的对话框中选择捕捉端点、交点、中点复选框，单击启用对象捕捉复选框，单击 确定 按钮，启用对象捕捉。

（2）绘制最外面窗框（矩形 1）。单击绘图工具条绘制矩形按钮▢，在屏幕左下方任选一点单击，选择矩形起始点，然后在命令行输入"@2400,2400<Enter>"，如图 3-25（a）所示。

（3）绘制矩形 2 和矩形 3。回车，重复绘制矩形命令，单击对象捕捉工具条捕捉自按钮▢，单击矩形 1 左下角点，输入"@80,80"，即确定矩形 2 左下角点，输入"@520,1540<Enter>"。用同样的方法绘制矩形 3，其长和高分别为 1080 和 620，如图 3-25（b）所示。

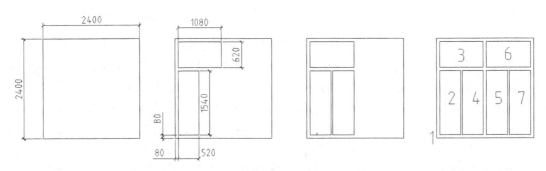

| （a）绘制最外面窗框 | （b）绘制矩形 2 和矩形 3 | （c）绘制矩形 4 | （d）绘制矩形 5、6、7 |

图 3-25　利用捕捉自按钮绘制立面窗

（4）绘制矩形 4。单击修改工具条镜像按钮⚏。单击矩形 2，回车结束镜像对象选择。单击矩形 3 长边中点作镜像线第 1 点。在状态栏单击正交按钮，打开正交模式，在垂直方向移动鼠标，然后单击，作为镜像直线第二点。回车，选择不删除源对象。绘制结果如图 3-25（c）所示。

（5）绘制矩形 5、6、7。回车，重复镜像命令。用交叉选择 2、3、4 矩形，回车结束镜像对象选择。单击矩形 1 上边中点作镜像线第 1 点，单击矩形 1 下边中点作镜像线第 2 点。回车，选择不删除源对象。绘制结果如图 3-25（d）所示。

使用对象捕捉选项可节约时间并极大地提高绘图精度。一旦对象捕捉被激活，即可利用标记框选择要捕捉的对象。移动光标使所要选择的对象位于标记框内，单击鼠标拾取键，若标记框内包括多个对象，则最近的对象被选择。

🔧 技巧与提示

➤ 对象捕捉工具必须在相关命令激活后使用。

➤ 使用捕捉平行线方式时，单击直线第 1 点后，一定是将光标移动到要捕捉的平行线上，出现捕捉平行线提示标记后，再将光标沿平行线方向移动。

➤ 不要同时打开太多捕捉方式，否则当光标靠近对象时，多种捕捉方式交替出现，反而降低捕捉质量和速度。

➤ 使用"对象捕捉"工具条上的按钮，需要时直接单击相应捕捉按钮将大大提高绘图效率。

➤ 在新的 AutoCAD 版本下，不仅可以使用以上捕捉方式，还可以在不使用任何辅助线的方式下查找任意两点间的中点。例如，在如图 3-26（a）所示图形中绘制通过 AB 直线中点的垂线时，可以通过如下方式绘制。①启用捕捉端点、交点、垂点。单击画线按钮✎。②按住<Shift>键并单击鼠标右键，显示"对象捕捉"快捷菜单。③在快捷菜单中选择"两点间的中点（T）"。④在图形中指定两点 A、B。该直线将以这两点之间的中点为起点，如图 3-26（b）所示。⑤捕捉 D 点单击，完成垂线绘制，如图 3-26（c）所示。捕捉方式提供了强大的辅助绘图功能，如果能将对象捕捉和对象追踪结合使用，将大大提高绘图的效率。

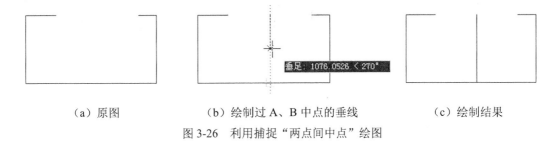

（a）原图　　　　　　　（b）绘制过 A、B 中点的垂线　　　　（c）绘制结果

图 3-26　利用捕捉"两点间中点"绘图

【例 3.2.4-3】　利用对象追踪，不使用辅助线绘制如图 3-27（b）所示以矩形对称中心为圆心的圆。

（1）绘制矩形。单击矩形按钮▢，在绘图区任一点单击，键盘输入"@100,80"，绘制长100，宽 80 的矩形。

（2）绘制以矩形对称中心为圆心的圆。①单击状态栏 对象追踪 按钮，启用对象捕捉交点、中点；②单击画圆按钮◯，根据提示输入圆心点，首先将光标移到线段 AB 上（仅移动鼠标，勿单击），出现捕捉到的 AB 中点提示标记，再将光标移至线段 AD 上，出现捕捉到的 AD 中点提示标记后，向左下移光标至矩形中心位置附近，出现如图 3-27（a）所示状态后，单击鼠标，则捕捉到了矩形的对称中心点作为圆心点；③输入圆半径，完成圆绘制，如图 3-27（b）所示。

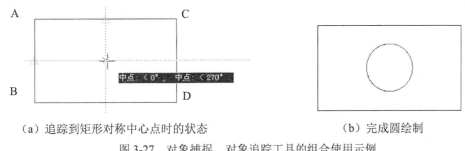

（a）追踪到矩形对称中心点时的状态　　　　　　　　（b）完成圆绘制

图 3-27　对象捕捉、对象追踪工具的组合使用示例

3.3　图层、颜色、线型的设置

一张图通常由各种对象构成，对象属于 AutoCAD 系统预定义的基本图形单元，用绘图命令绘制的对象，除具有大小、形状外，还附有图层、颜色、线型等属性。AutoCAD 允许为每一个对象选择不同图层、不同颜色、不同线型绘制图形。充分运用系统提供的这些功能，可以极大地方便绘图操作，大大提高绘制复杂图形的效率。

3.3.1　图层的概念和特性

在手工绘图中，所有图形绘制在一张图纸上，而在 AutoCAD 中，用户可以利用 LAYER命令将一张图纸分成若干层，将表示不同特性的图形对象放在不同的层上，以方便检验图形。

可把图层想象成没有厚度的、透明的绘图纸，各层之间完全对齐。用户对每一层均可设置绘图所用的颜色、线型或状态等属性，同一层上的对象具有相同的属性。用户也可以任意进行某些图层的打开/关闭、冻结/解冻、锁定/解锁来辅助绘图，这样不仅便于图层的管理，而且也将大大提高图形绘制效率。图层具有以下特性。

（1）系统对图层的数量没有限制，可在一幅图中指定任意数量的图层，对每一图层上的对象数量也没有限制（与计算机的内存大小有关）。

（2）每一个图层都有一个名字。其中"0"层是 AutoCAD 自动定义的（默认层，不可以删除），其余图层由用户自定义。用户自定义图层的命名最好采用"见名知意"的原则，可用所描述对象的性质来定义图层名，如"点划线"、"标注层"等。

（3）各图层上具有相同的坐标系、绘图界限、显示时的缩放比例等，可对位于不同图层上的对象同时进行编辑操作。

（4）在 AutoCAD 中，新的对象总是绘制在当前层上。对于有多个图层的图形，在绘制对象之前应通过图层操作命令将所在图层置为当前。

（5）图层的打开 ⚪ /关闭 ⚫ 。图层可以是打开的，也可以是关闭的。只有在打开图层上的对象才显示在屏幕上或在绘图机上绘出，而被关闭图层上的对象虽然也是图形的一部分，但在屏幕上不能显示，在绘图仪或打印机上也不能绘出。利用图层的这一特性，在绘图时可以建立辅助层协助绘图，在打印输出时将该层关闭即可。

（6）图层的冻结 ❄ /解冻 ☀ 。冻结的图层与关闭的图层一样，在屏幕上是不显示的，不同之处在于：冻结的图层不能参加图形间的运算。在复杂图形中暂时冻结不需要的图层，可大大加快图形重新生成的速度。

（7）图层的锁定 🔒 /解锁 🔓 。锁定层上的对象可以显示出来，但不能用编辑命令编辑它们。锁定图层可以降低意外修改对象的可能性，锁定图层上的对象仍然可以用对象捕捉等辅助功能。用户可以锁定当前层，并且可以在锁定层上重新绘制对象，也可以在锁定层上执行改变对象颜色和线型等不修改对象的其他操作。

（8）图层的线型。图层上的线型是指在图层上绘图时所用的线型，每个图层都具有一种相应的线型，不同的图层可设定成不同或相同的线型，可以调用 AutoCAD 自带的标准线型，也可以自定义专用线型。

（9）图层的颜色。图层的颜色是指该图层上对象的颜色，不同的图层可以设定不同的颜色，也可以设定相同的颜色。

3.3.2　图层与颜色的设置和管理

1. 图层的设置

图层设置有以下 3 种方式。

命令：LAYER

经典界面：（1）格式菜单｜图层

　　　　　（2）图层工具条｜图层特性按钮🔲

草图界面：默认选项卡｜图层面板｜图层特性按钮🔲

执行该命令后，弹出 "图层特性管理器" 对话框。如图 3-28 所示，为了方便读者，图上同时也标注了新建图层的操作方法步骤。

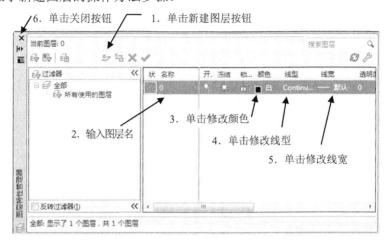

图 3-28 在图层特性管理器中新建图层

新建图层的操作步骤如下。

（1）在"图层特性管理器"对话框中单击新建图层按钮。

（2）在图层列表区输入图层名。图层名尽可能要见名知意。

（3）单击颜色栏对应按钮"■ 白"，打开"选择颜色"对话框，如图 3-29 所示。单击某一颜色方框，单击 确定 按钮，可以对相应图层的颜色进行设置。

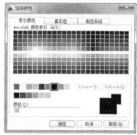

（4）单击线型栏对应按钮 "Contin..."，打开"选择线型"对话框，如图 3-30（a）所示。单击 加载(L)... 按钮，打开"加载或重载线型"对话框，如图 3-30（b）所示。单击选择一种线型，也可以按<Ctrl>键单击选择若干个线型，一次可加载多个线型。在建筑工程绘图中的点划线一般选择"center"，虚线一般选择"dashed"。单击 确定 按钮，重新回到"选择线型"对话框中，选择一种已加载的线型，单击 确定 重新回到"图层特性管理器"对话框中。

图 3-29 选择颜色对话框

（a）"选择线型"对话框　　　　（b）"加载或重载线型"对话框

图 3-30 加载线型

（5）单击线宽栏对应按钮"—— 默认"，打开"线宽"对话框，如图 3-31 所示。单击选择需要的线宽，单击 确定 重新回到"图层特性管理器"对话框中。

（6）重复（1）～（5）步，建立更多图层。在"图层特性管理器"对话框左上角单击关闭按钮 ✕，完成新建图层。

技巧与提示

➤ 当新建的图层不需要时，可以单击删除图层按钮 ✕ 删除指定的图层。该层上必须无对象，同时 0 层不可以被删除。

➤ 要使接下来绘制的图形在某个层上，应单击该图层，接着单击置为当前按钮 ✓。则新生成的对象将具有当前层的颜色、线型等特性。这是利用"图层"绘图过程中很重要的特性。

➤ 对已建立的图层更名，可以选中该图层，两次单击该图层名所在位置，当图层名处于编辑状态，输入新图层名，单击<Enter>键即可。

图 3-31　"线宽"对话框

➤ 在"图层特性管理器"对话框中建立多个图层时，也可以将规划的图层全部建好，再修改对应图层的颜色，线型和线宽以提高效率。如果需要，可单击打印机图标 🖨 控制该图层在打印时是否输出。图 3-32 所示为建筑图形绘制时的常用图层及对应颜色、线型和线宽。

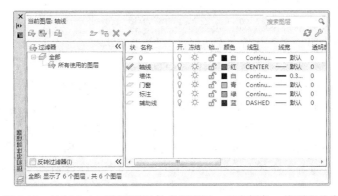

图 3-32　绘制土木工程图形时的常用图层、对应颜色、线型和线宽

➤ 修改图层的颜色，也可以单击下拉式菜单"格式"选择"颜色…"，打开如图 3-29 所示"选择颜色"对话框，选择相应的颜色。

2. 新建特性过滤器

在建立多个图层之后，还可以通过可见性、颜色、名称等过滤图层特性，其操作方法如下。

（1）在如图 3-32 所示"图层特性管理器"对话框中单击"新特性过滤器"按钮 🖼。

（2）在打开的"图层过滤器"对话框中命名新过滤器名称。

（3）在过滤器定义框中定义要过滤的特性。如要显示所有颜色为红色的图层，首先在"过滤器定义"区单击"颜色"选项框，该选择框中显示"选择颜色"按钮 🖼，单击该按钮，在打开的"选择颜色"对话框中单击红色，单击 确定 按钮回到"图层特性管理器"对话框中。在预览框中可见过滤后的图层。

（4）单击 确定 按钮。

（5）这时在"图层特性管理器"对话框过滤器区看到新增过滤名。

整个操作过程如图 3-33 所示。当然也可以在"图层特性管理器"对话框中设置组过滤器，图层状态管理器等。

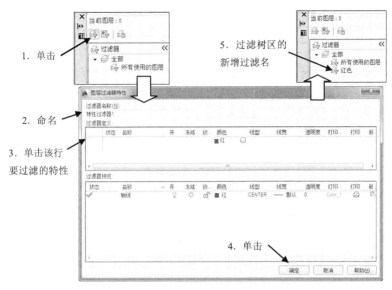

图 3-33　新建特性过滤器操作过程

3.　"图层"和"特性"工具条

"图层"和"特性"工具条如图 3-34 所示，可用于快速查看和改变图层、颜色、线型和线宽。

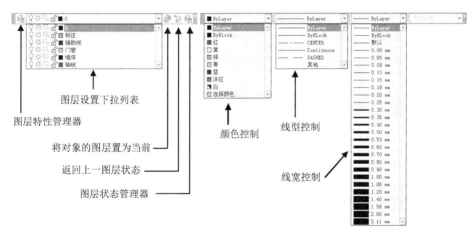

图 3-34　"图层"和"特性"工具条

（1）图层设置下拉列表 ：可在下拉的图层设置列表中直接单击某图层的属性开关图标更改某一图层的打开/关闭属性、冻结/解冻属性及锁定/解锁属性，直接单击某图层的属性开关图标即可。

（2）将对象的图层置为当前 ：单击该按钮，在绘图区单击图形对象，则当前层立刻变为该图形对象所在的层。

（3）返回上一图层 ：单击该按钮，系统返回先前的图层状态。

（4）特性工具条：利用特性工具条上的颜色控制、线型控制和线宽控制下拉菜单可以为图层上的实体对象单独设置这些特性，如在红色的轴线图层上，设置某一线段为绿色。在一般情况下，大多数设计人员通常使用"Bylayer"项设定颜色、线型和线宽，而不为具体的对象指定颜色、线型和线宽。

3.3.3　国标中线型及线宽组的规定

从粗细程度来说，图线的宽度分为粗线、中粗线、细线。每个图样根据复杂程度与比例大小，如果以 b 为基本线宽，则相应的线宽应按照表 3-2 所示选择线宽组。

表 3-2　　　　　　　　　　　　　　　　线宽组

线宽	线宽组					
b	2.0	1.4	1.0	0.7	0.5	0.35
0.5b	1.0	0.7	0.5	0.35	0.25	0.2
0.25b	0.5	0.35	0.25	0.18		

图纸的图框线、标题栏线可采用如表 3-3 所示线宽。

表 3-3　　　　　　　　　　　图框线、标题栏线的宽度

图幅	图框线	标题栏外框线	标题栏分格线、会签栏线
A0、A1	1.4	0.7	0.35
A2、A3、A4	1.0	0.7	0.35

从线条的外观来说，分为实线、虚线、单点长画线、双点长画线等。用 AutoCAD 绘制建筑结构图时，可通过分别加载 Continuous、DASHED、CENTER、PHANTOM 等线型文件来使用对应线型。但是，AutoCAD 提供的线型，并不完全符合我国的制图标准要求，必要时可以利用 AutoCAD 提供的 LINETYPE 命令创建符合要求的线型。

3.3.4　线型设置和管理

在绘图建筑工程图的过程中，经常要使用不同的线型。不同的线型在图形中的含义不同，如粗实线表示可见轮廓线，虚线表示视图中不可见的线，点划线表示中心线、轴线、对称线等。在 AutoCAD 中，系统提供了多种线型，每种线型都保存在线型文件中。线型文件名与普通文件名的要求相同，其扩展名为 LIN。用户可以自定义线型，也可调用标准线型。常用的线型在系统线型库文件 ACADISO.LIN 中，用户只需加载即可。线型设置和管理有以下 3 种。

命令：LINETYPE 或 LTYPE

经典界面：（1）格式菜单｜线型…

　　　　　　（2）线型工具条

草图界面：默认选项卡｜特性面板｜单击线型图标 ｜其他⋯

执行该命令后，弹出如图 3-35（a）所示的"线型管理器"对话框。

　　　　　　（a）　　　　　　　　　　　　　　　　　　（b）

图 3-35　"线型管理器"对话框

　　在默认情况下，只加载了随层、随块、Continuous 三种线型。加载新线型的操作步骤是在"线型管理器"对话框中右上角单击加载按钮 加载(L)... ，其余操作步骤与 3.3.2 节在图层管理器中加载线型的方法相同。

　　"线型管理器"对话框中的其他操作如下。

　　（1）删除 按钮。可删除选中的无用线型。要删除的线型必须为当前图形中没有用到的线型，否则系统拒绝清除。

　　（2）显示细节(D) ／隐藏细节(D) 按钮。单击 显示细节(D) 按钮后，"线型管理器"对话框的显示如图 3-35（b）所示，可在对话框中设置线型"全局比例因子"等内容。

　　① 全局比例因子(G)： 1.0000 。在该文本框中可设置所有使用该线型的全局比例因子。以"CENTER"线型为例，如果在 A3 图幅直接使用，可以较好地显示点划线，但当图幅扩大 100 倍即"42000，29700"下绘制同样的线型，显示的却是实线，这时应该对应调整线型的全局比例扩大 100 倍，点划线方可正常显示。

　　② 当前对象缩放比例(O)： 1.0000 。在该文本框中可设置新绘对象所用线型的比例因子。线型的最终比例因子等于当前对象缩放比例乘以全局线型比例因子。当前对象比例因子主要用于在线型正确显示的全局比例下，如果绘制的图形对象更密集或更稀疏时，可对部分线型适当调整比例。如图 3-36 所示，同一种线型（CENTER）在 A3 图幅中当"全局缩放比例因子"均为 1 时，不同的"当前对象缩放比例"显示的线段形式也有所不同。

图 3-36　在 A3 图幅中同一线型在
不同比例下的显示

技巧与提示

➢　在"线型管理器"对话框的列表框中可一次加载一种线型或多种线型。单击则选中一种线型，同时按<Ctrl>键，单击其他线型名，可选中多个不连续线型进行加载；若选择多个连续线型，可首先单击第一个线型名，同时按<Shift>键，单击最后一个线型名即可。

➢　在"线型管理器"对话框"线型列表"中选择某线型后，单击当前按钮 当前(C) ，此时在当前图层中绘制的对象具有选中的线型属性。如当前层线型为"CENTER"，在"线型管理器"对话框中选中"DASHED"线型，并单击 [当前(C)] 按钮，则在绘图区新绘制的对象虽然在当前层，但是其线型属性为"DASHED"，而不是"CENTER"。

3.4 绘图环境的调整——选项对话框

使用 AutoCAD 绘图，除了使用默认设置，有一些系统环境变量也是很重要的，必须事先设置好。同时一些默认选项的修改，可能使 AutoCAD 通常的操作方法发生一些变化，在此主要介绍设计绘图中常用的选项设置。这些设置主要在选项对话框中进行。打开"选项"对话框可以采用以下方法。

命令： PREFERENCES

经典界面： 工具菜单 | 选项…

采用以上方法可打开如图 3-37 所示的"选项"对话框。该对话框中包括"文件、显示、打开和保存、打印、系统、用户系统配置、草图、选择、配置"9 个选项卡，包含了 AutoCAD 系统设置的主要内容。

3.4.1 绘图区背景色的调整——显示标签

为了方便长时间进行计算机辅助设计绘图，降低人眼的疲劳程度，AutoCAD 绘图区背景默认设置为黑色。但是根据需要可更改背景颜色。如将二维模型空间的统一背景改为白色，其操作方法如下。

（1）在打开的"选项"对话框中单击"显示"标签，如图 3-37 所示。

（2）在"显示"标签中单击"窗口元素"区的颜色按钮 [颜色(C)…]，打开如图 3-38 所示的"图形窗口颜色"对话框。

（3）如图 3-38 所示的"图形窗口颜色"对话框，①在背景框中选择"二维模型空间"；②在界面元素框中选"统一背景"；③在颜色下拉菜单中选"□白"；④单击 [应用并关闭(A)] 按钮返回到"选项"对话框中。

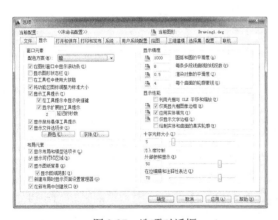

图 3-37 选项对话框

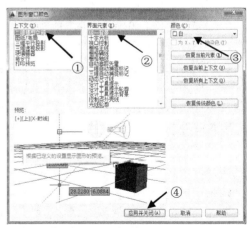

图 3-38 图形窗口颜色对话框

（4）在如图 3-37 所示的"选项"对话框中单击 ▭确定▭ 按钮，则二维模型空间的背景被改为白色。

如果需要，在"选项"对话框"显示"标签中还可以对 AutoCAD 界面的布局元素、显示精度等其他显示元素进行调整。例如拖动右下角十字光标调整滑块（图 3-39）到最右边时，十字光标的长度为屏幕宽度，即定标设备（鼠标）十字光标的水平垂直线将充满整个绘图区域。工程设计人员通常使用 5%～10%的大小。

图 3-39　调整十字光标大小

3.4.2　图形自动保存与备份文件再利用——打开与保存标签

1. 图形的自动保存

在绘图过程中，常常由于集中于思考设计绘图过程而忘记保存文件，如果发生意外，会造成很大损失，可以利用 AutoCAD 提供的文件自动保存，设定每隔一定时间由系统自动保存。操作步骤如下。

（1）在"选项"对话框中单击"打开与保存"标签。

（2）选择 ☑ 自动保存 (U) 复选框。

（3）在文本框中输入保存间隔的分钟数。建议输入 10～15 的数字。注意自动保存的时间间隔不可以过小，否则系统会不断进行保存操作，反而影响绘图速度。

（4）选择每次保存均创建备份复选框。

（5）单击 ▭确定▭ 按钮。则系统将按此间隔数据自动保存，如图 3-40 所示。

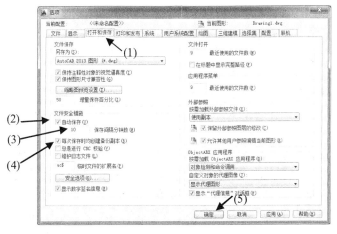

图 3-40　图形的自动保存

2. 备份文件的再利用

如果选择了 ☑ 每次保存时均创建备份副本 (B) 复选框创建备份文件，则当用户对旧文件以同样的文件名存盘时，就会将当前图形保存为新的.dwg 文件，而将上次保存的.dwg 文件同名保存为.bak 文件。如果因为误操作保存等原因，希望恢复本次保存以前的图形，而在 AutoCAD

系统中的撤销恢复命令 仅能恢复未保存前的若干步骤的操作。这时，可以通过修改文件扩展名的方式，重新恢复本次保存前的文件。即将.bak 文件的扩展名改为.dwg 文件，就可以恢复到本次保存前的图形。

实际上，如果设置存盘时间并选择了 ☑每次保存时均创建备份副本(B) 复选框，用户的文件就得到了系统的双层保护。

（1）由于选择 ☑每次保存时均创建备份副本(B) 复选框，所以在保存图形文件的目录里，就会有两个同名称的.dwg 文件和.bak 文件，当需要恢复到本次保存前的图形，只需将.bak 文件的扩展名改为. dwg 即可。

（2）由于设置了自动保存时间，根据在"选项"对话框"打开与保存"标签中的默认值 ac$ 临时文件的扩展名(E)，系统将在 C:\Documents and Settings\Administrator\Local Settings\Temp 目录里存放这些扩展名为.ac$的自动备份文件，其中路径中的 a 是指当前所用的计算机名。该目录的查看是在"选项"对话框的"文件"选项卡中。单击自动保存文件夹前的▶按钮，打开该文件夹，此时▶变为▼，就可以看到自动保存文件的路径，如图 3-41 所示。

图 3-41　图形的自动保存路径

3. 修改自动保存文件的路径

用户也可以修改自动保存文件的路径以便查找自动保存文件。其操作方法如下。

（1）首先在自动保存文件的保存路径上单击➡ C:\DOCUME~1\ADMINI~1\LOCALS~1\Temp\ 。

（2）然后单击 浏览(B)... 按钮，在打开的"浏览文件夹"对话框中选择需要设定的路径，例如设为"e:\CAD\建筑图"，单击 确定 按钮，关闭"浏览文件夹"对话框。回到"选项"对话框"文件"选项卡，可以看到自动保存文件的保存路经已经修改。

当发生操作意外时，也可以将自动备份文件.sv$的扩展名改为.dwg，就可以恢复到本次保存前的图形。

3.4.3　设置工程文件搜索路径——文件标签

如图 3-42 所示，"文件"选项卡定义了 AutoCAD 搜索支持文件、工作支持文件等的位置和路径。用户单击文件夹前的⊞按钮，打开该文件夹。此时⊞变为⊟，就可以浏览对应搜索路径。用户也可以自定义工程文件的搜索路径，其操作步骤如下。

（1）单击"工程文件搜索路径"文件夹前的 ⊞▶ 按钮，打开该文件夹。此时 ⊞ 变为 ⊟。

（2）单击 ┤ 添加(D)... ├ 按钮，这时在"工程文件搜索路径"文件夹下增加了一个名为"工程 1"的新文件夹。也可重新为该文件夹命名。

（3）单击 ┤ 浏览(B)... ├ 按钮，在打开的"浏览文件夹"对话框中选择搜索路径后，单击 ┤ 确定 ├ 按钮，关闭"浏览文件夹"对话框。回到"选项"对话框"文件"选项卡。

（4）在"文件"选项卡"工程 1"文件夹下可以看到新设定的搜索路径，如图 3-42 所示。

图 3-42　选项对话框文件选项卡

（5）单击 ┤ 确定 ├ 按钮结束设置操作。

技巧与提示

➤　AutoCAD 的用户界面经过不断升级，系统默认设置已经达到较好的运行效果。在如图 3-37 所示的"选项"对话框不同标签中，用户依然可以方便地对 AutoCAD 的一些系统默认设置进行修改，以适应不同用户的个性化设置与二次开发的需要。但是对于初学者，笔者建议不要轻易改变这些系统设置！如将绘图区背景色改为红色、将文件自动保存时间改成 1 分钟等，或者会影响用户的视觉效果，也可能会因为 AutoCAD 的计算而影响执行速度。

3.5　AutoCAD 参数化设计——对象约束

传统的 CAD 系统是面向具体的几何形状，属于交互式绘图，要想改变图形大小的尺寸，可能需要对原有的整个图形进行修改或重建，这就增加了设计人员的工作负担，大大降低了工作效率。而使用参数化的图形，要绘制与该图结构相同，但是尺寸大小不同的图形时，只需根据需要更改对象的尺寸，整个图形将自动随尺寸参数而变化，但形状不变。参数化技术适合应用于绘制结构相似的图形。而要绘制参数化图形，"约束"是不可少的要素，约束是应用于二维几何图形的一种关联和限制方法。

AutoCAD 2014 中的约束分为几何约束和标注约束。几何约束建立起草图对象的几何特性（如要求某圆具有固定的半径），或控制对象彼此之间的关系（如要求某直线与指定圆相切、几个弧具有相同的半径等）。标注约束建立草图对象的大小（如直线的长度、圆弧的半径）或控制对象之间的关系（如点到直线的距离），如图 3-43 所示。

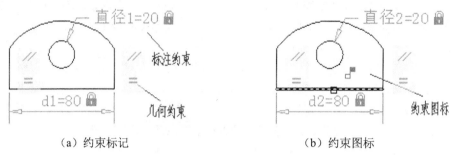

（a）约束标记　　　　　　　　　　　　（b）约束图标

图 3-43　几何约束和标注约束

3.5.1　设置几何约束和标注约束

可以通过以下方式设定几何约束和标注约束。

命令：CONSTRAINTSETTINGS

快速访问：CSETTINGS

经典界面：（1）参数菜单｜约束设置…

　　　　　　（2）几何约束（标注约束）工具条

草图界面：（1）参数化选项卡｜几何面板｜约束设置按钮 ⬎ …

　　　　　　（2）参数化选项卡｜标注面板｜

系统打开"约束设置"对话框，如图 3-44 所示。

（a）几何约束标签　　　　　　　　　　（b）标注约束标签

图 3-44　"约束设置"对话框

使用了约束的图形，在创建或更改时，将会处于以下三种状态之一：未约束，图形中不包含约束；欠约束，部分图形含有约束；完全约束，将所有相关几何约束和标注约束应用于几何图形。完全约束的一组对象还需要包括至少一个固定约束，来锁定几何图形的位置。

【例 3.5.1】 将如图 3-45（a）所示三条直线和一个圆进行约束。其中直线 2、3 与直线 1 平行，圆与 3 直线相切。圆直径尺寸约束为 450。操作步骤做如下。

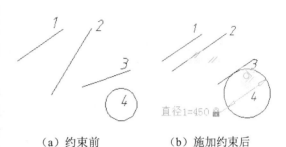

（1）在草图界面单击参数化选项卡｜几何面板｜直线平行约束按钮 ⫽，根据提示选择直线 1、直线 2，结束平行约束。重复命令，选择直线 1、直线 3，完成直线 2、3 与直线 1 平行的约束。

（a）约束前　　　　（b）施加约束后

图 3-45　建立图形对象的约束

（2）单击参数化选项卡｜几何面板｜相切约束按钮 ⬙，根据提示选择直线 3、圆，完成相切约束。

（3）单击参数化选项卡｜标注面板｜直径约束按钮 ⬙，选择圆，调整放置约束直径标注的位置，输入 450，回车结束直径约束。

结果如图 3-45（b）所示。

3.5.2　更改和取消几何约束和标注约束

需要对设计进行更改时，有 3 种方法可取消约束效果。

①单独删除约束：可以将光标悬停在要删除的约束图标上，按<Delete>键或按右键，使用快捷菜单删除该约束。

②临时释放选定对象上的约束：使用夹点编辑或在执行编辑命令期间，按<Shift>键可临时释放选定对象上的约束，重复按<Shift>键可以在"保留约束"和"释放约束"之间循环切换。

进行编辑期间不保留已释放的约束。编辑过程完成后，如果约束依然有效，将被自动回复，如果约束无效，将被自动删除。

③可以直接使用功能区里的"删除约束"命令（命令名称 DELCONSTRAINT 快捷键 DELCON），可以删除选中对象中的所有几何/标注约束。

🖛 技巧与提示

➢　自动约束：在如图 3-44 所示的"约束设置"对话框 "自动约束"标签中，可将设定公差范围内的对象自动设置为相关约束。如系统自动将两直线角度差小于一个绘图单位的两条直线约束为平行。

3.6　显示控制工具

本书前面已经介绍了如何依靠捕捉对象的特定点进行精确绘图，除此之外，用户还可以通过改变图形显示区域的大小和改变图形分辨率来增强绘图精度。可以使用缩放命令（Zoom）、视图命令（View）、平移命令（Pan）来调节图形视图和视图大小。这是一组透明命令，即可以在其他命令执行过程中使用这些命令来辅助观察图形。

3.6.1　视图缩放 ZOOM 命令

视图缩放类似于照相机镜头的缩放，AutoCAD 的 ZOOM 命令有一个内定的 1～10M 的缩放比例。ZOOM 命令是透明命令，可以在其他命令的执行过程中运行。这样，在绘制图形细部时就可以极大地提高准确度。当图形放大时，绘图区域变小；反之，当图形缩小时，会显示出更大的绘图区域。特别要注意的是，图形对象的实际尺寸并没有变化，只是视图被缩放了。执行视图缩放 ZOOM 命令有以下几种方式。

命令：ZOOM

经典界面：（1）视图菜单｜缩放 ▶｜实时、上一个、窗口……范围

（2）标准工具条｜缩放折叠按钮

（3）缩放工具条（参见 1.3.1 节打开关闭工具条方法，如图 3-46（a）所示）

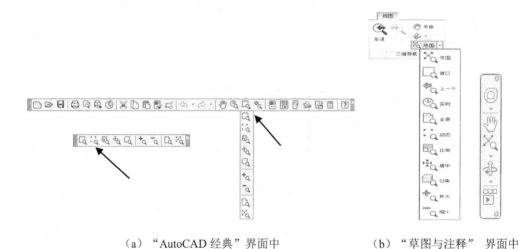

（a）"AutoCAD 经典"界面中　　　　　　（b）"草图与注释" 界面中

图 3-46　视图缩放工具按钮

草图界面：（1）视图选项卡｜二维导航面板｜缩放折叠按钮

（2）绘图区右侧快捷面板（如图 3-46（b）所示）

命令及提示：

命令: '_zoom

指定窗口角点，输入比例因子(nX 或 nXP)，或

[全部(A)/中心(C)/动态(D)/范围(E)/上一个(P)/比例(S)/窗口(W)/对象(O)]<实时>:

下面通过表 3-4 来说明各选项的功能及操作方法。

表 3-4　视图缩放工具各按钮的功能及操作方法

按钮	选项名称	含义
	范围缩放	该选项显示图中的整个图形，而不是像 Zoom All 命令那样显示绘图界限。如果要查看很大的绘图界限中的一个尺寸很小的图形对象，使用范围缩放可以将其放大到充满全屏，这在初始绘图阶段是非常有用的。此视图包含已关闭图层上的对象，但不包含冻结图层上的对象
	窗口缩放	通过指定要查看区域的两个对角，可以快速缩放图形中的某个矩形区域
	缩放上一个	缩放显示上一个视图。最多可恢复此前的 10 个视图
	实时缩放	单击该键即可进入实时缩放状态，鼠标提示光标变成 。按住鼠标左键，向上拖曳图形放大，向下拖曳，图形缩小
	全部缩放	可以基于绘图界限观察全部图形。如果图形超出界限之外，屏幕会显示全部图形
	动态缩放	缩放显示在视图框中的部分图形。视图框表示视口，可以改变它的大小，或在图形中移动。移动视图框或调整它的大小，将其中的图像平移或缩放，以充满整个视口
	比例缩放	根据用户输入的比例系数进行缩放。当系数值大于 1 放大，在 0~1 之间缩小。输入值并后跟 xp，指定相对于图纸空间单位的比例
	居中缩放	缩放显示由中心点和放大比例（或高度）所定义的窗口。高度值较小时增加放大比例。高度值较大时减小放大比例
	对象缩放	"缩放对象"将用尽可能大的比例来显示视图，以便包含选定的所有对象。这是 AutoCAD 2005 版以后出现的新功能，可以使用户快速放大选择的对象
	放大	将当前视图放大一倍
	缩小	将当前视图缩小一倍

对象缩放是 AutoCAD 2005 版本以后出现的新功能，如果输入 Zoom 命令，选择"对象缩放"选项，鼠标选择要缩放的对象，系统快速地放大至所选的对象，如图 3-47 所示。

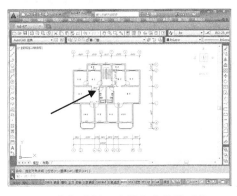
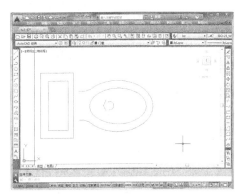

（a）鼠标选择卫生设备为缩放对象　　　　　　（b）对象缩放后

图 3-47　"对象缩放"及其效果

3.6.2　视图平移 PAN 命令

实施平移可以在不改变显示比例的情况下，观察图形的不同部分。执行 PAN 命令后，其操作过程可形象地比喻为移动相机镜头，图形的大小并没有变化，改变的只是进入镜头的显示的部分。当放大显示图形时，这非常有助于观察图形特定的细部。

除了可以进行图形的实时平移外，在菜单模式下还可以进行定点平移和方向平移。执行视图平移命令有以下几种方式。

命令： PAN

经典界面：（1）视图菜单｜平移▶｜实时、点、左、右、上、下

（2）标准工具条｜实时平移按钮

草图界面： 视图选项卡｜二维导航面板｜实时平移按钮

（1）实时平移：执行实时平移命令后，鼠标提示变为手形，按住鼠标左键移动，可以使图形一起移动，即可观察同一图形中不同部分的图形细部。要退出实时平移状态，按<Esc>键或<Enter>键退出，或单击右键，在弹出的快捷菜单中选"退出"。

（2）定点平移：在执行菜单命令"视图｜平移▶｜点"后，命令行提示如下：

命令:'_-pan↙

指定基点或位移：　　　　　　　　　　　　指定基点位置或输入位移值

指定第二点：　　　　　　　　　　　　　　指定第二点确定位移和方向

执行命令后，图形按指定的位移和方向平移。

在平移子菜单中，还有"左"、"右"、"上"、"下" 4 个平移命令，选择这些命令时，图形按指定的方向平移一定距离。

3.6.3　视口设定 VPORTS 命令

对于一个复杂图形，用户往往希望在屏幕上同时比较清楚地观察图形的不同部分，AutoCAD 系统可以在屏幕上为同一图形文件建立多个窗口，即视口。视口可以单独地进行缩放、平移。视口可分为两种类型：平铺视口（模型空间）和浮动视口（图纸空间）。本节主要介绍平铺视口，而浮动视口将在图形输出中介绍。

只有在模型空间才可以使用平铺视口。在设置多个视口后，可在某一视口中进行拾取操作，每次可激活一个视口，也可用视口名保存视口的配置，与保存图形文件类似。执行视口命令有以下 3 种方式。

命令： VPORTS/ + VPORTS

经典界面：（1）视图菜单｜视口▶｜命名视口、新建视口、一个视口、两个视口、三个视口⋯⋯

合并

（2）视口工具条

草图界面： 视图选项板｜视口面板｜视口按钮

在命令提示窗口输入"+VPORTS"将以命令提示方式操作。

在命令提示窗口输入"VPORTS"、或在菜单中输入"新建视口"、或在视口工具条中单

击"显示视口对话框"按钮，将弹出如图 3-48 所示的"视口"对话框。下面主要介绍利用对话框设置视口、命名视口的方法。

利用对话框建立新视口的操作过程如下。

（1）在 AutoCAD 中创建一个图形，或打开一个已有图形，如 AutoCAD 2014 中文版自带的样图 "…\AutoCAD_2014_Simplified_Chinese_Win_32bit_dlm\x86\acad\Program Files\Root \Sample \Database Connectivity\db_samp.dwg"。

（2）在命令提示窗口输入 VPORTS 并按<Enter>键。打开"视口"对话框，同时系统默认打开"新建视口"选项卡，如图 3-48 所示。

（3）在"新建视口"选项卡"标准视口"列表框中选择"三个：右"选项，如图 3-49 所示。

图 3-48　视口对话框

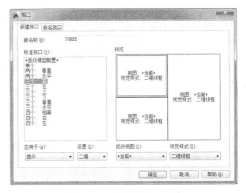

图 3-49　新建视口示例

（4）在新名称（N）[THREE]编辑框中输入视图名"THREE"（视图名尽量要见名知意），然后单击[确定]按钮，此时绘图区变成 3 个视口，其中两个位于视图的左侧，上下排列，另一个位于视图的右侧，单独占据整个右半视图，如图 3-50 所示。

（5）在任意视口内单击，即可激活相应的视口，如图 3-50 所示。视口激活后才能在其中进行绘图和编辑，也可以在激活窗口中进行视图缩放、平移等操作。

至此，名为 THREE 的 3 个视口的视口配置设置完成。当需要时，可以从"视口"对话框的"命名视口"选项卡中，选择该视口名，返回到相应的配置，如图 3-51 所示。

激活视口 →

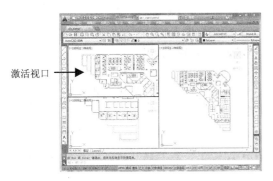

图 3-50　3 个视口的视图

命名的视口 →

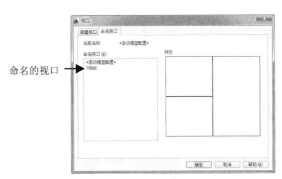

图 3-51　命名视口选项卡

3.7 AutoCAD 常用工具

3.7.1 图形文件的检查、修复和清理

当图形文件损坏后，可以通过使用命令查找并更正错误来修复部分或全部数据。也可以清理绘图过程中不用的图层、图块、线型等图形元素。有关图形的检查、修复和清理命令在经典界面"文件"下拉菜单下的"画图实用程序▶"中，如图 3-52 所示。

如果选择"核查（A）"，将在当前打开的图形文件中查找并更正错误。生成该图形文件的问题说明及更正建议。

如果选择"修复（R）"，将打开"选择文件"对话框，输入图形文件名或选择损坏的图形文件，完成修复命令后，将在文本窗口显示修复结果。

图 3-52　画图实用程序

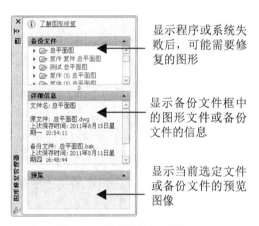

图 3-53　图形修复管理器

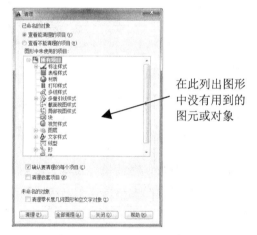

图 3-54　图形清理对话框

如果选择"修复图形和外部参照（X）"，则图形文件和所有附着的外部参照都将被修复，并以当前图形文件格式保存。原有图形文件的副本将以扩展名 BAK 保存。

如果选择"图形修复管理器（D）"将打开如图 3-53 所示的图形修复管理器提示板。

如果选择"清理（P）"将打开如图 3-54 所示"清理"窗口。单击 清理(P) 按钮或 全部清理(A) 按钮，系统将清理选中的样式或全部没有用到的图层、图块、线型等图元数据，以减少存盘所占空间。

技巧与提示

➢ 如果"清理"对话框中的清理按钮或全部清理按钮呈灰色显示，说明当前图形中没有未用到的图元对象。

3.7.2　AutoCAD 中的计算器

用户在进行图形设计绘图中经常要用到相关计算，很多人会用到 WINDOWS 系统提供的计算器，在 AutoCAD 2006 以后版本中，AutoCAD 系统也提供了方便实用的"快速计算器"功能，"快速计算器"中包括与大多数标准数学计算器类似的基本功能。另外，"快速计算器"还具有特别适用于 AutoCAD 的功能，例如，几何函数、单位转换区域和变量区域。AutoCAD 中的计算器给计算机辅助绘图的过程带来了极大的方便。可以通过以下方式打开 AutoCAD 快速计算器。

命令： QUICKCALC

经典界面： （1）工具菜单｜选项板｜快速计算器

　　　　　　（2）标准工具条｜快速计算器按钮 ▣

通过以上方式都可以打开 AutoCAD 计算器，如图 3-55（a）所示为默认打开的折叠模式，可完成基本计算功能，可以根据需要拖拽计算器对话框下边缘展开对话框，打开其他高级计算功能，如图 3-55（b）所示。

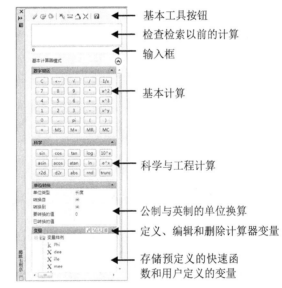

（a）折叠模式　　　　　　　　　　　　（b）展开模式

图 3-55　快速计算器对话框

快速计算器对话框中基本工具按钮的简介。

（1）🖉：清除输入框。

（2）🖉：清除历史记录。

（3）🖢：将输入框中的值粘贴到命令行。

（4）✕：计算用户在图形中单击某点的位置坐标。

（5）▦：计算用户在图形中单击两点间的距离。

（6）△：计算用户在图形中单击两点位置之间的角度。

（7）✕：计算用户在图形中单击四点位置的交点。

（8） ：在线帮助。

3.7.3 常用查询工具

在用 AutoCAD 设计绘图时，查询是很重要的辅助功能之一。以下查询工具均为透明命令，在其他命令执行期间可以运行，给用户的绘图设计计算带来极大的方便。

可以有以下方式打开查询功能。

命令：DIST（距离）、AREA（面积）……

经典界面：（1）工具菜单 | 查询 ▶ | （图 3-56）
（2）查询工具条

图 3-56　"查询"工具菜单

图 3-57　自定义用户界面

技巧与提示

➢　默认的"查询"工具条中并不包括面积、体积、半径、角度等工具按钮，可参考"1.3.1 节第 3 小节"，通过单击菜单栏"视图 | 工具栏…"，打开如图 3-57 所示的"自定义用户界面"对话框，在命令列表中找到相应工具按钮，将其直接拖放到"查询"工具条上。

下面通过实例，介绍查询工具的应用。

【例 3.7.3-1】 利用查询工具，在 AutoCAD 中计算如图 3-58 所示洗浴间需铺设地砖的面积和周长（尺寸参见本章思考与练习 1）。其交互操作过程如下。

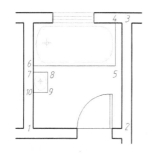

（a）单击需要测量的点

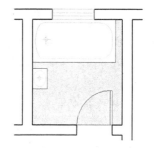

（b）计算不规则封闭区域的面积周长

图 3-58　查询不规则图形的面积和周长

命令: _area	工具菜单｜查询｜面积
指定第一个角点或[对象(O)/加(A)/减(S)]: **单击 1 点**	单击需要测量的第一点
指定下一个角点或按 ENTER 键全选: **单击 2 点**	单击需要测量的第二点
指定下一个角点或按 ENTER 键全选: **单击 3 点**	单击需要测量的第三点
……	单击如图 3-58(a)所示其余测量点
指定下一个角点或按 ENTER 键全选: ✓	回车结束命令
面积 = 199357.9215，周长 = 1818.0201	图 3-58(b)阴影区域测量结果

上例中利用指定一组点的方式，计算出这些点连线所围成的不规则封闭区域的面积，也可以采用指定封闭对象的方式来计算面积和周长。

【例 3.7.3-2】　计算如图 3-59（b）所示洗碗池右侧池底灰色填充区域的面积和周长（尺寸参见本章思考与练习 6）。其交互操作过程如下。

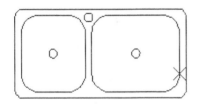 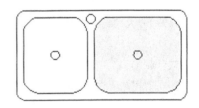

（a）单击需要测量的多段线　　　　　　（b）计算封闭多段线区域的面积周长

图 3-59　查询多段线或圆的区域面积和周长

命令: _MEASUREGEOM	工具菜单｜查询｜面积

输入选项[距离(D)/半径(R)/角度(A)/面积(AR)/体积(V)]<距离>: _area

指定第一个角点或[对象(O)/增加面积(A)/减少面积(S)/退出(X)]: **O**✓　选指定"对象(O)"方式

选择对象: **单击右侧水池轮廓线**

区域 = 138006.1930，周长 = 1382.6548　　　　　　图 3-59(b)阴影测量结果

查询"面积"命令还可以计算组合面积，即从面积中加上或减去面积。

【例 3.7.3-3】　计算如图 3-60（b）所示洗碗池上表面灰色填充区域的面积和周长。其交互操作过程如下。

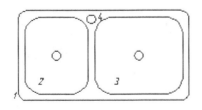 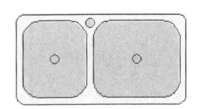

（a）单击需要测量的多段线　　　　　　（b）计算面积的封闭多段线区域

图 3-60　计算组合面积

命令: _MEASUREGEOM	工具菜单｜查询｜面积

输入选项[距离(D)/半径(R)/角度(A)/面积(AR)/体积(V)]<距离>: _area

指定第一个角点或[对象(O)/增加面积(A)

/减少面积(S)/退出(X)]<对象(O)>: **A**↙	选择"加(A)"模式
指定第一个角点或[对象(O)/减少面积(S)/退出(X)]: **O**↙	选择指定"对象(O)"方式
（"加"模式）选择对象: **指定对象 1**↙	指定洗碗池最外沿
区域 = 326626.5482，周长 = 2351.3274	计算出外沿面积及周长
总面积 = 326626.5482	计算出总面积
（"加"模式）选择对象: ↙	结束"加(A)"模式
指定第一个角点或[对象(O)/减少面积(S)/退出(X)]: **S**↙	选择"减(S)"模式
指定第一个角点或[对象(O)/增加面积(A)/退出(X)]: **O**↙	选择指定"对象(O)"方式
（"减"模式）选择对象: **指定对象 2**↙	指定左侧水池
区域 = 99506.1930，周长 = 1162.6548	计算出左侧水池面积及周长
总面积 = 227120.3553	减去左侧水池后的面积
（"减"模式）选择对象: **指定对象 3**↙	指定右侧水池
区域 = 138006.1930，周长 = 1382.6548	计算出右侧水池面积及周长
总面积 = 89114.1623	再减去右侧水池后的面积
（"减"模式）选择对象: **指定对象 4**↙	指定进水管孔
区域 = 1256.6371，圆周长 = 125.6637	计算出进水管孔面积及周长
总面积 = 87857.5252	再减去进水管孔后的面积
（"减"模式）选择对象: ↙	回车结束命令

思考与练习

1. 状态栏辅助工具操作练习。

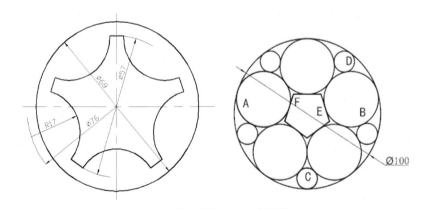

图 3-61　状态栏辅助工具操作练习

2. 利用捕捉自命令绘制如图 3 62、图 3 63 所示图形。

3. 定义合适的图形单位和图形界限，要求按 1：1 绘制如图 3-64 所示的基础截面图。

4. AutoCAD 系统提供的备份文件和自动存盘文件的扩展名是什么？如何将它们改为 AutoCAD 系统可打开的图形文件？

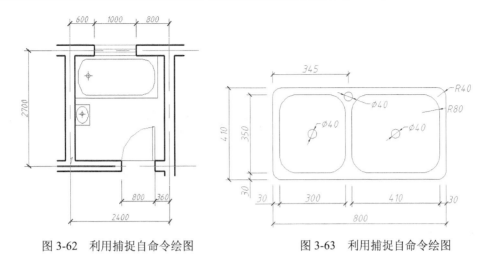

图 3-62 利用捕捉自命令绘图   图 3-63 利用捕捉自命令绘图

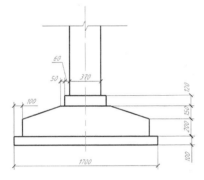

图 3-64 基础截面图

5. 为自己的图形文件加保护密码，并观察其使用效果。

6. 参考表 3-1，利用捕捉自按钮 绘制 A4-A0 图幅的图框，并保存为相应的文件名，如"A4 图框.dwg"等。

7. 打开 AutoCAD 的示例文件 "...\AutoCAD_2014_Simplified_Chinese_Win_32bit_dlm \x86\acad\Program Files\Root \Sample \Database Connectivity\db_samp.dwg" 文件。利用查询命令，计算其中标准间的面积。

第 4 章 编辑和修改图形对象

在图形设计和绘制过程中，需要对已有的图形进行适当的修改。AutoCAD 2014 提供了强大的图形编辑功能，绘图命令和图形编辑命令交替使用，可以大大提高绘图效率。掌握图形的编辑命令是熟练操作 AutoCAD 的一个重要标志。

本章主要介绍复制、移动、镜像、偏移、阵列、剪切等基本编辑命令；编辑多线、编辑多段线、编辑图案填充等高级编辑命令；通过夹点的编辑方式；利用对象特性对话框进行的编辑；及使用剪贴板方式编辑图形等。

4.1 构造选择集、命名对象组

当用户输入一条编辑命令时，命令行提示：

选择对象：

此时系统要求用户从屏幕上选择要编辑的对象，即构造选择集，并且此时光标变成了一个小方框（即拾取框）。可以使用以下方式构造选择集。

（1）先选择编辑命令，再选择要编辑的对象并回车。

（2）在命令行输入 Select 命令并回车，然后选择对象并回车。

（3）用定点设备（如鼠标）选择要编辑的对象。

（4）命名对象编组。

显然，要编辑一个或一组对象，应首先了解如何选择对象。

4.1.1 构造选择集

建立对象选择集的操作步骤如下。

命令：**select**✓   或输入某一编辑命令，如 copy

选择对象：**?** ✓   也可输入任意非法选择对象字符串，如 kkk

无效选择

需要点或窗口(W)/上一个(L)/窗交(C)/框(BOX)/全部(ALL)/栏选(F)/圈围(WP)/圈交(CP)/编组(G)/添加(A)/删除(R)/多个(M)/前一个(P)/放弃(U)/自动(AU)/单个(SI)/子对象/对象

选择对象：   输入以上提示选项的字符或回车结束命令

以下对各种对象选择方式加以说明。

（1）需要点。即指点方式，用拾取框逐个拾取所需对象，此为系统默认的选择方式。选中一个对象后，命令行提示仍然是"选择对象:"，用户可以接着选择，选完后回车结束对象的选择。

技巧与提示

➢ 拾取框的大小可以通过"选项"对话框设置（见图4-1）。操作如下：在"工具"菜单中选择"选项（N）…"，打开选项对话框，在该对话框中单击"选择集"标签，拖动鼠标调整拾取框大小。

图 4-1 "选项"对话框

（2）窗口（W）。在"选择对象:"提示下输入"W<Enter>"，系统要求输入矩形窗口的两个对角点。确定矩形窗口后，AutoCAD 仅选取那些被完全包含在窗口中的对象。

（3）上一个（L）。在"选择对象:"提示下输入"L<Enter>"，选中图形窗口内最后一个创建的对象。

（4）窗交（C）。即交叉窗口方式，该方式也是利用矩形窗口选择对象，在"选择对象:"提示下输入"C<Enter>"，系统要求输入矩形窗口的两个对角点。确定矩形窗口后，选中的对象不仅包括窗口中的对象，而且包括与窗口边相交的对象。

（5）框（BOX）。如果用户从左到右定义选择窗口，则采用窗口（W）方式，即选中那些完全被包含在窗口中的对象；如果用户从右到左定义选择窗口，则采用交叉窗口方式（C），选中包含在窗口中的对象和与窗口边相交的对象。

（6）全部（All）。在"选择对象:"提示下输入"All<Enter>"，选取除关闭、冻结、锁定图层上的所有对象。

（7）栏选（F）。用户可以绘制一个开放的多点的栅栏，该栅栏可以自己相交，最后也不必闭合。所有和该栅栏相交的对象全被选中。

（8）圈围（WP）。即多边形窗口（WP）方式，与"W 窗口"方式类似。用户可以绘制一个不规则的多边形，所有完全位于该多边形之内的对象为选中的对象。该多边形最后一条边为自动绘制。所以在任何时候，该多边形均为封闭的。

（9）圈交（CP）。即多边形交叉窗口（CP）方式，与"C 交叉窗口"方式类似。用户可以绘制一个不规则的多边形，所有位于该多边形之内或和多边形相交的对象均被选中。该多边形最后一条边为自动绘制。所以该多边形始终是封闭的。

（10）编组（G）。使用对象编组，参见 4.1.3 小节。

（11）多目标（M）方式。在"选择对象:"提示下输入"M<Enter>"，选取对象，对象选中后不变虚也不变亮，选取结束回车后所选对象变虚，该方式可以加快选取操作。

（12）删除（R）。切换到 Remove 模式，以便于用户能从已建立的选择集中移出已选取的对象，此时只需单击要从选择集中移出的对象即可。

（13）添加（A）。可使构造选择集的方式从删除移出模式（R）变成加入选择对象模式。

（14）自动（AU）。此选项为默认选项。如果拾取框接触到一个对象，则选中该对象，就像使用指点方式一样；如果拾取框没有接触到对象，则相当于 BOX 选项。

👉 技巧与提示

➤ 默认选项下自动进入需要点、窗选（C）或窗交（C）模式拾取对象，若采用其他模式构造选择集还需输入该模式的字母进行交互。

4.1.2 快速选择

有时用户需要选择具有某些共同属性的对象来构造选择集，如可以选择全部的圆、直线、椭圆或者多段线等等，也可以选择某种颜色的对象，或者选择某种类型的尺寸线等，如果单独选择，工作量会很大。用户可以采用以下方法打开"快速选择"对话框，如图 4-2 所示，利用该对话框根据用户指定的过滤标准快速创建选择集。

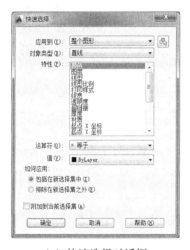

（a）快速选择对话框　　　　（b）右键快捷菜单　　　　（c）"特性"对话框

图 4-2　快速选择操作对象的几种方式

命令：QSELECT

经典界面：（1）工具菜单｜快速选择

　　　　　　（2）标准工具条｜特性🔲｜对话框右上角快速选择按钮🔳

草图界面：默认选项卡｜特性面板｜特性按钮🔽｜对话框右上角快速选择按钮🔳

4.1.3　对象编组

当需要对某一组对象进行频繁操作时，可将图形对象构造成编组并命名。对象编组是随图形保存的。当把图形作为外部参照或将它插入到另一个图形中时，编组的定义仍然有效。如果要使用该编组对象，必须将插入的图形分解。

对象编组的命令为"GROUP"，也可采用快捷键"G"下面举例说明 GROUP 命令的用法。

【例 4.1.3】 将如图 4-3（a）所示图形中的圆和多边形编组成"边框"；将中间若干条直线组成的五角星编组成"star"，然后删除"边框"编组中的对象。

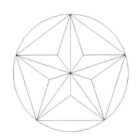 

（a）原图　　　　　　　　　（b）删除"边框"编组后的图形

图 4-3　对象编组应用示例

（1）绘制图形。可参考 2.5 节[例 2.5]五角星的绘制。单击修改工具条修改按钮，选择五角星五条边为剪切边，单击要修剪的线段。输入画线命令"L"，依次选择五角星顶点和边交点完成绘制。

（2）图形编组，操作过程如下。

命令: G↙　　　　　　　　　　　　　　　　键盘输入 GROUP 命令

选择对象或[名称(N)/说明(D)]:n↙　　　　　选择"名称(N)"选项

输入编组名或[?]: 边框↙　　　　　　　　　命名编组名为"边框"

选择对象或[名称(N)/说明(D)]:找到 1 个　　鼠标指点选择圆和五边形

选择对象或[名称(N)/说明(D)]:找到 1 个，总计 2 个　　完成"边框"编组

选择对象或[名称(N)/说明(D)]: **n**↙　　　　继续选择"名称(N)"选项

输入编组名或[?]: star↙　　　　　　　　　命名编组名为"star"

选择对象或[名称(N)/说明(D)]:指定对角点: 找到 20 个　　选择图形对象，完成"star"编组

选择对象或[名称(N)/说明(D)]: ↙　　　　　回车结束命令

组"STAR"已创建。

命令: _erase↙　　　　　　　　　　　　　　单击修改工具条删除按钮

选择对象: 找到 2 个，1 个编组　　　　　　拾取圆或五边形中的任意一个对象

　　　　　　　　　　　　　　　　　　　　系统自动选定"边框"编组中的对象

选择对象: ↙　　　　　　　　　　　　　　　回车删除选定的对象并结束命令

结果如图 4-3（b）所示。

4.2 基本编辑命令

在图形设计和绘制过程中，执行编辑命令常用的方法有以下几种。

（1）命令。在命令提示窗口直接键入命令拼写。如输入复制命令，直接键入"copy <Enter>"。

（2）菜单栏。在"AutoCAD 经典"界面下，鼠标单击下拉菜单栏中的"修改"菜单项，显示如图 4-4（a）所示菜单。利用该菜单可以执行大部分编辑命令。

（3）工具栏。在"AutoCAD 经典"界面下的工具栏中，"修改"工具条是进入 AutoCAD 经典界面后默认打开的工具条之一，如图 4-4（b）所示。

（4）选项板。在"二维草图与注释"工作界面中"功能区选项板"的"常用"选项卡中"修改"面板，如图 4-4（c）所示。

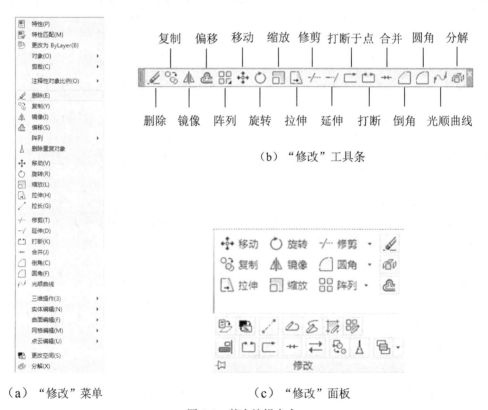

（a）"修改"菜单　　　　　　（c）"修改"面板

图 4-4　基本编辑命令

无论采用哪一种方式输入命令，都应该注意命令提示窗口的交互提示信息。以下将通过实例讲解基本编辑命令的使用。

技巧与提示

➢　如果"修改"工具条没有被启用，可以通过将鼠标指针放置在任意工具条上单击鼠标右键，在弹出菜单中选择"修改"复选框打开该工具条。参见 1.3.1 小节图 1-14。

4.2.1　删除图形

ERASE 命令与手工绘图中的橡皮一样，可以将图形中不需要的图线擦除掉。其命令操作方法如下。

命令：ERASE

快捷键：E

经典界面：（1）修改菜单｜删除（E）

　　　　　　（2）修改工具条｜删除按钮

草图界面：默认选项卡｜修改面板｜删除按钮

输入该命令后，在"选择对象："的提示下用 4.1.1 小节中介绍的任何方式选择被删除的对象，回车结束命令。

4.2.2　复制图形

在一张工程图中，往往有一些相同的对象。AutoCAD 提供的 Copy 命令能够让用户十分轻松地将对象目标完成单次或多次的复制操作。其命令操作方法如下。

命令：COPY

快捷键：CO 或 CP

经典界面：（1）修改菜单｜复制（C）

　　　　　　（2）修改工具条｜复制按钮

草图界面：默认选项卡｜修改面板｜复制按钮

下面通过实例介绍复制命令及相关提示。

【例 4.2.2】 绘制如图 4-5（b）所示的轴网图。

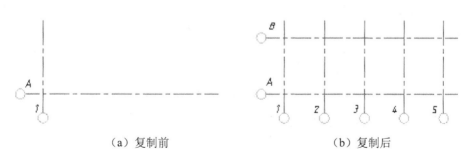

（a）复制前　　　　　　　　　　　（b）复制后

图 4-5　多重复制在轴网绘制及标注中的应用

（1）设置绘图环境。单击下拉菜单"格式｜图形界限"，输入"0,0<Enter>"，指定左下角坐标，输入"29700,21000<Enter>"，指定右上角坐标；在命令行窗口输入"Z<Enter>"，选择 A 选项，在绘图区域显示全部绘图界限。单击"图层特性管理器"按钮，单击新建图层按钮，设置"标注"层，颜色为绿色，线型为 CONTINUOUS；设置"轴线"层，颜色为红色，线型为 CENTER。单击下拉菜单"格式｜线型…"，在打开的对话框中单击 显示细节(D) 按钮，设置线型全局比例为 50，单击"确定"结束命令。在状态栏单击 正交 按钮，打开正交模式。在状态栏右击 对象捕捉 按钮，在弹出的对话框中选择捕捉端点、交点复选框，单击启用对象捕捉复选框，单击确定按钮 确定 ，启用对象捕捉。

（2）绘制 A 轴和 1 轴轴线及轴号标记。将"轴线"层置为当前。单击直线按钮 ，在绘图区左下角任意位置单击，指定 1 轴端点，在正交模式下光标向上移动，输入"7500<Enter>"，完成 1 轴绘制；同理绘制长为 16000 的 A 轴。单击圆绘制按钮 ，输入 2P，选择两点绘制圆方式，单击 1 点指定圆直径第一点，在正交方式下光标向下移动，输入 800 指定圆直径的第二点，完成 1 轴。

（3）指定两点坐标复制 A 轴轴号圆。启用象限捕捉模式，单击复制按钮 ，命令交互过程如下。

命令: **CO**✓	输入 COPY 命令
选择对象: 找到 1 个	单击 1 轴上的圆作为复制对象
选择对象:✓	回车结束选择
当前设置: 复制模式 = 多个	自动进入多重复制
指定基点或[位移(D)/模式(O)/多个(M)]<位移>:	捕捉 1 轴轴号圆的 1-4 象限交点坐标
指定第二个点或[阵列(A)]<使用第一个点作为位移>:	捕捉 A 轴左端点坐标，回车完成复制

也可参照步骤（1）直接绘制 A 轴轴号圆。如图 4-5（a）所示。

（4）阵列式复制模式绘制其他轴线及轴号。单击复制按钮 ，命令交互过程如下。

命令: CO✓	
选择对象: 指定对角点: 找到 2 个	交叉模式选择 1 轴及其轴号圆
选择对象: ✓	回车结束选择
当前设置: 复制模式 = 多个	
指定基点或[位移(D)/模式(O)/多个(M)]<位移>:	指定轴线端点为基点
指定第二个点或[阵列(A)]<使用第一个点作为位移>: a✓	选择"阵列(A)"模式
输入要进行阵列的项目数: 5✓	阵列项目数包括源对象共 5 个
指定第二个点或[布满(F)]: 3300✓	正交模式下鼠标向右移动，输入距离 3300，也可输入第二点坐标"@3300,0"
指定第二个点或[阵列(A)/退出(E)/放弃(U)]<退出>: ✓	多重复制模式需要回车结束命令

同理，完成 A 轴及轴号圆复制。如图 4-5（b）所示。

如果选择下拉菜单"编辑"｜"带基点复制"菜单项，还可以将用户选择的图形复制到 Windows 剪贴板或另一个图形文件上，方便地实现应用程序间图形数据和文本数据的传递。

4.2.3 移动图形

在手工绘图阶段，要移动图形时，必须先把原图形擦掉，然后在新位置再画，因此，在画工程图时，是先布图后画图，布图显得十分麻烦。而 AutoCAD 提供的 Move 命令，在画图时，是先画图后布图，方便用户轻松快捷地将一个或多个图形移动到新位置。其命令操作方法如下。

命令：MOVE
快捷键：M

经典界面：（1）修改菜单｜移动（M）

（2）修改工具条｜移动按钮 ✥

草图界面：默认选项卡｜修改面板｜移动按钮 ✥ 移动

下面通过实例介绍移动命令及相关提示。

【例 4.2.3】 利用移动命令，完成卫生间的布置。如图 4-6（b）所示。

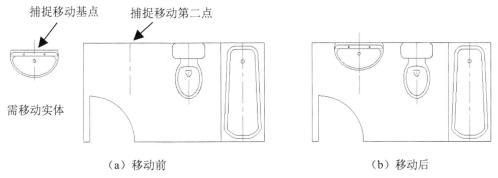

（a）移动前 （b）移动后

图 4-6 移动命令的应用

命令交互过程如下。

命令：_move	单击移动按钮 ✥
选择对象: 找到 1 个	拾取洗脸池图块
选择对象: ↙	结束选择
指定基点或[位移(D)]<位移>:	如图 4-6(a)所示
指定第二个点或<使用第一个点作为位移>:	如图 4-6(a)所示

移动后的图形如图 4-6（b）所示。

4.2.4 镜像复制图形

在实际作图过程中，经常会遇到一些对称图形。AutoCAD 提供的 Mirror 命令，只需绘制对称图形的一部分，另一部分对称图形可镜像复制出来，达到事半功倍的效果。其命令操作方法如下。

命令：MIRROR

快捷键：MI

经典界面：（1）修改菜单｜镜像（I）

（2）修改工具条｜镜像按钮 ⚏

草图界面：默认选项卡｜修改面板｜镜像按钮 ⚏ 镜像

下面通过实例介绍镜像命令及相关提示。

【例 4.2.4】 对如图 4-7（a）所示图形进行镜像操作。

命令交互过程如下：

命令：_mirror	单击镜像按钮 ⚏
选择对象: 指定对角点: 找到 8 个	用交叉窗口方式选择对象
选择对象:↙	结束选择对象

指定镜像线的第一点：	用端点捕捉方式选择镜像线上的第一点 A
指定镜像线的第二点：	用端点捕捉方式选择镜像线上的第二点 B
是否删除源对象？ [是(Y)/否(N)]<N>:↙	回车，其结果如图 4-7(b)所示
	输入 Y，其结果如图 4-7(c)所示

经过对以上提示的交互操作，即可完成对如图 4-7（a）所示图形的镜像。如图 4-7（b）、图 4-7（c）所示。

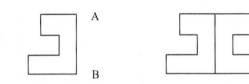

（a）镜像前的图形　　　（b）镜像后不删除源对象的图形　　　（c）镜像后删除源对象的图形

图 4-7　图形镜像

MIRROR 命令除了可镜像图形，还可以镜像文本。系统变量 MIRRTEXT 用于控制文字对象的镜像特性。MIRRTEXT 默认设置是开（值为 1），这时 AutoCAD 将文字对象同其他对象一样作镜像处理，即不可读镜像，如图 4-8（b）所示。由于尺寸标注中的文字是图块，因此，不受该系统命令的影响。

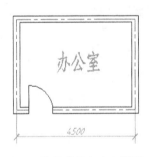 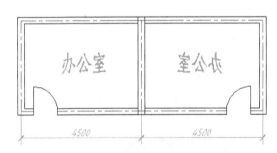

（a）镜像前的文本和图形　　　　　（b）镜像后的文本和图形

图 4-8　文本不可读镜像

在命令窗口设置系统变量 MIRRTEX 的值为 0，使镜像后的文本可读。操作如下。

命令: mirrtext

输入 MIRRTEXT 的新值<1>: **0**↙

重新输入镜像命令，选择图 4-8（a）为镜像对象，以 2 轴为镜像线进行镜像操作，并保留源对象，镜像结果如图 4-9 所示。

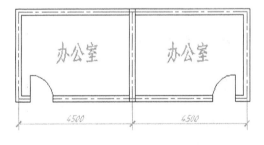

图 4-9　文本可读镜像

4.2.5　偏移复制图形

在工程制图过程中，常遇到一些等间距、形相似的图形。OFFSET 命令可方便用户快速便捷地偏移复制图形，如偏移命令是绘制建筑平面图中的定位轴线非常有效的方法之一。偏移命令可以完成源图层的直接复制偏移；也可以进行偏移对象到指定图层。偏移复制有指定偏移距离和指定通过点两种形式。其命令操作方法如下。

命令：OFFSET

快捷键：O

经典界面：（1）修改菜单｜偏移（S）

　　　　　　（2）修改工具条｜偏移按钮

草图界面：默认选项卡｜修改面板｜偏移按钮

下面通过实例介绍偏移命令及相关提示。

【例 4.2.5-1】 利用偏移命令绘制如图 4-10（d）所示柱基础平面图。

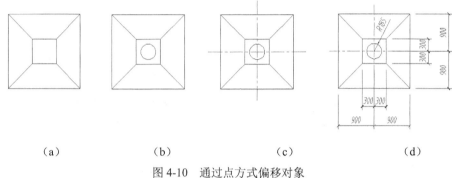

（a）　　　　　　　（b）　　　　　　　（c）　　　　　　　（d）

图 4-10　通过点方式偏移对象

（1）设置图层及线型比例。单击"图层特性管理器"按钮，单击新建图层按钮，设置"实体"层，颜色为白色，线型为 CONTINUOUS；设置"标注"层，颜色为绿色，线型为 CONTINUOUS；设置"轴线"层，颜色为红色，线型为 CENTER。单击下拉菜单"格式｜线型…"，在打开的对话框中单击 显示细节(D) 按钮，设置线型全局比例为 10，单击"确定"结束命令。

（2）绘制柱基础内外框。将"实体"层置为当前。在"绘图"工具条上单击矩形按钮，在绘图区左下角任意位置单击，光标向上移动，输入右上角点"@600，600<Enter>"，完成基础内框绘制；在"修改"工具条上单击偏移按钮，根据提示输入偏移距离为 600，选择内框矩形为偏移对象，在矩形外侧单击，完成基础外框绘制。输入画线命令"L"，分别连接内外框对应端点，如图 4-10（a）所示。

（3）绘制圆柱。①单击状态栏 对象追踪 按钮，启用对象捕捉交点、中点，并启用"对象捕捉"和"对象追踪"；②在"绘图"工具条上单击圆绘制按钮，根据输入圆心点提示，首先将光标移到矩形横边，出现中点提示标记，再将光标移至矩形纵边上，出现捕捉到的中点提示标记后，移动光标至矩形中心位置附近，系统以虚线交点捕捉到了矩形的对称中心点，单击鼠标，则矩形对称中心点则作为圆心点（可参考例 3.2.4-3）；③输入圆半径 185，完成圆柱绘制，如图 4-10（b）所示。

（4）绘制轴线。将"轴线"层置为当前。输入画线命令"L"，分别捕捉追踪矩形横纵边中点完成轴线绘制，如图 4-10（c）所示。

技巧与提示

➢ 利用 AutoCAD 计算机辅助设计，绘图过程与尺规绘图并不完全相同。本例中如果先绘制轴线，图形绘制将变得复杂。希望读者在以后的设计绘图实践中加以注意。

【**例 4.2.5-2**】 偏移命令将对象偏移到其他图层应用：绘制如图 4-11（a）所示办公室平面图。

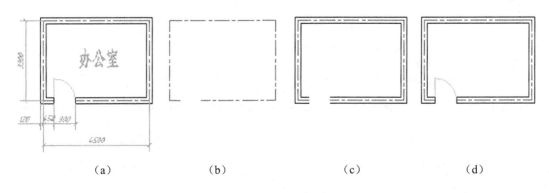

（a）　　　　　　（b）　　　　　　（c）　　　　　　（d）

图 4-11　办公室平面图绘制过程

（1）图层设置。单击"图层特性管理器"按钮，新建"墙体"图层，颜色为白色，线型为 CONTINUOUS；"中心线"层，颜色为红色，线型为 CENTER；"门窗"层，颜色为青色，线型为 CONTINUOUS；单击下拉菜单"格式｜线型…"，在打开的对话框中单击 显示细节(D) 按钮，设置线型全局比例为 20，单击关闭按钮。

（2）绘制中心线。置"中心线"层为当前层，在状态栏单击 正交 按钮，打开正交模式。单击多段线按钮，在绘图区左下角任意位置单击，鼠标向左移动输入 450，鼠标向上移动输入 3300，鼠标向右移动输入 4500，鼠标向下移动输入 3300，鼠标向左移动输入 3150，完成轴线绘制。如图 4-11（b）所示。

（3）绘制内外墙线：置"墙线"层为当前层，单击偏移按钮，采用指定通过点的方式，将轴线，偏移到墙线层，交互操作过程如下。

命令: _offset　　　　　　　　　　　　　　　　　　　　　　单击偏移按钮

当前设置: 删除源 = 否　图层 = 当前　OFFSETGAPTYPE = 0

指定偏移距离或[通过(T)/删除(E)/图层(L)]<通过>: **l**↙　　　　　选择"图层(L)"方式

输入偏移对象的图层选项[当前(C)/源(S)]<当前>: **c**↙　　　　将对象偏移到当前层

指定偏移距离或[通过(T)/删除(E)/图层(L)]<通过>: **120**↙　　指定偏移距离为 120

选择要偏移的对象，或[退出(E)/放弃(U)]<退出>:　　　　　指定轴线-多段线

指定要偏移的那一侧上的点，或[退出(E)/多个(M)/放弃(U)]<退出>:　指定向轴线外侧偏移

选择要偏移的对象，或[退出(E)/放弃(U)]<退出>:　　　　　指定轴线-多段线

指定要偏移的那一侧上的点，或[退出(E)/多个(M)/放弃(U)]<退出>:　指定向轴线外侧偏移

选择要偏移的对象，或[退出(E)/放弃(U)]<退出>: ↙　　　　　回车结束偏移命令

如图 4-11（c）所示。（平面图墙体绘制也可采用 2.9 节介绍的"多线"命令绘制）

（4）绘制墙端线及门：单击直线按钮，捕捉端点，绘制门两边的墙端线。图层切换至"门窗"层，单击直线按钮，捕捉墙左侧端点单击，输入"@0,900"；单击圆弧按钮，采用"起点、圆心点、端点"方式画弧，完成门绘制。如图 4-11（d）所示。

技巧与提示

➤　由于偏移复制命令中"选择要偏移的对象："一次只能选择一个对象，因此，在进行多边形、多段线等图形偏移复制时，作为一个图形对象一次即可偏移复制完成。图 4-12 给出了可以偏移的实体对象分别向左右两侧或内外侧偏移后的图形。

直线　　圆弧　　圆　　　多边形　椭圆　椭圆弧　二维多段线　样条曲线

图 4-12　分别向左右或内外偏移后的各种对象

➤　当二维多段线和样条曲线在偏移距离大于可调整的距离时将自动进行修剪，如图 4-13 所示。

OFFSET 是一条非常有用的命令，不但偏移复制图形快捷，而且利用此功能，在绘制工程图时，给图形定位也提供了方便。请读者在实践中认真体会。

（a）偏移前的图形　　　　（b）向内偏移后的图形

图 4-13　二维多段线偏移时的自动修剪特例

【例 4.2.5-3】 利用偏移和镜像命令绘制如图 4-14（d）所示座椅。

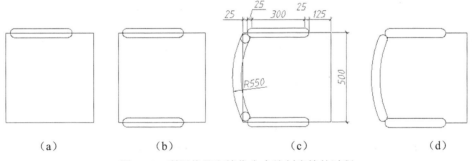

（a）　　　　　（b）　　　　　（c）　　　　　（d）

图 4-14　利用偏移和镜像命令绘制座椅的过程

（1）绘制座椅面。单击矩形按钮 ▭，在绘图区左下角任意位置单击，输入"@500,500<Enter>"，完成座椅面绘制。

（2）绘制扶手。单击多段线按钮 ⤵，单击捕捉工具条"捕捉自"按钮 ▯，捕捉椅子面左上角点单击，输入"@50,-25<Enter>"，在正交模式下光标右移，输入 300，输入"A"转入画弧模式，光标上移输入 50，输入"L"转入画线模式，光标左移，输入 300，再输入"A"转入画弧模式，光标下移，捕捉起始点单击，回车结束命令。绘制好一个扶手。如图 4-14（a）所示。

（3）镜像另一扶手。单击镜像按钮 ◫，单击绘制好的扶手作镜像对象，捕捉椅子面左侧中点单击，在正交模式下向右移动鼠标单击，确定镜像线。回车保留源镜像对象。结果如图 4-14（b）所示。

（4）绘制椅子靠背。单击圆弧按钮 ⌒，捕捉椅子面左上角点单击作起点。输入"E"端点模式，捕捉椅子面左下角点单击作端点。输入"R"，输入半径为 550 回车结束画弧命令。单击偏移按钮，输入偏移量 50，鼠标单击圆弧作偏移对象，单击圆弧右侧，指定向右偏移，回车结束命令。设置捕捉切点，单击画圆按钮，输入"3P"进入 3 点画圆模式，在靠背外弧线上一端单击，在靠背内弧线上一端单击，在扶手左端圆弧上单击，绘制如图 4-14（c）所示相切圆。同样的方法绘制另一端相切圆。

（5）修剪多余线条。单击修剪按钮，窗选所有对象回车，结束剪切边选择，指点要删除的对象，回车结束命令。对于不能剪切的线段，单击删除按钮，清理全图。绘制结果如图 4-14（d）所示。并保存为"tu4-2-4-4.dwg"文件。

4.2.6　阵列复制图形与编辑阵列

1. 阵列复制图形

尽管 COPY 命令可以一次复制多个图形，但要复制呈规则分布的对象目标，也不是特别方便。AutoCAD 提供 ARRAY 命令，方便用户快速准确地复制呈规则分布的图形。阵列复制可分为矩形阵列、路径阵列和环形阵列。阵列复制图形的方法如下。

命令：ARRAY

快捷键：AR

经典界面：（1）修改菜单｜阵列｜矩形、路径或环形

　　　　　　（2）修改工具条｜阵列折叠按钮 ｜

草图界面：默认选项卡｜修改面板｜阵列按钮

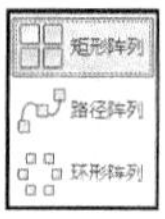

采用以上方式之一输入阵列命令后，系统将以绘图区动态拖放方式进行操作。下面通过实例介绍阵列命令的操作方法。

【例 4.2.6-1】　利用矩形阵列绘制如图 4-15（b）所示建筑立面图。

（1）绘制建筑立面外墙：单击绘制矩形按钮，鼠标在绘图区域单击左下角任意一点，从键盘输入右上角点"@22740,12900"。

（2）绘制雨棚：回车重复绘制矩形命令，在对象捕捉工具条上单击"捕捉自"按钮，单击立面外墙左上角点，输入"@-600,0"，输入雨棚右上角点"@23940,150"。

（3）绘制左下角的窗口：单击绘制矩形按钮，单击捕捉自按钮，单击立面外墙左下角点，输入"@1500,1200"，输入窗口右上角点"@1500,1800"，结果如图 4-15（a）所示。

（4）用矩形阵列绘制其余窗：单击矩形阵列按钮，命令提示及交互操作如下。

命令: _arrayrect	单击矩形阵列按钮
选择对象: 找到 1 个	选择要阵列的右下角窗
选择对象:↙	回车结束选择
类型 = 矩形　关联 = 是	
为项目数指定对角点或[基点(B)/角度(A)/计数(C)]<计数>: c↙	选择"计数(C)"模式
输入行数或[表达式(E)]<4>:4↙	阵列行数为 4

输入列数或[表达式(E)]<4>:5✓　　　　　　　　　　阵列列数为 5

指定对角点以间隔项目或[间距(S)]<间距>: **s**✓　　　　选择指定"间距(S)"选项

指定行之间的距离或[表达式(E)]<2250>: **3000**✓　　行间距为 3000

指定列之间的距离或[表达式(E)]<1800>: **4500**✓　　列间距为 4500

按 Enter 键接受或[关联(AS)/基点(B)/行(R)/列(C)/层(L)/退出(X)]<退出>:✓　　回车完成矩形阵列

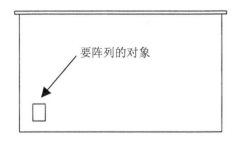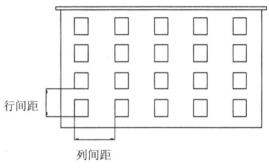

　　（a）阵列前的图形　　　　　　　　　　　　　（b）矩形阵列后的图形

图 4-15　矩形阵列复制图形

阵列后的图形如图 4-15（b）所示。

【**例 4.2.6-2**】　利用环形阵列绘制桌椅布置图（椅子绘制见图 4-14），如图 4-16 所示。

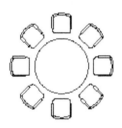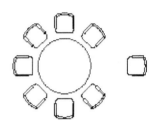

（a）阵列前的图形　　　（b）非关联环形阵列后的图形　　（c）对非关联阵列对象进行移动操作

图 4-16　环形阵列复制图形

（1）绘制餐桌。打开 4.2.5 小节示例中绘制的 exp4-14.dwg 文件，启用"对象捕捉"，"对象追踪"。单击画圆按钮，单击捕捉自按钮，捕捉座椅面右边中点单击，鼠标向右移动，输入"@900,0<Enter>"，确定圆心，输入半径 750 回车，结果如图 4-16（a）所示。并保存为"exp4-16.dwg"

（2）环形阵列绘制其他座椅。单击环形阵列按钮，命令提示及交互操作如下。

命令: _arraypolar　　　　　　　　　　　　　　单击环形阵列按钮

选择对象: 指定对角点: 找到 17 个　　　　　　选择图 4-16(a)椅子

选择对象:✓　　　　　　　　　　　　　　　　　回车结束选择

类型 = 极轴　关联 = 是

指定阵列的中心点或[基点(B)/旋转轴(A)]:**捕捉桌子中心点**　　打开对象捕捉圆心点

输入项目数或[项目间角度(A)/表达式(E)]<4>: **8**✓　　输入桌子周围的椅子数为 8

指定填充角度(+ = 逆时针、- = 顺时针)或[表达式(EX)]<360>:↙　回车选择环桌子一周360°

按<Enter>键接受或[关联(AS)/基点(B)/项目(I)/项目间角度(A)/

填充角度(F)/行(ROW)/层(L)/旋转项目(ROT)/退出(X)]<退出>:↙回车，完成环形阵列。

阵列后的图形如图 4-16（b）所示。该阵列图形对象处于非关联状态，如果继续使用移动、旋转、镜像等基本编辑命令，可以单独操作其中一个对象，而不会影响其他对象。移动图 4-16（b）最右边的椅子的结果如图 4-16（c）所示。

在"按<Enter>键接受或[关联（AS）/基点（B）/项目（I）/项目间角度（A）/填充角度（F）/行（ROW）/层（L）/旋转项目（ROT）/退出（X）]<退出>:"命令提示下，如果输入"AS"，则选择创建"关联（AS）"选项，输入"Y"，则创建关联阵列。并保存为"exp4-17.dwg"文件。

对关联阵列进行移动、旋转等其他编辑，是对所有阵列对象进行操作。如图 4-17 所示对图 4-17（a）创建的关联阵列进行移动操作，结果如图 4-17（c）所示。

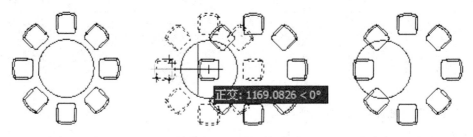

（a）创建的关联阵列　　（b）对关联阵列进行移动操作中　　（c）对关联阵列对象进行移动结果

图 4-17　对关联阵列对象的编辑

技巧与提示

➢　在环形阵列中，选择不同的参数，获得的结果不同。如图 4-18 所示为不同参数选项的环形阵列结果。

 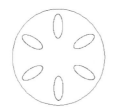  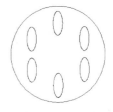

（a）阵列前　　　（b）360°填充旋转阵列　　（c）180°填充旋转阵列　　（d）复制时不旋转项目

图 4-18　不同参数环形阵列复制图形

4.2.2 小节"复制"命令中的"阵列（A）"模式，可以完成沿两点指向的直线上的多重复制操作，如图 4-5（b）中的等距离轴线的绘制。阵列命令给出的路径阵列，不仅可以实现沿直线方向的多重复制，还可以完成指定曲线上的多重复制。

【例 4.2.6-3】　利用路径阵列绘制道路两边的圆形化坛布置，如图 4-19 所示。

（1）绘制道路：在"绘图"工具条上单击"样条曲线"按钮，绘制道路一条边沿的示意图。在"修改"工具条上单击偏移按钮，输入道路宽度，如 3000，获得另一条边沿。

（2）绘制一个路边圆形花坛。在"绘图"工具条上单击"圆"按钮，输入半径为500，完成圆绘制。在"修改"工具条上单击"复制"按钮⊞，绘制另一边圆形花坛。如图 4-19（a）所示。

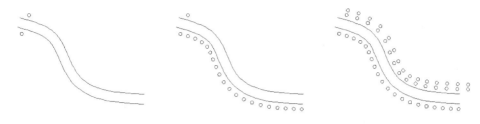

（a）道路及路边花坛　（b）定距等分布置道路下边花坛　（c）定数等分布置多行花坛

图 4-19　路径阵列

（3）定距等分布置道路下边沿花坛。在"修改"工具条上单击"阵列"折叠按钮中的"路径阵列"按钮⊠，命令操作交互过程如下：

命令：_arraypath　　　　　　　　　　　　　单击"路径阵列"按钮⊠

选择对象：找到 1 个　　　　　　　　　　　选择道路下边沿第一个花坛

选择对象：✓　　　　　　　　　　　　　　结束对象选择

类型 = 路径　关联 = 是

选择路径曲线：　　　　　　　　　　　　　鼠标指定道路下边沿样条曲线

选择夹点以编辑阵列或[关联(AS)/方法(M)/基点(B)/切向(T)/项目(I)/行(R)/层(L)

/对齐项目(A)/Z 方向(Z)/退出(X)]<退出>：**I**✓　　　选择"项目"选项

指定沿路径的项目之间的距离或[表达式(E)]<150>：**250**✓　系统进入定距等分，可指定间距

最大项目数 = 20

指定项目数或[填写完整路径(F)/表达式(E)]<20>：✓　　回车确定花坛布置数为 20

选择夹点以编辑阵列或[关联(AS)/方法(M)/基点(B)/切向(T)/项目(I)/行(R)/层(L)

/对齐项目(A)/Z 方向(Z)/退出(X)]<退出>：✓　　　回车接受该布置模式，结束命令

绘制结果如图 4-19（b）所示。

（4）定数等分布置道路上边沿多行花坛。单击"路径阵列"按钮⊠，选择道路上边沿第一个花坛，回车结束对象选择。鼠标指定道路上边沿样条曲线作为路径曲线，进一步操作交互过程如下。

选择夹点以编辑阵列或[关联(AS)/方法(M)/基点(B)/切向(T)/项目(I)/行(R)/层(L)

/对齐项目(A)/Z 方向(Z)/退出(X)]<退出>：**m**✓　　　选择"方法"选项

输入路径方法[定数等分(D)/定距等分(M)]<定距等分>：**d**✓　选择"定数等分"选项

选择夹点以编辑阵列或[关联(AS)/方法(M)/基点(B)/切向(T)/项目(I)/行(R)/层(L)

/对齐项目(A)/Z 方向(Z)/退出(X)]<退出>：

选择夹点以编辑阵列或[关联(AS)/方法(M)/基点(B)/切向(T)/项目(I)/行(R)/层(L)

/对齐项目(A)/Z 方向(Z)/退出(X)]<退出>：**r**✓　　　指定布置"行"数选项

输入行数数或[表达式(E)]<1>：**2**✓　　　　　　布置"2"行

指定 行数 之间的距离或[总计(T)/表达式(E)]<150>：✓　回车确认行间距为 150

指定 行数 之间的标高增量或[表达式(E)]<0>：✓　　回车确认行间标高增量为 0

选择夹点以编辑阵列或[关联(AS)/方法(M)/基点(B)/切向(T)/项目(I)/行(R)/层(L)

/对齐项目(A)/Z 方向(Z)/退出(X)]<退出>: **i**↙	选择"项目"选项
输入沿路径的项目数或[表达式(E)]<33>: **15**↙	系统进入定数等分，可指定数目
选择夹点以编辑阵列或[关联(AS)/方法(M)/基点(B)/切向(T)/项目(I)/行(R)/层(L)	
/对齐项目(A)/Z 方向(Z)/退出(X)]<退出>: ↙	回车接受该布置模式，结束命令

绘制结果如图 4-19（c）所示。

ARRAY 命令在土木建筑设计绘图中应用非常广泛。如楼梯间平面图、门窗立面布置图、餐厅桌椅布置图等图形的绘制中都有应用，请读者在实践中认真体会。

2．编辑阵列

编辑阵列是 AutoCAD 的新增功能之一，该命令可以编辑关联阵列对象及其源对象。在源对象上修改之后，这些更改将动态放映在整个阵列块上。其命令操作方法如下。

命令： ARRAYEDIT

经典界面：（1）修改菜单｜对象｜编辑阵列

（2）修改 II 工具条｜编辑阵列按钮

草图界面： 功能区选项板｜常用｜修改｜编辑阵列按钮

从图 4-17 可知，对关联阵列对象进行的移动、旋转等编辑操作是对阵列对象的位置、方向等进行整体操作，源图形对象并没有发生改变。而编辑阵列是对关联阵列的某一源图形对象进行编辑操作，则关联阵列的所有源对象都发生了改变。下面通过实例介绍编辑阵列命令及操作方法。

【例 4.2.6-4】 将上小节例题中保存的 4-17.dwg 文件中椅子靠背编辑成如图 4-20（c）形式。

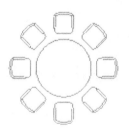 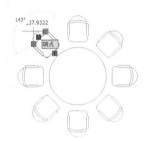 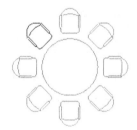

（a）未编辑前的椅子　　　　　　（b）编辑阵列过程中　　　　　　（c）编辑阵列结果

图 4-20　编辑阵列

（1）打开图 4-17.dwg 文件。如图 4-20（a）所示椅子为关联阵列的源对象。

（2）单击编辑阵列按钮，指点其中一个椅子，则选中整个关联阵列；输入"S"，单击其中一把椅子，选择源图形；单击椅子外靠背弧线，单击中间的蓝色小方框（夹点），使其变为红色，则进入夹点拉伸状态，如图 4-20（b）所示，向外拖拽到合适位置，回车结束编辑阵列命令，则整个阵列中的椅子靠背都完成了编辑操作，如图 4-20（c）所示。

4.2.7　旋转图形

旋转命令可以非常方便地将用户选择的对象旋转到指定的方向。要旋转对象，应告诉 AutoCAD 将绕哪一点旋转多大角度。其中，正角度值使对象按逆时针方向旋转，负角度值将使对象按顺时针方向旋转。其命令操作方法如下。

命令：ROTATE

快捷键：RO

经典界面：（1）修改菜单｜旋转（R）

　　　　　（2）修改工具条｜旋转按钮 ⟳

草图界面：默认选项卡｜修改面板｜旋转按钮 ⟳ 旋转

下面通过实例介绍旋转命令及操作方法。

【例 4.2.7-1】　对图 4-21（a）进行旋转操作。

命令: RO↙

UCS 当前的正角方向：　ANGDIR = 逆时针 ANGBASE = 0

选择对象: 指定对角点: 找到 6 个　　　　　　　选择欲旋转的对象

选择对象:↙　　　　　　　　　　　　　　　　回车结束对象选择

指定基点: **拾取基点**　　　　　　　　　　　　如图 4-21(b)所示

指定旋转角度，或[复制(C)/参照(R)]<45>:**30** ↙　　确定旋转角度为30°

操作结果如图 4-21（c）所示。也可通过在旋转中的拖动光标位置动态旋转图形，如图 4-21（b）所示。

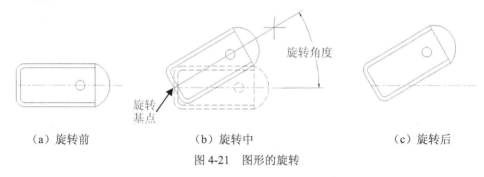

（a）旋转前　　　　　　　　（b）旋转中　　　　　　　　（c）旋转后

图 4-21　图形的旋转

在工程设计过程中,有时实体对象需要的旋转角度是通过与其他对象的相互关系得到的,此时可以利用外部参照选项来旋转图形。下面通过实例介绍边参照方式旋转对象的使用。

【例 4.2.7-2】　对图 4-22（a）通过参照 AB 边旋转该对象，使 AB 边旋转到原图 AD 边所在位置。如图 4-22（c）所示。

启动旋转命令，交互操作如下。

命令:_rotate　　　　　　　　　　　　　　　单击旋转按钮 ⟳

UCS 当前的正角方向：　ANGDIR = 逆时针, ANGBASE = 0

选择对象: 指定对角点: 找到 8 个　　　　　　选择欲旋转的对象 ABCD

选择对象: ↙　　　　　　　　　　　　　　　　回车结束对象选择

指定基点:<对象捕捉 开>拾取 **A** 点　　　　　指定旋转基点 A

指定旋转角度，或[复制(C)/参照(R)]<75>:　**R**↙　　启用参照方式

指定参照角<0>:拾取 **A** 点

指定第二点: 拾取 **B** 点　　　　　　　　　　以 AB 边为参照旋转边

指定新角度或[点(P)]<75>:拾取 **D** 点　　　旋转 AB 到与线段 AD 重合

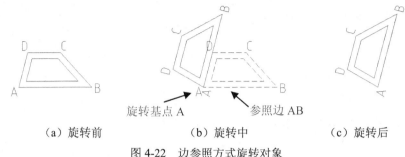

（a）旋转前　　　　　（b）旋转中　　　　　（c）旋转后

图 4-22　边参照方式旋转对象

技巧与提示

➢　使用"参照"选项的指定参照角方式，操作过程与上例的边参照方式旋转对象相似，当提示输入"指定新角度或[点（P）]"时，输入对应角度即可。图 4-23（b）表示对图 4-23（a）以 A 为基点，旋转 BC 边到绝对 90°。图 4-23（c）表示对图 4-23（a）以 B 为基点，旋转 BC 边到绝对 90°。

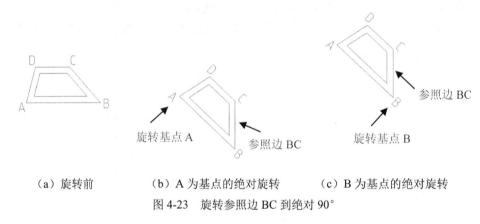

（a）旋转前　　　（b）A 为基点的绝对旋转　　　（c）B 为基点的绝对旋转

图 4-23　旋转参照边 BC 到绝对 90°

➢　从 AutoCAD 2006 起，ROTATE 和 SCALE 命令都包含了复制操作，这样可以使用户在旋转和缩放对象的同时建立对象的复制，如图 4-24 所示。注意参照边端点选择的顺序不同，复制并旋转的结果不同。如图 4-24（a）所示是以 BC 为参照边进行的复制并旋转的结果，即在指定参照边时先单击 B 点，再单击 C 点。而如图 4-24（b）所示是以 CB 为参照边进行的复制并旋转的结果。

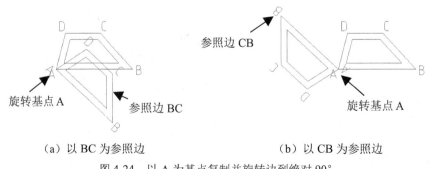

（a）以 BC 为参照边　　　　　　　　（b）以 CB 为参照边

图 4-24　以 A 为基点复制并旋转边到绝对 90°

4.2.8　缩放图形

在工程制图中，经常需要比例缩放图形。缩放时可以指定一定的比例，该比例系数应是个正数。比例系数大于 1，则图形对象将被放大；比例系数小于 1，则图形对象将被缩小。也可以参照其他对象进行缩放。其命令操作方法如下。

命令：SCALE

快捷键：SC

经典界面：（1）修改菜单｜缩放（L）

　　　　　　（2）修改工具条｜缩放按钮

草图界面：默认选项卡｜修改面板｜缩放按钮

下面通过实例介绍缩放命令及相关提示。

【**例 4.2.8-1**】 对图 4-25（a）进行缩放操作。

启动缩放命令，交互操作如下。

命令：_scale	单击缩放按钮
选择对象：**指定对角点：找到 2 个**	选择缩放对象圆和正六边形
选择对象：✓	回车结束对象选择
指定基点：**捕捉圆心点**	确定比例缩放的基点(圆心)
指定比例因子或[复制(C)/参照(R)]<1>: **0.5✓**	按比例系数缩小一倍

其结果如图 4-25（b）所示。

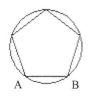 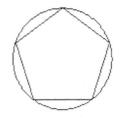 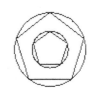

（a）缩放前　　（b）图（a）缩小 1/2 后　　（c）图（a）参照边长缩放后　　（d）图（a）复制缩放后

图 4-25　一组以圆心点为基点的缩放图形

在用户不知道图形对象究竟要放大多少倍（或缩小）时，可以采用参照其他对象的方式来缩放图形。该方式要求用户分别确定比例缩放前后的参考长度和新长度。新长度和参考长度的比值，就是比例缩放系数。当提示输入：

指定比例因子或[复制(C)/参照(R)]<1>: **R✓**	选择参照模式
指定参照长度<10>: **捕捉 A 点**	见图 4-25(a)
指定第二点：**捕捉 B 点**	以边长 AB 为参考长度
指定新的长度或[点(P)]<90>: **120✓**	指定 AB 的新长度

其结果如图 4-25（c）所示。当提示输入：

指定比例因子或[复制(C)/参照(R)]<1>: **C✓**	选择复制并缩放模式
缩放一组选定对象	已选择圆和多边形

指定比例因子或[复制(C)/参照(R)]<0.3318>: **0.5**✓   复制并缩小 1/2

其结果如图 4-25（d）所示。

【例 4.2.8-2】 通过参照缩放，将位置、尺寸不匹配的浴缸布置到卫生间中。

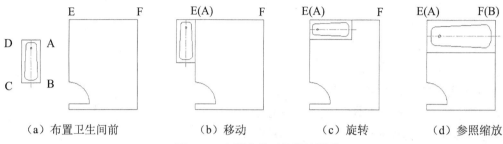

　（a）布置卫生间前　　　　　　（b）移动　　　　　（c）旋转　　　　　（d）参照缩放

图 4-26　参照其他对象缩放图形

（1）绘制如图 4-26（a）所示图形（提示：浴缸绘制可参考 2.1.2 节，卫生间内墙线可用线、弧命令绘示意图）。

（2）将浴缸移动到合适位置。单击移动按钮⬛，打开捕捉方式，单击浴缸左上角 A 点，以 A 点为基点；单击卫生间左上角点 E 点为移动第二点。结果如图 4-26（b）所示（A 点和 E 点重合）。

（3）以 E 点为基点旋转浴缸。在如图 4-26（b）所示图中单击旋转按钮⬛，选择旋转对象为浴缸，指定基点为 E 点，输入角度为 90°，回车结束命令，如图 4-26（c）所示。

（4）以 AB 边为参照将浴缸缩放到卫生间宽度：在如图 4-26（c）所示图中单击缩放按钮⬛，选择缩放对象为浴缸，根据提示，单击 E 点为基点，输入"R"，选择参照模式，单击参照第一点为 A 点、单击参照第 2 点 B 点，根据提示"指定新的长度或[点（P）]"时单击 F 点，则将浴缸缩放到符合卫生间的宽度，结果如图 4-26（d）所示。

🐟 **技巧与提示**

➤　无论是指定比例系数还是参照其他对象缩放图形，都要指定缩放基点。基点原则上可以定在任意位置上。但是，为了使对象目标在缩放前后仍在视图附近位置，建议基点应选择在图形的几何中心（如图 4-25 所示选在圆心）或对象的特殊点（如图 4-26（d）所示选在矩形的角点）或对象目标的附近。

4.2.9　修剪图形

如果一个对象要被删除的部分，能被其他一些对象界定，则用 TRIM 命令可以准确、迅速地删除。那些起界定作用的对象称为剪切边。可通过以下方式输入该命令。

命令：TRIM

快捷键：TR

经典界面：（1）修改菜单｜修剪（T）

　　　　　　（2）修改工具条｜修剪按钮⬛

草图界面：默认选项卡｜修改面板｜修剪折叠按钮⬛ 修剪 ▾｜修剪按钮⬛ 修剪

下面通过实例介绍修剪命令及相关提示。

【例 **4.2.9-1**】 对图 4-27（a）进行修剪操作。

命令: _trim   单击修剪按钮 -/-

当前设置: 投影 = UCS 边 = 无

选择剪切边 ...   首先选择的对象作为剪切边

选择对象: **指定对角点**: 找到 4 个   常用交叉窗口方式选择剪切边

                                                                  见图 4-27(b)

选择对象:✓   结束剪切边的选择

选择要修剪的对象，或按住<Shift>键选择要延伸的对象，或

[栏选(F)/窗交(C)/投影(P)/边(E)/删除(R)/放弃(U)]:   指定被切边: "剪切哪里，指点哪里"

......

选择要修剪的对象，或按住<Shift>键选择要延伸的对象，或

[栏选(F)/窗交(C)/投影(P)/边(E)/删除(R)/放弃(U)]:   可以指定若干个被切边

选择要修剪的对象，或按住 Shift 键选择要延伸的对象，或   见图 4-27(c)

选择要修剪的对象或[投影(P)/边(E)/放弃(U)]: ✓   回车结束被切边的选择

修剪结果如图 4-27（d）所示。

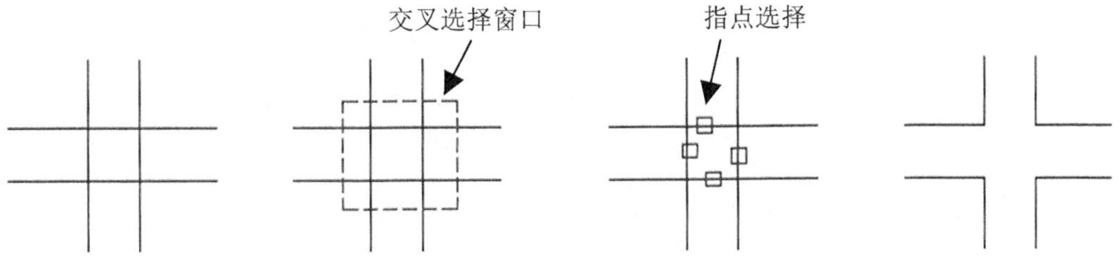

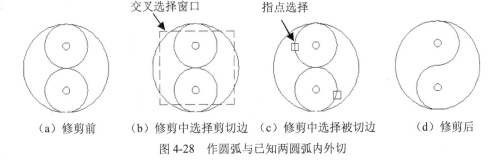

（a）修剪前   （b）修剪中选择剪切边   （c）修剪中选择被切边   （d）修剪后

图 4-27　修剪图形

【例 **4.2.9-2**】 灵活使用修剪命令，实现圆弧连接，如图 4-28（d）所示。

（a）修剪前   （b）修剪中选择剪切边 （c）修剪中选择被切边   （d）修剪后

图 4-28　作圆弧与已知两圆弧内外切

（1）设置对象捕捉。在状态栏 对象捕捉 按钮上单击右键，在弹出菜单中选"设置…"，在弹出的草图设置对话框对象捕捉标签中选捕捉 ☑ 圆心(C)，☑ 象限点(Q)复选项，选择 ☑ 启用对象捕捉 (F3)(O)复选项，单击"确定"按钮。

（2）绘制基本图形。单击圆绘制按钮 ⊙，鼠标指定圆心点，输入半径 600；<回车>重复画圆命令，选择 2p 方式，捕捉大圆圆心和 1-2 象限点绘制上边中号圆；<回车>重复画圆命令，选择 2p

方式，捕捉大圆圆心和 3-4 象限点绘制下边中号圆；<回车>重复画圆命令，捕捉上边中号圆圆心，输入半径 25；重复画圆命令，捕捉下边中号圆圆心，输入半径 25；如图 4-28（a）所示。

（3）修剪图形。单击修剪按钮 ⊹，以交叉窗口方式选择所有的圆都作为剪切边，如图 4-28（b）所示，回车结束选择；以指点方式选择被切边，如图 4-28（c）所示，回车结束选择，修剪后的图形如图 4-28（d）所示。

🖐 **技巧与提示**

➤ 一个图形对象，既可以做剪切边，也可以做被切边。

➤ 提示语句中的"放弃（U）"允许用户回到上一个未修剪前的图形，避免用户因剪错而全部重做。

➤ 以带宽度的多段线为修剪边界时，其延伸的实际边界是多段线的中心线位置。

➤ AutoCAD 2005 以后的版本，修剪命令也可以修剪图案填充，如图 4-29 所示。

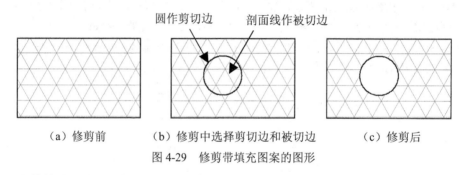

（a）修剪前　　（b）修剪中选择剪切边和被切边　　（c）修剪后

图 4-29　修剪带填充图案的图形

➤ 当修剪带关联尺寸的图形时，修剪完成后，关联尺寸标示值也自动修正，如图 4-30 所示。

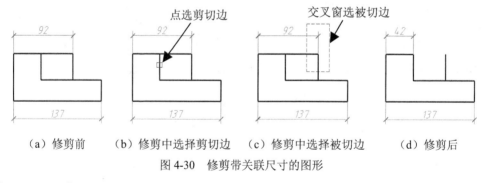

（a）修剪前　　（b）修剪中选择剪切边　　（c）修剪中选择被切边　　（d）修剪后

图 4-30　修剪带关联尺寸的图形

【例 4.2.9-3】 通过修剪多段线，绘制如图 4-31 所示建筑平面图中的窗洞、门洞。

（1）设置绘图参数。键盘输入 LIMITS 命令，设置绘图界限为 5940，4200。显示全图 ZOOM｜A。设置图层，如图 4-32 所示。

（2）绘制轴线。置"轴线"层为当前层。单击直线绘制按钮 ✐，在绘图区左下角任意位置单击，指定 1 轴端点，在正交模式下鼠标向上移动，输入"3300<Enter>"，完成 1 轴绘制；<Enter>重复画线命令，在绘图区左下角与 1 轴相交处任意位置单击，指定 A 轴端点，在正交模式下鼠标向右移动，输入"4500<Enter>"，完成 A 轴绘制。选择偏移命令 ⟰，输入偏移距离 4500，单击 1 轴，指定偏移对象，在 1 轴右侧任意位置单击，指定要偏移的一侧。同理，A 轴向上偏移 3300，如图 4-33（a）所示。

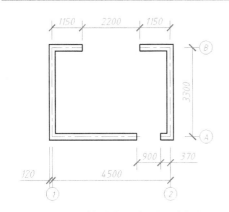

图 4-31 通过修剪多段线，绘制建筑
平面图中的窗洞、门洞

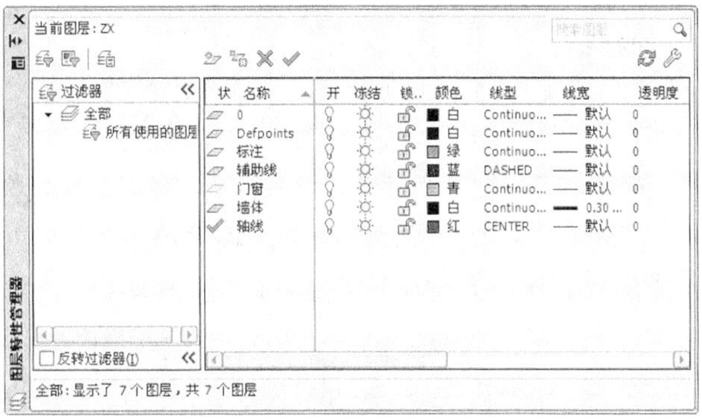

图 4-32 设置图层及对应颜色、
线型、线宽

（3）绘制墙线：设置当前层为"墙体"层。键盘输入 Mline 多线命令，采用默认多样"样式样式 = STANDARD"，输入"j<Enter>"，选择"无对正（Z）"，多线比例设为 240，绘制如图 4-33（b）所示墙线。

（4）剪窗洞、门洞。选择偏移命令 ⚘，将 1 轴、2 轴分别向左、右偏移 1150。确定窗洞位置，如图 4-33（c）所示。单击修剪 ⊹ 按钮，交叉选择窗定位线和多线，单击鼠标右键结束剪切边选择，单击需修剪的部分，结果如图 4-33（d）所示。同理，将 2 轴分别向左偏移 370 和 1270，确定门洞位置。利用修剪命令开门洞。

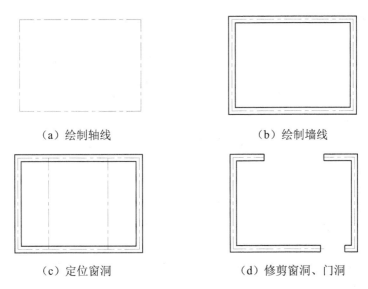

（a）绘制轴线 　　　　　　　　　（b）绘制墙线

（c）定位窗洞 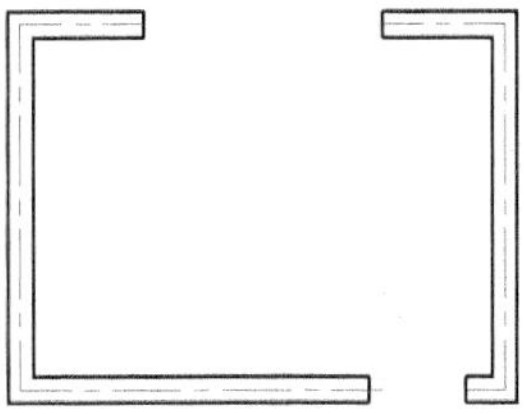　　　　　　　　　（d）修剪窗洞、门洞

图 4-33 通过修剪多段线绘制建筑平面图中的窗洞、门洞

（5）保存为"exp4-31.dwg"文件。

4.2.10 拉伸图形

Stretch 命令可以使用户拉长或缩短对象，并改变它的形状。其命令操作方法如下。

命令：STRETCH

快捷键：S

经典界面：（1）修改菜单｜拉伸（H）

（2）修改工具条｜拉伸按钮

草图界面：默认选项卡｜修改面板｜拉伸按钮 拉伸

下面通过实例介绍拉伸命令及相关提示。

【例 4.2.10-1】 对图 4-34(a)中的多种对象进行拉伸操作。

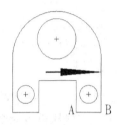  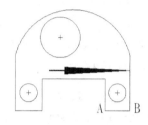

（a）拉伸前　　　（b）交叉方式选择拉伸对象　　　（c）A 为基点的拉伸

图 4-34　拉伸图形

操作交互过程如下：

命令：_stretch	单击拉伸按钮

以交叉窗口或交叉多边形选择要拉伸的对象...

选择对象：**指定对角点：**	用交叉窗口选择拉伸对象
找到 8 个	如图 4-34(b)所示
选择对象：✓	回车结束拉伸对象的选择
指定基点或位移：**A 点**	指定 A 点为基点
指定位移的第二点：**B 点**	指定拉伸到 B 点位置

其结果如图 4-34（c）所示。

由图 4-34 可以看出，交叉窗口（交叉多边形）与被选对象的相对位置，决定其拉伸后图形的形状。

直线： 与交叉窗口相交的直线，进行拉伸或压缩；包含在窗口内的直线进行移动操作。

圆： 圆心在窗口内的圆进行移动操作；圆心在窗口外的圆无变化。

圆弧： 与窗口相交的圆弧保持弦高不变，进行拉伸或压缩；包含在窗口内的圆弧进行移动操作。

多段线： 与交叉窗口相交的多段线保持起点和终点线宽不变，进行拉伸或压缩。包含在窗口内的多段线进行移动操作。

【例 4.2.10-2】 利用拉伸命令绘制 A3 图框，如图 4-35（c）所示。

（1）绘制矩形图框。单击矩形按钮 ，在屏幕左下方任选一点单击，选择矩形起始点，然后在命令行输入 "@420,297"。

（2）绘制内框。单击偏移按钮 ，输入偏移距离 "5<Enter>"，在矩形上单击选择对象，在矩形内部任意一点单击，给出偏移方向，按<Enter>键结束偏移命令。

（a）偏移绘制内框

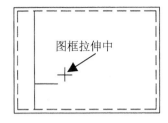
（b）拉伸内框绘制装订边

（c）修改内框线宽

图 4-35　2#图框的绘制

（3）拉伸内框绘制装订边。单击拉伸按钮，在内部矩形的外侧点单击，交叉窗口选择内部矩形左侧的两个点，如图 4-35（b）所示，单击鼠标右键结束选择。在屏幕上任意一点单击，指定拉伸基点。打开极轴追踪，向右移动鼠标给出方向，输入距离"20<Enter>"结束拉伸命令。

（4）修改线型宽度。单击下拉菜单"修改｜对象｜多段线"，在内部矩形上单击，选择该矩形，输入 w，改变多段线宽度。输入新宽度"0.18<Enter>"结束命令，如图 4-35（c）所示。

（5）绘制标题栏。在此不再详述标题栏的绘制，读者可参考图 3-3 绘制标题栏。

（6）保存为"A3 图框.dwg"文件。

技巧与提示

➢　绘制好 A3 图框的外框线后，上例中第（3）步也可以采用相对坐标法利用矩形命令直接绘制。其操作方法为：单击绘制矩形按钮，单击捕捉自按钮，鼠标单击外框左下角点（捕捉自该点），输入"@25,5<Enter>"（内框左下角点），输入内框有上角点"@415,292<Enter>"，完成内框矩形的绘制。

【例 4.2.10-3】STRETCH 命令在建筑平面图修改中的应用。修改 4.2.9 小节图 4-31 中门的位置，结果如图 4-36（c）所示。

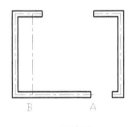
（a）拉伸前

（b）选择拉伸窗口

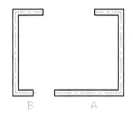
（c）拉伸后

图 4-36　STRETCH 命令在建筑平面图修改中的应用

（1）打开 4.2.9 小节所保存的"exp4-31.dwg"图形文件。

（2）定位门的新位置。单击偏移按钮，输入偏移距离"370<Enter>"，单击 1 轴为要偏移对象，在 1 轴右侧任意一点单击，给出偏移方向，按<Enter>键结束偏移命令，如图 4-36（a）中 B 点位置。

（3）修改门的位置。单击拉伸按钮，用交叉窗口选择要拉伸的对象，如图 4-36（b）所示。指定 A 点为基点，指定 B 点为位移的第二点，完成拉伸操作。删除 B 点所在辅助定位线。修改后的图形如图 4-36（c）所示。

技巧与提示

➤　STRETCH 仅移动位于交叉选择内的顶点和端点，不更改那些位于交叉选择外的顶点和端点。STRETCH 不修改三维实体、多段线宽度、切向或者曲线拟合的信息。

➤　对于更为复杂方案的修改，STRETCH 命令更能体现它的优势和效率。以 9.3.3 小节图 9-8 的建筑平面图为例，如果设计完成后，业主提出将 C-D 轴间距扩大 30cm 至 3.6m，对于手工出图的设计人员将是灾难性的。而利用 STRETCH 命令进行拉伸操作，包括关联尺寸在内的图形很方便就能完成修改，大大提高方案修改的效率。

4.2.11　延伸图形

Extend 命令用于延伸各类线条，如直线、圆弧、椭圆弧等。在进行延伸操作时，用户首先要确定一个延伸边界，然后选择要延伸到该边界的对象目标。其命令操作方法如下。

命令： EXTEND

快捷键： EX

经典界面： （1）修改菜单｜延伸（T）

　　　　　　（2）修改工具条｜延伸按钮--/

草图界面： 默认选项卡｜修改面板｜修剪折叠按钮 -/- 修剪 ▾ ｜延伸按钮 --/ 延伸

AutoCAD 2014 中，不仅可以延伸与延伸到的边界相交的图形对象，还可以选择"边（E）"模式，实现未直接相交的对象的延伸。下面通过实例介绍延伸命令及相关提示。

【例 4.2.11】 以"边（E）"延伸的模式延伸图 4-37（a）所示图形。

命令：_extend　　　　　　　　　　　　　　　　　　单击延伸按钮--/

当前设置：投影 = UCS 边 = 无

选择边界的边 …　　　　　　　　　　　　　　　　　选择要延伸到的边界

选择对象：找到 1 个　　　　　　　　　　　　　　　如图 4-37(b)所示

选择对象：✓　　　　　　　　　　　　　　　　　　　结束延伸边界的选择

选择要延伸的对象，或按住<Shift>键选择要修剪的对象，或

[栏选(F)/窗交(C)/投影(P)/边(E)/放弃(U)]:E✓　　　选择"边(E)"延伸模式

选择要延伸的对象，或按住<Shift>键选择要修剪的对象，或

[栏选(F)/窗交(C)/投影(P)/边(E)/放弃(U)]:C✓　　　窗选或直接点选要延伸的对象

选择要延伸的对象，或按住<Shift>键选择要修剪的对象，或　　如图 4-37(c)所示

[栏选(F)/窗交(C)/投影(P)/边(E)/放弃(U)]: ✓　　　回车结束命令

其结果如图 4-37（d）所示。

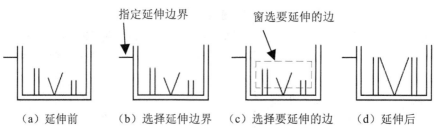

（a）延伸前　　　（b）选择延伸边界　　（c）选择要延伸的边　　（d）延伸后

图 4-37　以"边（E）"延伸模式延伸图形

技巧与提示

➢　一个图形对象，既可以做延伸边界，也可以做延伸的对象。

➢　提示语句中的"放弃（U）"允许用户回到上一个未延伸前的图形，避免用户因延伸错误的对象而全部重做。

➢　以带宽度的多段线为延伸边界时，其延伸的实际边界是多段线的中心线位置。

➢　当延伸带关联尺寸的图形时，延伸完成后，关联尺寸标示值也自动修正，原理与修剪命令相同。

4.2.12　打断图形

作图时，有时需要将一个对象（如圆、直线）从某一点打断，有时需要删除该对象的某一部分。利用 BREAK 命令，可以十分方便地进行这些工作。其命令操作方法如下。

命令：BREAK

快捷键：BR

经典界面：（1）修改菜单｜打断（K）

　　　　　　（2）修改工具条｜打断按钮 🔲 打断于点按钮 🔲

草图界面：默认选项卡｜修改面板｜打断按钮 🔲 打断于点按钮🔲

下面通过实例介绍打断命令及相关提示。

【例 4.2.12】 不同图形对象打断操作。

命令:_break　　　　　　　　　　　　　单击打断按钮🔲

选择对象:拾取 1 点　　　　　　　　　　选择要打断的对象，并作为第一断点

指定第二个打断点 或[第一点(F)]: 拾取 2 点　　选择要删除部分的第二点(如键入"F"表示重新指定第一断点)

不同对象打断图形操作结果如图 4-38 所示。

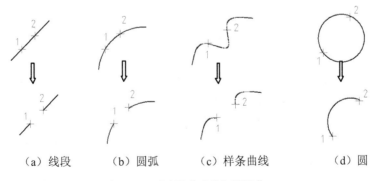

　　（a）线段　　　（b）圆弧　　　（c）样条曲线　　　（d）圆

图 4-38　不同图形对象打断操作

如果第二断点位于打断对象以外，则将第一断点与第二断点之间的实体删除，如图 4-39 所示。

如果第一断点与第二断点重合，则将一个对象从断点处断开，使之成为两个对象。选择第二断点时，可以直接捕捉第一断点坐标作为第二断点，也可以用"@"来回答。

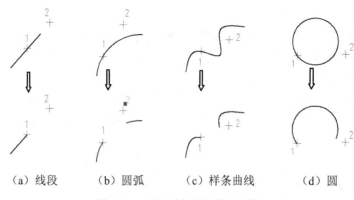

（a）线段　　（b）圆弧　　（c）样条曲线　　（d）圆

图 4-39　不同对象打断图形操作

如果选择"修改"工具条中的"打断于点"图标，也可以十分方便地将直线、圆弧等对象在指定的点处单点打断，从而使一个对象分解为两个对象。读者不妨一试。

技巧与提示

➢　当打断一个圆的一部分时，打断点的选择顺序不同，图形被打断的部分不同。如图 4-40 所示，系统按逆时针方向，将 1 点到 2 点之间的圆弧删除。

图 4-40　打断点的选择顺序不同，图形被打断的部分不同

4.2.13　圆角连接

如果要求用一段圆弧在两对象之间光滑过渡，则利用 FILLET 命令可实现圆角连接功能。

命令：FILLET

快捷键：F

经典界面：（1）修改菜单｜圆角（F）

　　　　　　（2）修改工具条｜圆角按钮

草图界面：默认选项卡｜修改面板｜圆角折叠按钮 圆角 ·｜圆角按钮 圆角

下面通过实例介绍圆角命令及相关提示。

【例 4.2.13-1】 对如图 4-41 所示不同图形对象进行圆角操作。

命令: _fillet　　　　　　　　　　　　　　　　　　单击圆角按钮 -对多段线圆角操作

当前模式: 模式 = 修剪，半径 = 5.0000　　　　　　屏幕提示当前模式

选择第一个对象或[多段线(P)/半径(R)/修剪(T)]: **P✓**　　选择"多段线(P)"模式

选择二维多段线:　　　　　　　　　　　　　　　　单击多段线上一点结果如图 4-41(a)所示

6 条直线已被圆角

命令: ✓　　　　　　　　　　　　　　　　　　　　重复圆角命令-更改圆角半径

FILLET

当前模式: 模式 = 修剪，半径 = 5.0000　　　　　　屏幕提示当前模式

选择第一个对象或[多段线(P)/半径(R)/修剪(T)]: **R**↙	选择"半径(R)"模式
指定圆角半径<5.0000>: **10**↙	输入新半径值为10
命令: ↙	重复圆角命令-对相交直线圆角
FILLET	
当前模式: 模式 = 修剪，半径 = 10.0000	屏幕提示当前模式-圆角半径值为10
选择第一个对象或[多段线(P)/半径(R)/修剪(T)]:	单击第一边上一点 F1
选择第二个对象:	单击第二边上一点 F2

其结果如图 4-41（b）所示。

两条平行线也可以圆角，此时无论新设置的圆角半径多大，AutoCAD 将自动在其端点画一个半圆，且半圆的半径为两平行线垂直距离的一半，如图 4-41（c）所示。图 4-41（d）所示为用圆弧光滑连接两已知圆弧。

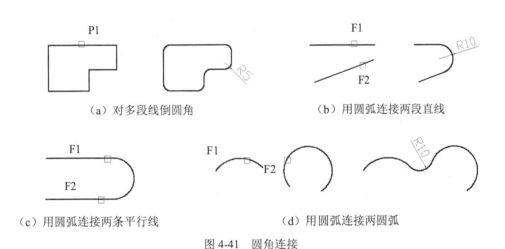

（a）对多段线倒圆角 （b）用圆弧连接两段直线

（c）用圆弧连接两条平行线 （d）用圆弧连接两圆弧

图 4-41 圆角连接

【**例 4.2.13-2**】应用圆角命令，绘制如图 4-42（d）所示槽钢截面。

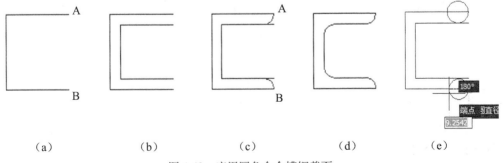

（a） （b） （c） （d） （e）

图 4-42 应用圆角命令槽钢截面

（1）绘制槽钢外框。单击绘图工具条多段线按钮，鼠标在绘图区中部单击绘制起始点 A，打开极轴追踪，向左移动光标，给出追踪方向，输入"30<Enter>"；向下移动光标，输入"35<Enter>"，绘制槽钢高；向右移动光标，输入"30<Enter>"结束命令，如图 4-42（a）所示。

（2）绘制槽钢内框。单击修改工具条偏移按钮⬛，输入偏移距离"5<Enter>"，在外框上单击选择偏移对象，在内部任意一点单击，给出偏移方向，按<Enter>键结束偏移命令，如图 4-42（b）所示。

（3）绘制槽钢上下圆角。单击绘图工具条圆弧按钮⌒，捕捉 A 点单击作圆弧起点；输入"C"，选择圆心选项，向左移动光标，输入 5，给出圆心位置；输入"A"，选择角度选项，输入角度"−90,<Enter>"结束命令。同理，以 B 为起点，绘制下圆角，注意输入角度为 90。

👉 **技巧与提示**

➢ 也可以采用其他多种方法绘制。如可以采用圆⊘命令，选择 2P 模式，以 A 点为起点，正交模式下向左拖动鼠标，输入 10，完成圆绘制，再剪切多余弧段及线段。同理绘制槽钢下弧段。如图 4-42（e）所示。

（4）修剪多余内框线。单击修改工具条修剪按钮✂，单击上段圆弧为剪切边，按<Enter>键结束选择，单击内框伸出部分将其修剪掉，同理，修剪下端伸出内框线，如图 4-42（c）所示。

（5）倒圆角。单击修改工具条圆角按钮⌒，选择 R 选项，输入半径为 5；选择 P 选项对多段线圆角，单击内侧槽钢多段线，即可看到圆角，结果如图 4-42（d）所示。

👉 **技巧与提示**

➢ 对于不同半径的圆角，只需变更圆角半径即可直接进行圆角，而无需再重新启动命令。

➢ 圆角半径的设置要合理，否则若圆角半径大于边长将无法圆角。当对多段线进行圆角时，对不够圆角的交角，则不进行圆角操作，如图 4-43（a）所示。

（a）不够圆角的交角不进行圆角操作　　　　　　（b）R ＝ 0 时，修交角

图 4-43　圆角连接

➢ 如图 4-43（b）所示两个线段圆角，当圆角半径为 0 时，相当于修两线段的交角。AutoCAD 2006 以后的版本，已不需要通过将半径设为 0 的方式修交角，只需按住<Shift>键选择对象即可以修半径为 0 的圆角。

4.2.14　倒角命令

通过本命令，可以对选定的线段、多段线截出倒角。其命令操作方法如下。

命令：CHAMFER

快捷键：CHA

经典界面：（1）修改菜单｜倒角（C）

　　　　　　（2）修改工具条｜倒角按钮⌒

草图界面：默认选项卡｜修改面板｜圆角折叠按钮 [⊘ 圆角 ·]｜倒角按钮 [⌒ 倒角]

下面通过实例介绍倒角命令及相关提示。

【例 4.2.14】 对图 4-44(a)进行倒角操作。

（1）指定距离进行倒角操作，结果如图 4-44（b）所示。其交互过程如下。

命令: _chamfer　　　　　　　　　　　　　　单击倒角按钮

（"修剪"模式) 当前倒角距离 1 = 0.0000，距离 2 = 0.0000

选择第一条直线或[放弃(U)/多段线(P)

/距离(d)/角度(a)/修剪(t)/方式(e)/多个(m)]: **d✓**　　选择"距离(d)"选项指定倒角距离

指定第一个倒角距离<0.0000>: **10✓**　　　　输入第一倒角距离 10

指定第二个倒角距离<50.0000>: **20✓**　　　输入第二倒角距离 20

选择第一条直线或[放弃(U)/多段线(P)/距离(D)/角度(A)

/修剪(T)/方式(E)/多个(M)]:　　　　　　　单击第一边上一点 F1

选择第二条直线，或按住<Shift>键选择要应用角点的直线: 单击第二边上一点 F2

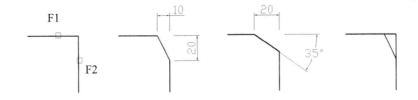

　（a）原图　　（b）给定两倒角距　（c）给定倒角距和角度　（d）不修剪模式

图 4-44　倒角操作

（2）如果在命令提示符"选择第一条直线或[放弃(U)/多段线(P) /距离(D)/角度(A)/修剪(T)/方式(E)/多个(M)]:"下输入"A<Enter>"，则需要进一步输入第一条直线的倒角长度 20，倒角角度 35，并单击点 F1、F2 指定第一条直线和第二条直线所在位置，结果如图 4-44（c）所示。

（3）如果在命令提示符"选择第一条直线或[放弃(U)/多段线(P)/距离(D)/角度(A)/修剪(T)/方式(E)/多个(M)]:"下输入"T<Enter>"，根据提示输入"N<Enter>"，则进入不修剪模式的倒角操作。继续输入"D<Enter>"，进入指定距离倒角模式，输入倒角距 10、20 后，不修剪模式的倒角结果如图 4-44（d）所示。

对于多段线的图形，也可以通过在命令提示符"选择第一条直线或[放弃(U)/多段线(P)/距离(D)/角度(A)/修剪(T)/方式(E)/多个(M)]:"下输入"P<Enter>"，则可以对多段线一次完成倒角操作。

4.2.15　分解图形

该命令分解一切组合对象，如多段线、尺寸标注、多边形、块以及图案填充等，便于用户对该图形再修改。其命令操作方法如下。

命令：EXPLODE

经典界面：（1）修改菜单｜分解（X）

　　　　　　（2）修改工具条｜分解按钮

草图界面：默认选项卡｜修改面板｜分解按钮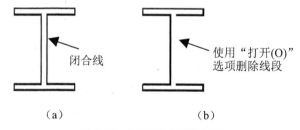

选择"修改"工具条中的"分解"按钮 ，然后选择要分解的对象，即可完成对一组组合对象的分解。

4.3 编辑多段线

由于多段线是由多条段线及圆弧的组合而成的单个对象，因此，编辑多段线时，只需选择多段线中的一段而不必逐个选择构成整个对象的每一部分，所以可简化选择过程。用户可以使用 4.2 小节中介绍的绝大多数编辑命令编辑多段线，但这些命令却无法编辑多段线本身所独有的内部特征。AutoCAD 专门为编辑多段线提供了多段线编辑命令（PEDIT）。使用该命令可以对多段线本身的特性进行修改，也可以把连续多条线段和圆弧合并为多段线。其命令操作方法如下。

命令：PEDIT

快捷键：PE

经典界面：（1）修改菜单｜对象｜多段线

　　　　　　（2）修改 II 工具条｜编辑多段线按钮

草图界面：默认选项卡｜修改面板｜编辑多段线按钮

命令及提示：

命令：_pedit

选择多段线或[多条(M)]:

输入选项

[闭合(C)/合并(J)/宽度(W)/编辑顶点(E)/拟合(F)/样条曲线(S)/非曲线化(D)/线型生成(L)/放弃(U)]:

操作方法如下。

（1）选择多段线。选择欲编辑的多段线。如果选择了非多段线，系统提示如下。

所选对象不是多段线

是否将其转换为多段线？ <Y>:✓

回答 Y 则将普通线条转化为多段线。圆、椭圆、平行多线等不能转换为多段线。

（2）闭合（C）/打开（O）。如果所选多段线是闭合的，则提示为打开（O）。选择打开，则将最后一条封闭该多段线的线条删除，形成一条不封闭多段线。反之，则将该多段线首尾相连，形成一条封闭多段线，如图 4-45 所示。

（3）合并（J）。将与多段线端点精确相连的其他直线、圆弧、多段线合并为一条多段线。该多段线必须是开口的。不能连接与多段线分离的线段，也不能连接穿过多段线的对象。

（4）宽度（W）。设置该多段线的全程宽度。由不同宽度段构成的多段线或锥形多段线被修改后，所有段均为新的线宽。如果要改变其中某一段线的宽度，可以通过编辑顶点来修改。

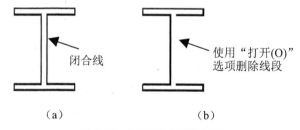

闭合线

使用"打开(O)"选项删除线段

（a）　　　　　　　（b）

图 4-45　打开(O)选项的使用

（5）编辑顶点（E）。对多段线的各顶点进行单独编辑。选择该项后提示如下。

输入顶点编辑选项

[下一个(n)/上一个(p)/打断(b)/插入(i)/移动(m)/重生成(r)/拉直(s)/切向(t)/宽度(w)/退出(x)]<n>：

① 下一个（N）。选择下一个顶点。顶点"×"标记将从绘制多段线时的第 1 点起，每选一次，向后依次移动 1 个点。如图 4-46（a）所示。

② 上一个（P）。选择上一个顶点。顶点"×"标记将从当前编辑点起，每选一次，向前依次移动 1 个点。如图 4-46（b）所示。

③ 打断（B）。将多段线一分为二，或是删除顶点处的一条线段。

④ 插入（I）。在标记处插入一顶点，如图 4-47 所示。

⑤ 重生成（R）。重新生成多段线以观察编辑后的效果。

⑥ 拉直（S）。删除所选顶点间的所有顶点，用一条直线代替。

⑦ 切向（T）。在当前标记顶点处设置切线矢量方向以控制曲线拟合。

⑧ 宽度（W）。设置每一独立线段的宽度。起点、终点宽度可以设置成不同。

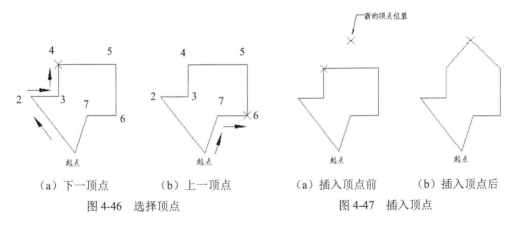

（a）下一顶点　　（b）上一顶点　　　　　（a）插入顶点前　　（b）插入顶点后
　　　　图 4-46　选择顶点　　　　　　　　　　　　图 4-47　插入顶点

⑨ 退出（X）。退出顶点编辑，回到 PEDIT 命令提示。

（6）拟合（F）。产生通过多段线所有顶点，彼此相切的各圆弧段组成的光滑曲线。

（7）样条曲线（S）。产生通过多段线首末顶点，其形状和走向由多段线其余定点控制的样条曲线。

（8）非曲线化（D）。取消拟合或样条曲线，回到直线状态。

（9）线型生成（L）。控制多段线在顶点处的线型，选择该项后提示如下。

输入多段线线型生成选项[开(ON)/关(OFF)]<关>：

如果选择 ON，则为连续线型，选择 OFF 则为点画线。

（10）放弃（U）。取消最后的编辑。

4.4　编辑多线

多线应采用 MLEDIT 命令进行编辑。该命令根据对话框中显示的预设编辑方式图标编辑多线。该命令可以控制多线之间相交的连接方式，增加或删除多线的顶点，控制多线的打断或结合。其命令操作方法如下。

命令：MLEDIT

经典界面：（1）修改菜单丨对象丨多线…

命令及提示：

命令:'_mledit

选择第一条多线:

选择第二条多线或放弃(U):

执行多线编辑命令后弹出如图 4-48 所示"多线编辑工具"对话框。

该对话框以 4 列显示样例图像，包含了 12 种不同的工具按钮。下面通过实例逐步介绍"编辑多线"命令的使用方法和技巧。

图 4-48　多线编辑工具对话框

【例 4.4-1】　十字形多线与 T 形多线的编辑，编辑过程如图 4-49 所示。

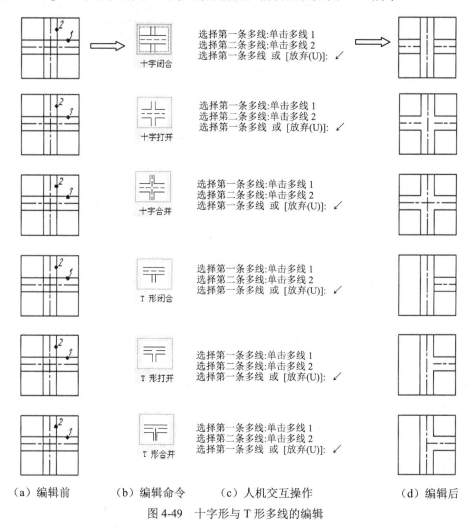

（a）编辑前　　　（b）编辑命令　　　（c）人机交互操作　　　（d）编辑后

图 4-49　十字形与 T 形多线的编辑

技巧与提示

➢ 使用 MLEDIT 命令时，一定要注意选择多线的顺序，否则，修改出来的结果可能是意想不到的，甚至会把需要的多线一起删掉。

➢ 注意比较不同的十字形多线与 T 形多线编辑时中线的变化。

➢ T 形多线编辑按钮不能编辑如图 4-50 所示的多线。

【例 4.4-2】多线的角点结合编辑与顶点编辑，编辑过程如图 4-51 所示。

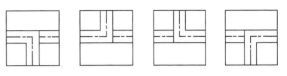

图 4-50　不能用 T 形编辑的多线

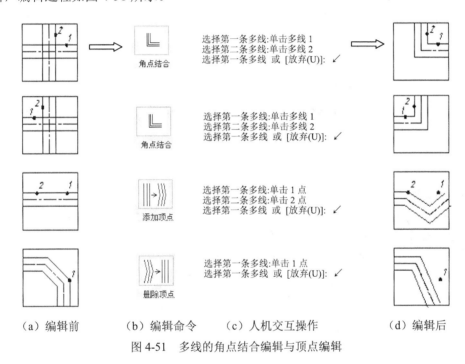

（a）编辑前　　　（b）编辑命令　　　（c）人机交互操作　　　（d）编辑后

图 4-51　多线的角点结合编辑与顶点编辑

技巧与提示

➢ 选择角点结合编辑按钮时，鼠标指点到的多线部分将被保留，其余部分被删除。

➢ 使用添加顶点编辑按钮时，多线对象的属性点（也称夹点，将在 4.5 节中详细介绍）个数将发生变化，但图形显示并不发生变化。当用鼠标单击该多线对象时，会看到夹点的变化。如图 4-52（a）所示为添加顶点前夹点为 2 个，使用顶点编辑按钮，添加 1、2 两个顶点，再单击该多线对象时，显示 4 个夹点，如图 4-52（b）所示。

（a）添加顶点前夹点　　（b）添加顶点后夹点　　（c）激活 1 夹点　　（d）拉伸 1 夹点后

图 4-52　多线进行顶点编辑后的变化

> 可通过夹点编辑方法来编辑修改多线图形：对于添加夹点后的图 4-52（b），单击 1 夹点，夹点颜色变为红色（称激活夹点），如图 4-52（c）所示，将鼠标向下移动到 3 点单击，则多线形状发生改变，如图 4-52（d）所示。

【例 4.4-3】 多线的打断编辑，编辑过程如图 4-53 所示。

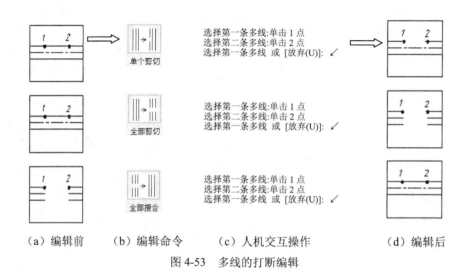

（a）编辑前　　　（b）编辑命令　　　（c）人机交互操作　　　（d）编辑后

图 4-53　多线的打断编辑

技巧与提示

> 多线打断编辑既可以对多线的一部分进行操作，也可以对多线进行整体操作。但是在实践中会发现，例如，在建筑平面图中用多线绘制的墙线上开窗洞等操作，往往因为不能达到准确地捕捉打断点（因多线打断编辑命令下不支持对象捕捉多线上的特征点），从而降低绘图精度。AutoCAD 2005 以后的版本中的修剪命令 ┱ 支持对多线的修剪，因此，在新版本下建议用户多用剪切命令对多线进行整体精确修剪。图 4-54 所示为多线的剪切操作过程。

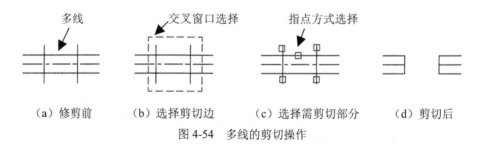

（a）修剪前　　　（b）选择剪切边　　　（c）选择需剪切部分　　　（d）剪切后

图 4-54　多线的剪切操作

> 分解多线："多线编辑工具"对话框中的 12 个图像按钮可用来编辑多线，并保留其原有特性。但是，"多线编辑工具"有时也不能满足某些多线形式的编辑要求，图 4-50 中的多线交点就无法直接用多线编辑工具进行 T 形编辑，而需使用在本章学习的"分解" 命令将多线分解为单独的元素，然后进行相应编辑。多线被分解后，其中的所有线、弧与使用 LINE、ARC 命令绘制的对象完全相同，而多线的颜色和线型被保留。但是由于每个元素已经成为单独的对象，因此可以使用任何标准编辑命令对其进行编辑。

4.5　使用夹点编辑图形对象

利用 AutoCAD 的夹点功能也可以有类似"修改"工具条上的操作,进行对象的移动、复制、旋转、拉伸、缩放和镜像等编辑操作。

4.5.1　夹点的概念

夹点是一些小方框,它们出现在用定点设置指定的对象的关键点上。在未执行任何命令的情况下,选择要编辑的对象,则被选取的图形对象将出现若干个带颜色的小方框(默认设置为蓝色),这些小方框是图形对象的特征点,即夹点,图 4-55 所示为常见对象的夹点。默认状态下未选中夹点为蓝色、悬停夹点为粉色、选中夹点(也称为激活夹点)为红色。

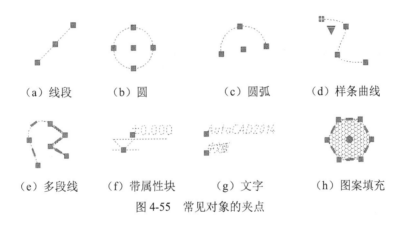

　　(a) 线段　　　(b) 圆　　　　(c) 圆弧　　　(d) 样条曲线

　　(e) 多段线　(f) 带属性块　(g) 文字　　(h) 图案填充

图 4-55　常见对象的夹点

多线夹点的位置随绘制多线时选取的对正方式不同而变化,如图 4-56 所示。

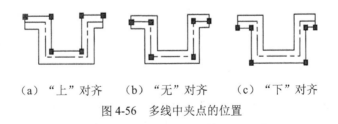

　(a) "上"对齐　　(b) "无"对齐　　(c) "下"对齐

图 4-56　多线中夹点的位置

通过夹点可以将命令和对象选择结合起来,因此提高编辑速度。夹点打开后,可以在输入命令之前选择所需对象,然后用定点设备(如鼠标)操作对象。

4.5.2　夹点编辑操作实例

利用夹点可以很方便地完成一些常用的编辑操作。例如:拉伸、移动、旋转、缩放和镜像。若选择好一个基夹点时,要重新选择,则按一次<Esc>键。再按一次<Esc>键,所有的夹点将都不显示。若要选择多个夹点，可以先按住<Shift>键，再选择需要选择的夹点。若要从显示夹点的选择对象集中取消某个对象的夹点，可按住<Shift>键的同时选择该对象，则此对象的夹点消失。

当选中一个夹点后，命令行提示如下所示，通过回车或空格进行切换，选择要进行的编辑操作即可。

** 拉伸 **

指定拉伸点或[基点(B)/复制(C)/放弃(U)/退出(X)]：

** 移动 **

指定移动点或[基点(B)/复制(C)/放弃(U)/退出(X)]：

** 旋转 **

指定旋转角度或[基点(B)/复制(C)/放弃(U)/参照(R)/退出(X)]：

** 比例缩放 **

指定比例因子或[基点(B)/复制(C)/放弃(U)/参照(R)/退出(X)]：

** 镜像 **

指定第二点或[基点(B)/复制(C)/放弃(U)/退出(X)]：

也可以在绘图区中选择好基点后，单击鼠标右键，在弹出的快捷菜单中选择要进行的编辑操作。如图 4-57 所示。

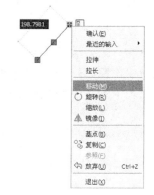

图 4-57　快捷菜单进行夹点操作

【例 4.5.2-1】 将图 4-58（a）中的凹槽拉伸到新位置，如图 4-58（c）所示。

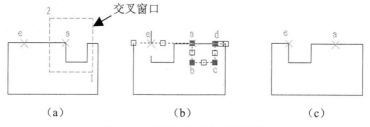

图 4-58　利用夹点进行拉伸操作

（1）如图 4-58（a）所示，先拾取 1、2 点用交叉方式选择要拉伸的对象。

（2）按下<Shift>键，并用鼠标分别单击各线段的夹点 a、b、c、d，夹点 a、b、c、d 成为激活夹点，如图 4-58（b）所示。

（3）松开<Shift>键，单击夹点 a，系统自动进入拉伸状态，并将 a 点作为拉伸基点，在系统提示下点取拉伸的第二坐标点 e 点即可，结果如图 4-58（c）所示。

【例 4.5.2-2】 利用圆角命令和夹点拉伸对 4.2.5 小节例题中的座椅进行细化，结果如图 4-59（c）所示。

（1）对座椅面进行圆角。单击圆角按钮，输入"R<Enter>"，调整圆角半径，输入"80<Enter>"。分别单击椅面右上角的两侧，回车结束圆角命令。重复命令，对右下角座椅面进行圆角操作，结果如图 4-59（a）所示。

（2）对外部靠背线进行拉伸调整。单击外侧靠背线，使之变为激活状态，单击中间夹点使之变为激活的夹点，如图 4-59（b）所示。水平向左移动鼠标，输入"30<Enter>"，确认夹点移动。单击<Esc>键取消外靠背线激活状态，结果如图 4-59（c）所示。

（a）对椅子面进行圆角　　　　（b）激活的夹点　　　　（c）夹点拉伸后

图 4-59　利用圆角命令和夹点拉伸座椅进行细化

4.6　利用对象特性管理器编辑图形对象

"特性"列表框是查看和修改 AutoCAD 对象特性的主要方法之一。对象特性修改命令 PROPERTIES 可用于编辑对象的图层、颜色、线型、线宽和文本属性等。利用一个列表框完整地显示对象的属性，并可以在表中作修改。利用对象特性修改命令 PROPERTIES，每次可同时编辑多个对象，这在所有编辑命令中也许是最有效的命令。利用此命令，对拾取的对象类型即刻显示相应的对话框，如拾取一条直线，"特性"列表框则显示该直线几乎所有特性。用如下步骤可以显示对象特性列表框。

命令：PROPERTIES

快捷键：MO 或 Ctrl + 1

经典界面：（1）工具菜单｜选项板｜特性

（2）标准工具条｜特性按钮

草图界面：默认选项卡｜特性面板

该命令也可以通过首先选择要查看或修改其特性的对象，然后在绘图区单击右键，显示快捷菜单，点选快捷菜单中的"特性"来执行。如图 4-60（a）所示。

每一种方式都可以显示如图 4-60（b）所示的对象"特性"管理器列表框。

"特性"列表框可以固定或悬浮在绘图区域中。在"特性"列表框上单击右键并选择"允许固定"或"隐藏"选项可以将其浮动或隐藏。

"特性"列表框的操作是透明命令，即打开"特性"列表框的同时可以输入其他命令并在绘图区中操作。

在绘图区域中选择对象时，"特性"列表框将显示与此对象有关的特性。如果选择了多个对象，"特性"列表框将显示它们共有的特性。

（1）直线当前所选图元名称。

（2）切换 PICKADD 系统变量的值。在默认状态下图标为，则最后选择的对象会成为选择集。先前选择的对象会从选择集中删除，用户可以按住<Shift>键来选择其他对象，将该对象加入选择集中。当单击图标变为1时，每个选择的对象都会加入到目前的选择集中。用户可以按住<Shift>键来选择其他对象，将该对象从选择集中删除。

（a）快捷菜单打开"特性"管理器　　　　（b）"特性"管理器列表框

图 4-60　　"特性"管理器

（3）选择对象⊕。回到绘图区域，使用任意选择方法选择所需的对象，并按<Enter>键。

（4）快速选择⚙。单击此按钮，打开如图 4-61 所示的"快速选择"对话框，用于创建一个选择集，以包括或排除符合指定对象类型和对象特性条件的所有对象。

对象特性按字母顺序或者分类进行显示，取决于选择的选项卡。要使用"特性"列表框修改特性，可以先选择需要修改特性的对象，并使用以下几种方法之一。

方法一：从列表框中选择某一属性并输入新值。如选择线型比例属性 线型比例 1 ，并输入新比例值如 100，或通过单击右边的计算器图标，在打开的快速计算器中通过计算输入新值。

方法二：从列表中选择属性值。如选择图层属性，原图层为"0"层，选择新图层为"细实线"层，如图 4-62 所示。

方法三：从列表中选择坐标属性，如起点坐标 起点 X ... 46.7149 ，用鼠标单击右边的"拾取点"按钮，在绘图区域拾取新坐标值。

图 4-61　快速选择对话框　　　　图 4-62　从列表中选择属性值

修改单一对象特性的方法是在绘图区选择要编辑的对象，在打开如图 4-60 所示的"特性"列表框中修改相应的特性。

修改多个对象的特性与修改单一对象的特性的方法基本上是一样的，只是在选择对象时选择了多个对象，列表框中显示的是多个对象的共同特性，参照上面的方法就可以修改它们的特性。

4.7　图案填充的编辑

完成图案填充后，如果对填充图案或填充区域感到不满意，可以对填充图案和填充区域进行编辑和修改。可以通过图案填充编辑命令修改图案填充的特性。其命令操作方法如下。

命令：BHATCHEDIT

经典界面：（1）修改菜单｜对象｜图案填充…

　　　　　　（2）修改 II 工具条｜编辑图案填充按钮

草图界面：默认选项卡｜修改面板｜编辑图案填充按钮

执行该命令后，系统提示 "选择图案填充对象"，可在屏幕上选择要修改的填充图案，同时弹出"图案填充编辑"对话框。"图案填充编辑"对话框中包含了"图案填充"和"渐变色"两个选项卡，如图 4-63（a）和图 4-63（b）所示。该编辑对话框与"边界图案填充"对话框意义基本相同，只是其中有一些选项按钮被禁止，其他项目均可以更改设置，这里不再详细介绍。

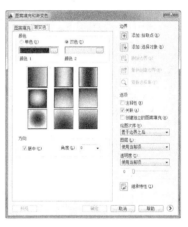

　　（a）图案填充选项卡　　　　　　　　　　（b）渐变色选项卡

图 4-63　图案填充编辑对话框

技巧与提示

➢　查看填充图案的面积有两种方法。

（1）可以使用 3.6.4 小节介绍的输入查询面积工具，输入 O，进入选择对象方式，选择要查询的填充图案，则在命令提示窗口显示该填充图案的面积和周长。

（2）使用"特性"窗口中的"面积"特性快速测量图案填充的面积。操作方法是：①选择图案填充。②在该图案填充上单击鼠标右键，在弹出菜单中单击"特性"。③在打开的"特性"对话框中可查看其面积。图 4-64（b）显示了圆中图案填充的面积。如果选择多个图案填充，可以查看它们的总面积。

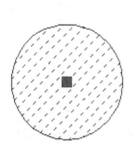

（a）选择填充图案　　　　　　　　　（b）查看填充图案面积

图 4-64　在"特性"对话框中查看填充图案面积

➢　将同一个填充图案同时应用于图形的多个区域时，可利用对话框中"独立的填充图案填充（H）"复选框，以指定每个填充区域都是一个独立的对象。在以后的图案编辑中，用户可以修改一个区域中的图案填充，而不会改变其他图案填充。

➢　AutoCAD 2005 以后的版本可以按照修剪任何其他对象的方法来修剪图案填充对象。参看 4.2.9 小节技巧与提示。

思 考 与 练 习

1. 分别用复制命令、偏移命令对 9.3.3 小节图 9-8 绘制定位轴线。

2. 如何将一个多段线和与其相连的直线合并成一条多段线？

3. 利用绘图命令与编辑命令绘制如图 4-65、图 4-66 所示的建筑施工辅助工具。

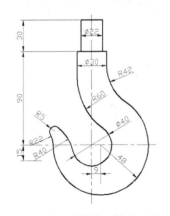

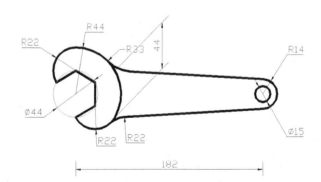

图 4-65　建筑施工辅助工具　　　　　　　图 4-66　建筑施工辅助工具

4. 在使用圆角命令时，若半径值为 0，能否进行圆角操作？对【例 2.3】绘制的浴缸内外边缘分别进行半径为 50 和 100 的倒圆角操作。结果如图 4-67 所示。

5. 进行拉伸操作时，包含在拉伸窗口内的线段和圆有什么变化？利用拉伸命令将图 4-67 中的浴缸长度调整为 1600。

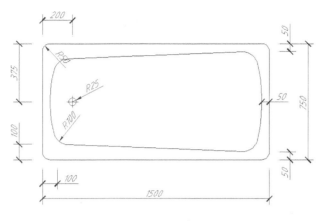

图 4-67　浴缸

6. 利用基本绘图命令与编辑命令绘制如图 4-68 和图 4-69 所示的图形。

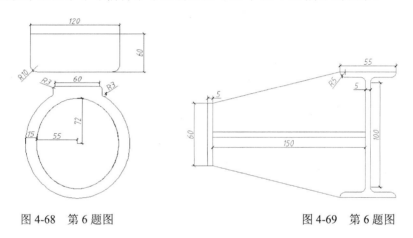

图 4-68　第 6 题图　　　　　　　　　　　图 4-69　第 6 题图

7. 绘制如图 4-70 所示楼梯。

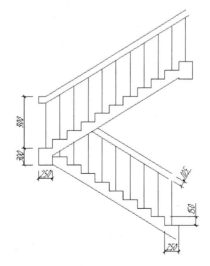

图 4-70　楼梯

8. 什么是"夹点"？它在编辑操作中有什么作用？

9. 利用绘图编辑命令绘制如图 4-71 所示的楼梯平面图。右图为楼梯扶手放大后的尺寸标注。

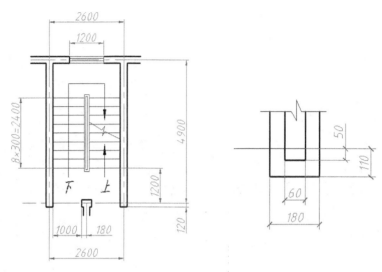

图 4-71 楼梯平面图

10. 绘制下图所示的基础平面图，基础梁宽均为 250。其中柱基平面图参考【例 4.2.5-1】。

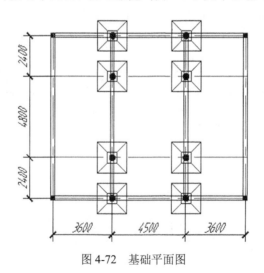

图 4-72 基础平面图

11. 图形编辑填充练习，请读者自定义尺寸。

图 4-73 填充练习

第 5 章　图块、设计中心与外部参照

在绘图设计过程中，经常会遇到一些重复出现的图形（如门窗、桌椅、标高符号等），如果每次都重新绘制这些图形，不仅造成大量的重复工作，也占用相当大的存储空间。为此，图块和设计中心提供了模块化的绘图方法，提高绘图速度和工作效率。

5.1　创建图块

图块是用一个名字标识的一组图形对象的总称。用户可以根据需要，把常用的实体定义成块，进行建筑设计时，把定义好的图块按比例和旋转角度放置在设计方案的任意位置。用户将经常用到的（如建筑立面图的门、窗、标准单元房）平面布局、标高符号等定义成图块集中存放，即建立了构件库。使用时可将图块多次插入到图形中，有效提高绘图速度和质量。

将重复使用的图形对象定义为块，不仅可以提高绘图速度、节省存储空间、方便图形修改，还方便携带属性信息，建立专业图块库，提高设计质量和效率。

5.1.1　创建内部图块

内部图块是跟随定义它的图形文件一起，存储在图形文件的内部，因此，只能在当前图形文件中调用，而不能在其他图形中调用。

要定义一个图块，首先要绘制组成该图块的图形对象，然后通过定义块命令来完成。定义在当前文件中使用的块，其命令操作方法如下。

命令： BLOCK

快捷键： B

经典界面： （1）绘图菜单｜块｜创建…

（2）绘图工具条｜创建块按钮 ⊡

草图界面： 默认选项卡｜块面板｜创建块按钮 ⊡ 创建

采用以上任意方式执行创建块命令后，弹出如图 5-1 所示的"块定义"对话框。下面通过实例介绍创建块命令的使用。

【例 5.1.1】 打开 4.2.5 小节保存的立面窗"tu4-2-5-2.dwg"文件，如图 5-2（a）所示，将其创建成块，命名为"LMC-1"。

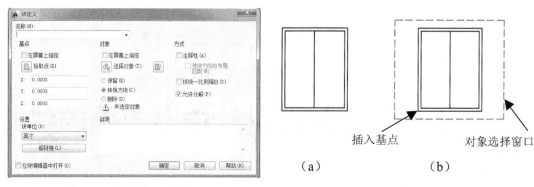

图 5-1　"块定义"对话框　　　　图 5-2　将标高符号创建成图块

（1）在"绘图"工具条中单击创建块按钮，在打开的"块定义"对话框"名称"编辑框中输入"LMC"。

（2）在"块定义"对话框中单击拾取点按钮，在屏幕绘图区利用"交点"对象捕捉方式拾取左下角点作为图形插入的基点。

（3）单击选择对象按钮，在屏幕绘图区用窗口方式选立面窗图形，单击鼠标右键或回车结束选择。

（4）在说明文本框中键入"立面窗"。

（5）单击　确定　按钮，完成"LMC-1"图块的创建。

技巧与提示

➤　对于专门创建图块的图形对象，可以选择 保留 选项，图形仍以单个图元的形式保留；如果选择 转换为块 选项，图形对象作为一个图元保留；也可以选择 删除 选项，创建块，但不再显示源图形对象，保持整个图形界面的整洁。

➤　在创建块时，通常选择图形的特征点、对称点等作为插入基点，便于图块的使用。

➤　为防止复杂图形绘制过程中随着块的不断插入，图层数量的快速膨胀，通常建议在绘制块时，将图形对象绘制在 0 层上，块中图元属性设置为随层（Bylayer），则在插入该图块时，块图元将直接绘制在当前层，并具有图形当前层的颜色、线型等属性。

5.1.2　创建外部图块

外部块是以外部文件的形式存在的，它可以被其他任何文件引用。使用创建外部块"WBLOCK"命令定义的图块，是将图块单独以图形文件（*.DWG）的形式存盘，该图形文件和其他图形文件无任何区别，既可以被其他的图形引用，也可以单独被打开。

命令：WBLOCK

快捷键：WB

在命令行输入"WBLOCK"命令后，弹出如图 5-3 所示的"写块"对话框。该对话框包括"源"和"目标"两个大区。"源"区还包含"基点"区、"对象"区等。各项含义如下。

1. 源区

（1）块。指明要存入图形文件的是块。可以从右侧的下拉列表框中选择已经定义的块作为写块时的源。

（2）整个图形。以当前整个图形作为写块的源，将该块存储于指定的文件中。以上两种情况都将使基点区和对象区不可用。

（3）对象。指明要存入文件的是对象。此时系统要求指定块的基点、选择块所包含的对象。

2．目标区

（1）文件名和路径文本框。用于键入写块的文件名和指定该块文件存储的位置。单击其右边的 ┄ 按钮，可显示"浏览文件夹"对话框，在该对话框中可以选择目标的位置。

（2）插入单位。用于指定新文件插入时所使用的单位。

【例 5.1.2】通过"写块"对话框将 5.1.1 小节定义的"LMC-1"块的图形写成"LMC-1.DWG"块文件，存储位置是 "E:\CAD\建筑设计\块"。

（1）在命令行输入"WBLOCK"，弹出如图 5-3 所示的"写块"对话框。

（2）在"源"区选中"块（B）:"选择框，并从右侧的下拉列表框中选择已经定义的块"LMC-1"。此时，"基点"区和"对象"区不可用。

（3）在"目标"区的"文件名和路径"文本框中指定该块文件存储的位置为"E:\CAD\建筑设计\块"，文件名是"LMC-1.DWG"。

（4）在"目标区"的"插入单位"文本框中承认其默认单位"毫米"。

（5）单击 确定 按钮，结束写块操作，其对话框操作过程如图 5-4 所示。

图 5-3　"写块"对话框　　　　　图 5-4　"写块"对话框操作过程

经过以上操作，将会在"E:\CAD\建筑设计\块"目录下生成文件"BG-1.DWG"。本例中的目标位置，用户也可以自己设置。

技巧与提示

➢ 如果事先用户没有定义图块"LMC-1"，则应在"源"区中选择"对象"单选框。然后在"基点"区点取"拾取点"按钮 以确定插入时的基点；在"对象"区选择"选择对象"按钮 以确定构成该图块的对象，具体操作同图块的定义。

5.1.3　创建单位块

单位块是指将原始图形绘制在 1 个单位 × 1 个单位的正方形中。在以后插入时，X 和 Y 的比例系数变成为绘图单位的实际尺寸。当用 "Corner" 方法确定 X 和 Y 比例系数时，这种方法尤为方便。下面通过实例介绍其操作过程。

【例 5.1.3】　将建筑平面图中窗的图例制作成单位块 "C-n"。

（1）在绘图工具条单击矩形按钮▢，在屏幕绘图区任意拾取一点作为左下角点，输入 "@1,1"。结果如图 5-5（a）所示。

（2）单击修改工具条分解按钮，分解已绘制的正方形。

（3）输入 "Z"，根据提示输入 "E"，将已分解的正方形放大至整个绘图屏幕。

（4）单击修改工具条偏移按钮，根据提示，指定偏移距离为 "0.33"，指定矩形上边线向下侧偏移，指定矩形下边线向上侧偏移，其结果如图 5-5（b）所示。

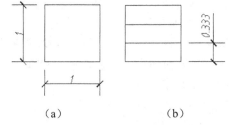

图 5-5　绘制和定义单位窗块

（5）使用 "BLOCK" 命令将该图形定义成名称为 "C-n" 的块，并设置窗口左下角点为以后插入该图块的插入点。

☞技巧与提示

➢　如果第（5）步采用 "WBLOCK" 外部块命令，则定义一个通用的单位块文件。

5.2　在图形中使用图块

创建完图块对象后，用户可以在图形中插入图块，也可以对图块进行修改插入基点、分解图块和重定义图块等编辑操作。当用户在图形中插入了一个图块后，无论该图块的复杂程度如何，系统均将其作为一个对象。

5.2.1　插入单个图块

插入图块有以下几种方法。

命令： INSERT

快捷键： I

经典界面：（1）插入菜单｜块（B）…

　　　　　　（2）绘图工具条｜插入块按钮

草图界面： 默认选项卡｜块面板｜插入块按钮

命令及提示：

执行该命令后，将弹出如图 5-6 所示的 "插入" 对

图 5-6　"插入" 对话框

话框。该对话框中包含有名称、插入点区、缩放比例区、旋转区以及分解复选框等内容。各项含义如下。

（1）名称。下拉文本框，可以选择插入的内部图块名。

（2）浏览(B)…按钮。单击该按钮后，弹出如图 5-7 所示的"选择图形文件"对话框。在该对话框中，用户可以选择外部图块插入到当前文件中。

图 5-7　"选择图形文件"对话框

（3）插入点区。该区用于决定插入点的位置。有两种方法决定插入点位置：在屏幕上使用鼠标指定插入点或直接输入点坐标。

（4）缩放比例区。该区决定图块在 X、Y、Z 3 个方向上的比例。也有两种方法决定缩放比例：在屏幕上使用鼠标指定或直接输入缩放比例。"统一比例"指 X、Y 和 Z 3 个方向上的比例因子是相同的。

（5）旋转区。该区决定插入图块的旋转角度。同样，也有两种方法决定块的旋转角度：在屏幕上使用鼠标指定块的旋转角度或直接输入块的旋转角度。

（6）分解。决定插入图块时是作为单个对象还是分成若干个对象。如选中该复选框，只能指定 X 比例因子。

【例 5.2.1-1】　通过对话框在图 5-8（a）中插入单位块"C-N"，X 方向比例为 1000，Y 方向比例为 240，角度为 0°，绘制建筑平面图中窗的图例 C-1。

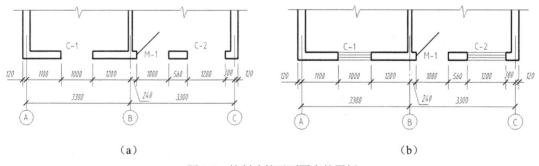

（a）　　　　　　　　　　　　　　　　（b）

图 5-8　绘制建筑平面图窗的图例

（1）单击插入块图标📇弹出如图 5-6 所示的插入对话框。

（2）单击名称下拉文本框中向下的小箭头，在名称列表中选择"C-n"。

（3）在"插入点"区中选择"在屏幕上指定"复选框。

（4）在"缩放比例"区中将 X 比例设成窗洞的宽度 1000，Y 比例设成墙的厚度 240。

（5）单击 ▭确定▭ 按钮，在"指定插入点或[比例（S）/X/Y/Z/旋转（R）/预览比例（PS）/PX/PY/PZ/预览旋转（PR）]:"的提示下选择对象捕捉"端点"方式捕捉"C-1"洞口的左下角点。

（6）继续执行"插入块"命令，只需将 X 方向的比例设成 1200，即可完成"C-2"的绘制，如图 5-8（b）所示。

利用单位图块的特点，不但可方便地绘制建筑平面图中任何方向（将对话框"旋转区"中的"角度"设成需要的角度）的窗的图例，而且也可以方便地绘制建筑剖面图中剖到的门和窗。

【例 5.2.1-2】 在图 5-9（a）中插入单位块"C-n"，X 方向比例为 1500，Y 方向比例为 240，角度为-90°，绘制建筑剖面图中窗的图例。

（1）单击插入块图标📇弹出如图 5-6 所示的插入对话框。

（2）单击名称下拉文本框中向下的小箭头，在名称列表中选择"C-n"。

（3）在"插入点"区中选择"在屏幕上指定"复选框。

（4）在"缩放比例"区中将 X 比例设成窗洞的宽度 1500；Y 比例设成墙的厚度 240，指定旋转角度为-90°。

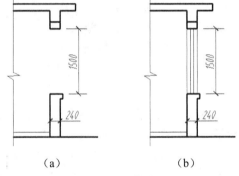

图 5-9　绘制建筑剖面图窗的图例

（5）单击 ▭确定▭ 按钮，在"指定插入点或[比例(S)/X/Y/Z/旋转(R)/预览比例(PS)/PX/PY/PZ/预览旋转(PR)]:"的提示下选择对象捕捉"端点"方式捕捉立面窗洞口的左上角点，完成立面窗块的插入，如图 5-9（b）所示。

🗝 技巧与提示

➢　如果在定义单位块时，将单位块的左下角坐标置为（0,0），右上角坐标为（1,1）。在插入图块时，用对角点的方法确定 X 和 Y 比例系数，使用对象捕捉方式拾取窗洞的两个对角点来插入窗的图例，其操作更方便。

5.2.2　插入阵列图块

使用"MINSERT"命令可同时插入多个图块。该命令表面上是综合 INSERT 命令和矩形阵列 ARRAY 命令进行多个图块的阵列插入，其实它们之间有着本质的区别。ARRAY 命令产生的阵列中每一个对象都是独立的，而 MINSERT 命令产生的块阵列是一个整体。下面通过实例来说明其操作过程。

【例 5.2.2】 在如图 5-10（a）所示某一建筑北立面图中，通过 MINSERT 命令，插入【例 5.1.1】中定义的"LMC -1"图块。

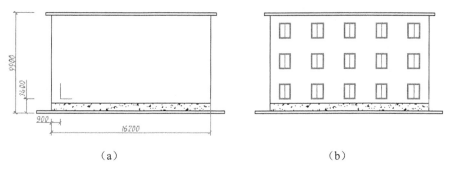

（a）　　　　　　　　　　　　　　（b）

图 5-10　使用 MINSERT 命令绘制立面图中的窗

命令: **minsert**↙　　　　　　　　　　　　　输入 minsert 命令

输入块名或[?]<C-N>:**LMC-1**↙　　　　　　　输入要插入的图块名 LMC-1

指定插入点或[比例(S)/X/Y/Z/旋转(R)/预览比例(PS)/PX/PY/PZ/预览旋转(PR)]:

　　　　　　　　　　　　　　　　　　　　　指定插入基点

指定插入点: 指定旋转角度<0>:↙　　　　　　默认旋转角度为 0°

输入行数 (---)<1>: **3**↙　　　　　　　　　　输入行数为 3

输入列数 (|||)<1>: **5**↙　　　　　　　　　　输入列数为 5

输入行间距或指定单位单元 (---): **3000**↙　楼层高 3000mm

指定列间距 (|||): **3300**↙　　　　　　　　　窗间距 3300mm

其结果如图 5-10（b）所示。

5.2.3　在等分对象点插入块

在 2.10 小节，读者掌握了对图形对象定数等分和定距等分的方法，在掌握了图块的定义后，还可以将图块直接插入到定数等分和定距等分点。下面通过实例讲解操作方法。

【**例 5.2.3**】　在圆弧五等分点插入如图 5-11（a）所示"flag"图块。

（1）绘制圆弧。输入绘制圆弧"A"命令，绘制如图所示圆弧。

（2）绘制小旗。打开捕捉、正交方式，输入画线命令"L"，绘制如图 5-11（a）所示一面小旗。

（3）创建"flag"块。单击绘图工具栏创建块按钮，在打开的对话框中定义块名为"flag"，插图基点为旗杆底部端点。

（4）定数等分插入块，操作过程如下:

命令:**DIV**↙　　　　　　　　　　　　　　　直接输入定数等分命令

选择要定数等分的对象:　　　　　　　　　　在屏幕指定圆弧

输入线段数目或[块(B)]: b↙　　　　　　　　插入块

输入要插入的块名:**flag**↙　　　　　　　　已定义的图块名

是否对齐块和对象? [是(Y)/否(N)]<Y>:**n**↙　不对齐块和对象

输入线段数目:**5**↙　　　　　　　　　　　　5 等分

插入结果如图 5-11（b）所示。如果在"是否对齐块和对象? [是（Y）/否（N）]<Y>"提示时，输入"Y"，则插入结果如图 5-11（c）所示。

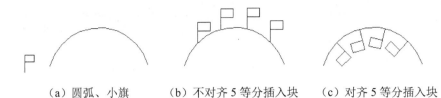

（a）圆弧、小旗 　　　（b）不对齐 5 等分插入块 　　　（c）对齐 5 等分插入块

图 5-11 　定数等分插入图块

同样，也可以用定距等分插入图块，大大提高绘图效率。

5.2.4 　图块的分解

图块本身是一个整体，如果要修改图块中的单个元素，必须将块分解。分解图块有两种方式，一种是在插入时指定插入的图块为分解方式；另一种是在插入图块后通过分解命令来分解图块。以下 3 种方法都可启动分解图块命令。

命令： EXPLODE

经典界面：（1）修改菜单｜分解（X）

　　　　　　（2）修改工具条｜分解按钮

草图界面： 默认选项卡｜修改面板｜分解按钮

执行该命令后将提示要求选择分解的对象，选择某一图块后，将该块分解。读者可通过上机实践之。

5.2.5 　图块的重定义

通过对图块的替换，可以快速、简捷地对以前所定义的图块进行置换。

【**例 5.2.5**】将【例 5.2.2】中插入的两扇窗块"LMC-1"（见图 5-12（a））替换为欧式窗，如图 5-12（b）所示。

操作步骤如下。

（1）绘制如图 5-12（b）所示欧式窗。

（2）单击绘图工具条中的块定义按钮，在图 5-1 所示对话框中选择块名"LMC-1"，指定欧式窗左下角点为插入基点，选择欧式窗图形对象，单击确定按钮。

（3）在弹出的图 5-13 所示重定义块对话框中，按"重新定义块"选项，随即完成了对所有原图块"LMC-1"的替换，则建筑北立面窗从如图 5-14（a）所示样式，更改为如图 5-14（b）所示形式。

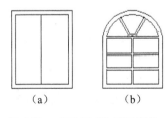

图 5-12 　"LMC-1"重新定义

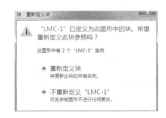

图 5-13 　重新定义图块"LMC-1"

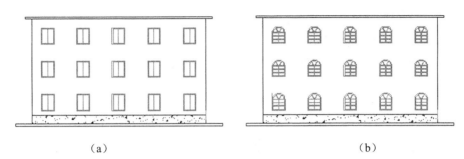

（a）　　　　　　　　　　　　　　（b）

图 5-14　建筑立面图窗的修改示例

5.3　创建和编辑带属性图块

除了创建普通图块之外，AutoCAD 允许为图块附加一些文本信息，以增强图块的通用性，这些文本信息称之为属性（Attribute）。如果某个图块带有属性，那么用户在插入该图块时可根据具体情况，通过属性来为图块设置不同的文本信息。特别对于那些经常要用到的图块来说，利用属性尤为重要。比如在建筑制图中，标高尺寸的标注，用户可以在标高符号图块中把尺寸值定义为属性，当每次插入标高尺寸时，AutoCAD 将自动提示用户输入该高度的标高尺寸数值。

5.3.1　创建带属性块

属性需要先定义后使用，定义属性有以下几种方式。

命令：ATTDEF

经典界面：绘图菜单｜块｜定义属性…

草图界面：默认选项卡｜块面板｜定义属性按钮

执行该命令后，弹出"属性定义"对话框，如图 5-15 所示。在该对话框中包含了"模式"、"属性"、"插入点"、"文字选项" 4 个区，各项含义如下。

（1）模式区。通过复选框设定属性的模式。属性模式包括以下 4 种类型。

① 不可见。选中此复选框，表示插入图块时不显示或打印属性值。

② 固定。选中此复选框，表示属性值在定义属性时已经确定是一个常量，在插入图块时，该属性值将保持不变；若不选择该复选框则表示属性值不是常量。

图 5-15　"属性定义"对话框

③ 验证。选中此复选框，表示在插入图块时，AutoCAD 对用户所输入的属性值将再次给出校验提示，要求用户确认所输入的属性值是否正确无误；如果不选择该复选框，AutoCAD 将不会对用户所输入的属性值提示校验要求。

④ 预置。选中此复选框，表示在定义属性时，用户为属性指定一个初始默认值，当插入图块时，用户可以直接回车以默认预先设置的初始默认值，也可以输入新的属性值，不选择

该复选框，表示 AutoCAD 将不预设初始默认值。

（2）属性区。设置属性参数。属性参数包括以下内容。

① 标记。定义属性时，必须确定属性的标记，不允许空格。

② 提示。作输入时提示用户的信息，以便引导用户正确输入属性值。

③ 值。可选择默认的初始属性值。

（3）插入点区。用于确定属性文本插入点。文本插入点包括以下内容。

① 拾取点按钮。在屏幕上点取某点作为插入点。

② X、Y、Z 文本框。插入点坐标值。

（4）文本选项区。用于确定属性文本选项。文本选项包括以下内容。

① 对正。下拉列表框包含了所有的文本对正类型，可以从中选择一种对正方式。

② 文字样式。下拉列表框包含了该图形中设定好的文字样式，可以选择某种文字样式。

③ 高度。右边文本框定义文本的高度；也可点取 $\boxed{\text{高度(E)<}}$ 按钮，回到绘图区，通过在屏幕上点取两点来确定高度；同样可以在命令提示行直接键入高度。

④ 旋转。右边文本框定义文本的旋转角度；也可点取 $\boxed{\text{旋转(R)<}}$ 按钮回到绘图区，通过在屏幕上点取两点来定义旋转角度或直接在命令提示行中键入旋转角度。

（5）在上一个属性定义下对齐。将属性标记直接置于定义的上一个属性的下面。如果之前没有创建属性定义，则此选项不可用。

（6）锁定块中的位置。选中此复选框将锁定块参照中属性的位置。在动态块中，由于属性的位置包括在动作的选择集中，因此必须将其锁定。

下面通过实例介绍带属性块的创建方法。

【例 5.3.1】 创建带属性的标高图块，将标高值设为属性。

（1）打开例 3.2.3 定义的标高符号图形文件"exp3-2-3.dwg"，如图 5-16（a）所示。

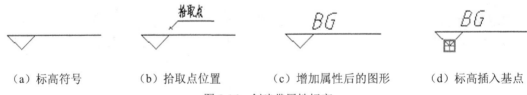

（a）标高符号　　　　（b）拾取点位置　　　　（c）增加属性后的图形　　　　（d）标高插入基点

图 5-16　创建带属性标高

（2）定义属性。单击下拉菜单"绘图｜块｜定义属性"，打开"属性定义"对话框。在"标记"文本框中键入标记名"BG"；在"提示"文本框中键入提示"请输入标高："；在"默认"文本框中键入"%%p0.000"（这里输入的是房屋相对标高的基准±0.000），如图 5-17 所示；在"对正"下拉列表框中选择对正方式"左对齐"；在"文字样式"下拉列表框中选择"尺寸标注"样式（用户自己设置的）；在"文字高度"文本框中输入文字高为 3.5；单击 $\boxed{\text{确定}}$ 按钮，退出对话框。

（3）放置属性标记。令行行"指定起点"提示下，

图 5-17　"属性定义"对话框

鼠标在如图 5-16（b）所示的标高符号左上方适当的位置单击，作为标高值的插入点。标高符号上方出现属性标记符号"BG"，如图 5-16（c）所示。

（4）在"绘图"工具条中单击创建块按钮 ，在打开的"块定义"对话框（图 5-1）中输入块名为"BG-1"，指定标高图形下尖角点为插入基点（见图 5-16（d）），鼠标窗选标高符号及属性标记 BG 作为块对象，单击 确定 按钮，完成带属性标高图块的创建。

技巧与提示

➤ 　也可以在第（4）步中输入"WBLOCK"命令，将定义的带属性标高保存为外部块"BG-1.DWG"文件以备其他图形使用。

5.3.2　插入带属性图块

在创建完带属性的图块后，用户可以使用插入"INSERT"命令，将带属性图块插入到图形对象中。下面我们通过实例介绍带属性块的应用。

【例 5.3.2】使用例 5.3.1 中定义的带属性块"BG-1.dwg"为图 5-18（a）标注相应标高。

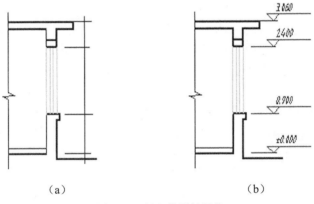

（a）　　　　　　　　　　　　　（b）

图 5-18　插入带属性图块

（1）在绘图工具条上单击插入块按钮 ，打开如图 5-6 所示的"插入"对话框。

（2）在"插入"对话框中单击 浏览(B)... 按钮，在打开的"选择图形文件"对话框中（见图 5-7）查找"BG-1.dwg"文件并选择"打开"按钮，回到"插入"对话框单击 确定 按钮，回到屏幕绘图区。命令行出现以下交互过程。

命令: _insert

指定插入点或[比例(S)/X/Y/Z/.../预览旋转(PR)]:

打开对象捕捉，在绘图区室内地坪标注处捕捉交点，则打开如图 5-19 所示"编辑属性"对话框，单击 确定 按钮，完成第一个标高标注。

（3）回车重复插入块命令，再回车重复插入"标高-1.dwg"图块。再捕捉相应的插入位置后，分别在"编辑属性"对话框，"请输入

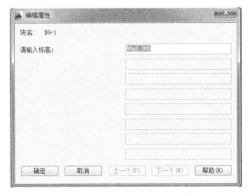

图 5-19　"编辑属性"对话框

标高："编辑框中输入 0.900、2.400、3.060 等，完成所有标高绘制，结果如图 5-18（b）所示。

5.3.3　编辑属性

对图块属性的编辑分为两种，一是对已插入到图形中的图块进行属性编辑；二是修改属性的定义。

1. 图块属性编辑

可以通过以下几种方法启用编辑图块属性命令。

命令： ATTEDIT

经典界面：（1）修改菜单｜对象｜属性｜单个

（2）修改 II 工具条｜编辑属性按钮

草图界面： 插入选项卡｜块面板｜编辑属性按钮

输入"ATTEDIT"命令后，选择要修改属性的图块，打开如图 5-19 所示"编辑属性"对话框，只能修改图块的属性值，但不能对属性的字体、字高、对齐方式、位置等参数进行更改。

后 3 种方法则可对属性的各项参数进行修改。下面通过实例演示操作过程。

【例 5.3.3】 对已插入图形中的带属性块（例 5.3.2 中标高为 3.060 的属性块），使用"增强属性编辑器"对话框进行编辑，如将其值改为 3.100。

（1）打开"修改 II"工具条（可参看 1.3.1 小节图 1-15）：在 AutoCAD 窗口已打开的任意一个工具条上单击鼠标右键，在弹出的菜单中选择"修改 II"则打开该工具条。单击"修改 II"工具条上的"编辑属性"按钮，根据提示，选择要编辑的带属性块。

（2）用户选择要编辑的标高尺寸为 3.060 的图块。一旦选择了图块，则 AutoCAD 将弹出如图 5-20（a）所示的"增强属性编辑器"对话框。

（3）在"增强属性编辑器"对话框"属性"标签下，可对属性值进行修改，如将 3.060 改为 3.100；按下"文字选项"标签，如图 5-20（b）所示的对话框，可对"文字样式"、"对正"、"高度"、"旋转"、"宽度比例"、"倾斜角度"等进行修改；按下"特性"标签，如图 5-20（c）所示的对话框，可对"图层"、"线型"、"颜色"、"线宽"等进行修改。

|　（a）　|　（b）　|　（c）　|

图 5-20　"增强属性编辑器"对话框

2. 修改属性定义

如果用户要对属性的"标记"、"提示"、"初始默认值"进行修改，可选择下拉菜单"修改｜

对象｜属性｜块属性管理器"。则打开"块属性管理器"对话框（见图 5-21（a）），单击 编辑(E)... 按钮，打开"编辑属性"对话框（见图 5-21（b）），可以在其中修改最初定义的属性。

（a）　　　　　　　　　　　　　　　　（b）

图 5-21　"增强属性编辑器"对话框

👉 **技巧与提示**

➢ 在未定义带属性块之前，可以双击属性标记，例如，双击图 5-16（c）中的"BG"属性，则弹出"编辑属性定义"对话框，如图 5-22 所示，即可修改属性定义。

图 5-22　"编辑属性定义"对话框

5.4　应用动态块

动态块具有灵活性和智能型。用户在操作时可以轻松地更改图形中的动态块参考，可以通过自定义夹点或自定义特性来操作动态块参照中的几何图形，使用户可以根据需要，直接双击该图块，进行在位调整块，而不用插入另一个块或重定义现有的块。可以通过以下几种方法执行动态图块命令。

命令：BEDIT

快捷键：BE

经典界面：工具菜单｜块编辑器

草图界面：默认选项卡｜块面板｜块编辑器按钮 🔲 编辑

快捷方式：选中块右击鼠标，在弹出的快捷菜单中选"块编辑器"命令

下面通过实例演示动态块的定义和应用。

【例 5.4-1】 定义平面图门动态块，要求插入块后可以拉伸获得不同宽度的门。

（1）绘制 45mm × 700mm 门图例。在 0 层输入矩形 RECTANG 命令，在绘图区任意拾取一点，输入右上角点为"@45,700"；输入旋转 ROTATE 命令，选择左下角点为旋转中心点，输入旋转角度为−45；输入画弧 ARC 命令，根据提示，捕捉矩形左上角点为端点，输入"C"，捕捉矩形左下角点为圆心，输入"A"，输入−45 为圆弧包含角度，结果如图 5-23（a）所示。

（2）定义 M-1 块。单击绘图工具条创建块按钮 🔲，在打开的 "块定义"对话框中，输入块名为"M-1"，指定左下角点为基点，窗选门图例，单击 确定 按钮。

（3）进入块编辑。输入块编辑器命令"BEDIT"，打开如图 5-23（b）所示"编辑块定义"对话框。在对话框的编辑框中单击"M-1"块，单击 确定 按钮，整个绘图区进入"块编辑器"模式，如图 5-23（c）所示。

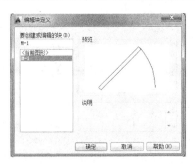
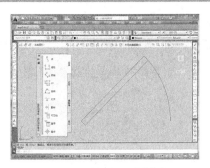

（a）门图例　　　　　（b）"编辑块定义"对话框　　　　　（c）"块编辑器"模式

图 5-23　"增强属性编辑器"对话框

（4）向动态块定义中添加参数：在"块编辑器"模式下的"块编写选项板"中单击"参数"选项卡，如图 5-24（a）所示，单击"线性"选项，在绘图区进行如下交互。

命令: _BParameter 线性	单击"线性"选项
指定起点或[名称(N)/标签(L)/链(C)/说明(D)	
/基点(B)/选项板(P)/值集(V)]:	指定门左下角点做起点
指定端点:	指定门左上角点做端点
指定标签位置:	向外拖曳到合适位置单击

结果如图 5-24（a）所示。

（5）为参数设定动作。在"块编写选项板"中单击"动作"选项卡，如图 5-24（b）所示，单击"拉伸"选项，在绘图区进行如下交互。

命令: _BActionTool 拉伸	
选择参数:	选择定义的"距离 1"为参数
指定要与动作关联的参数点或输入	
[起点(T)/第二点(S)]<起点>:	指定左上角点为拉伸点
指定拉伸框架的第一个角点或[圈交(CP)]:	如图 5-24(b)所示
指定对角点:	
指定要拉伸的对象	指定拉伸对象矩形、圆弧、"距离 1"
选择对象: 找到 3 个, 总计 3 个	
选择对象:	回车结束参数动作设定

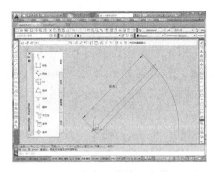
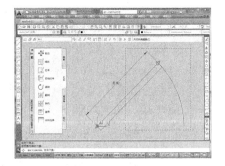

（a）定义"线性"参数　　　　　（b）对"线性"参数定义"拉伸"动作

图 5-24　动态块编辑

（6）单击"将块另存为" 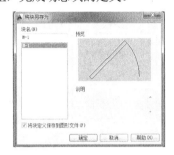 按钮（位于块编辑区工具条左上角第三个按钮），在打开的"将块另存为"对话框（见图 5-25（a））中输入块名为"M-1"，选中" ☑ 将块定义保存到图形文件(F) "复选框，在打开的"浏览图形文件"对话框（见图 5-25（b））中选择需要保存的位置及文件名，单击保存按钮，完成动态块的定义。

（a）"将块另存为"对话框　　　　（b）"浏览图形文件"对话框

图 5-25　动态块编辑

（7）单击 关闭块编辑器(C) 按钮（位于块编辑区工具条的中部），在弹出的"块-未保存更改"中选择" → 将更改保存到 <当前图形>(S) "，退出块编辑状态，回到绘图模式 。

【例 5.4-2】将例 5.4-1 中定义的"M-1"动态块插入到图形中，并编辑设定的距离参数。

（1）打开要插入"M-1.DWG"外部块的图形。

（2）在"绘图"工具条单击插入块按钮 ，在打开的"插入"对话框（见图 5-26（a））中单击 浏览(B)... 按钮，在打开的"选择图形文件"中找到外部块所在的位置，单击"打开"按钮，回到"插入"对话框，单击"确定"按钮，回到绘图区。

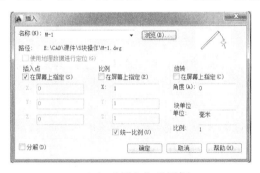
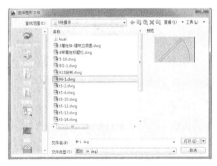

（a）"插入"对话框　　　　　　（b）"选择图形文件"对话框

图 5-26　动态块编辑

（3）绘图区出现如图 5-27（a）所示光标跟随图标，在绘图区指定插入点，完成块插入。

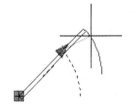

（a）门图例　　　（b）"编辑块定义"对话框　　　（c）"块编辑器"模式

图 5-27　"增强属性编辑器"对话框

（4）编辑动态块，改变门的宽度为 900mm。单击插入的门动态块，显示如图 5-27（b）所示编辑点。单击编辑点 ◢，鼠标向外拖曳（见图 5-27（c）），输入 200，则门宽度从定义的 700 变为 900。

技巧与提示

➢ 定义完成的动态块，在插图图形时，在"插入"对话框的预览框中可见一个闪电标记 ⚡，参见图 5-26（a）。

➢ 对于引用了动态块的图形文件，当再次打开文件时，系统打开提示文件中含有编写元素，用户可以根据需要选择是否直接进入"块编辑"状态，如图 5-28 所示。

图 5-28 含有动态块的图形文件系统提示

5.5 设计中心

设计中心是协同设计过程的一个共享资源库。它的功能是共享 AutoCAD 图形中设计资源，方便各种设计资源的相互调用，它不但可以共享块，还可以共享尺寸标注样式、文字样式、表格样式、布局、图层、线型、图案填充、外部参照和光栅图像；它不仅可以调用本机的图形，还可以调用局域网上其他计算机上的图形；联机设计中心还可以将因特网上的设计资源通过 I-drop 功能拖曳到当前图形中。

5.5.1 启用设计中心

通过设计中心不仅可以大大提高绘图效率，而且增加了不同阶段设计人员设计方案的协同性。

命令：ADCENTER

经典界面：（1）工具菜单 | 选项板 | 设计中心

（2）标准工具条 | 设计中心按钮 ▦

快捷键：Ctrl + 2

启动设计中心后，其工作界面如图 5-29 所示。设计中心包括三个选项卡。

（1）"文件夹"选项卡与 Windows 资源管理器类似，包括了对文件、文件夹管理，外部参照、布局等。

（2）"打开的图形"选项卡，可在预览窗口中管理打开的 CAD 图形文件及其图层、标注、图块等设置。

（3）"历史记录"选项卡，可以显示用户最近访问的文件及其路径，双击某一

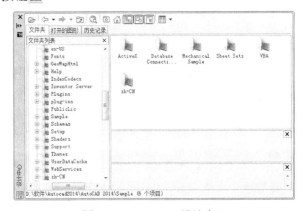

图 5-29 AutoCAD 设计中心

文件，可将该文件在树状视图目录中定位，并将其内容加载到内容显示框中。在窗口的顶部是工具栏，可进行加载、搜索等功能。

5.5.2　通过设计中心查找内容

用户可以单击设计中心窗口顶部的搜索按钮，来查找图形和其他内容。在设计中心可以查找的内容包括图形、填充图案、图层、块、外部参照、文字样式、线型、标注样式和布局等。

在"搜索"对话框中有 3 个选项卡，分别提供"图形"信息搜索、"修改日期"信息搜索和"高级"信息搜索。如图 5-30 所示为在"搜索"对话框"图形"选项卡中搜索指定类型文件。

图 5-30　在"搜索"对话框"图形"选项卡中搜索指定类型文件

5.5.3　通过设计中心从符号库中插入块

在 AutoCAD 2014 的"Sample\zh-CN\DesignCenter"文件夹中，提供了多种块符号库，可以用于建筑、机械、电路等工程图样中。通过"设计中心"从这些符号库中可以非常方便地将相应的块插入到当前图形所需的位置。

【例 5.5.3】　通过设计中心给某一传达室房间平面图配置家具图。从 AutoCAD 2014 的"Sample\zh-CN\DesignCenter"文件夹中，打开家具符号库的图形文件"home-space planner"，选择家具，例如椅子－书桌、沙发、文件柜等对象，将其插入到如图 5-31 所示的房间平面图中。操作方法如下。

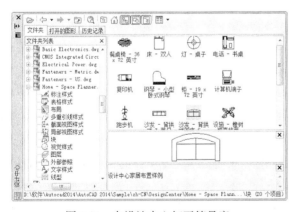

图 5-31　在设计中心打开符号库

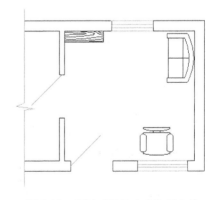

图 5-32　通过"设计中心"插入块

（1）用上述 4 种方法之一打开"设计中心"窗口，如图 5-31 所示。

（2）在"设计中心"窗口列出要插入的内容，操作如下。

① 在文件夹列表中打开需要的图形文件。根据路径"AutoCAD 2014\Sample\zh-CN\DesignCenter\ home-space planner"展开树状图（展开树状图切换按钮可在工具栏单击进

行切换）。

② 单击"home-space planner"图形文件下面的"块"，在右边窗口将显示图形中所有的块。

（3）向图形中插入块（执行以下操作之一）。

① 双击要插入图形中的块，打开"插入"对话框，然后指定插入位置、比例和旋转角度插入块。

② 将块拖放到当前图形中。如果要快速插入块而不将此块移动或旋转到精确的位置，请使用这种操作。例如，选择块"椅子－书桌"，按住鼠标左键向图 5-32 中拖曳，在适当位置松开左键插入块。

③ 鼠标右键单击需要插入的块，在快捷菜单上选择"插入块"命令，通过"插入"对话框插入块。

5.5.4 通过设计中心插入块图形文件

通过设计中心可以将使用"写块"命令保存的块图形文件或其他图形文件作为块插入到当前图形中。

【例 5.5.4】 通过设计中心将"E:\CAD\土木工程计算机辅助设计\大门-1.dwg"中已有的图块插入到图 5-33 中的 A 点处。操作方法如下。

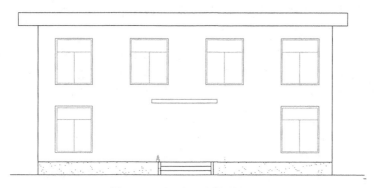

图 5-33 需要插入图块的图形

（1）打开"设计中心"窗口。

（2）单击 🔍 按钮，在屏幕上弹出如图 5-34 所示的"搜索"对话框。在该对话框的"搜索文字"一栏中选择或输入要插入的图块"大门-1"。

（3）按住鼠标左键，将名为"大门-1"的图块拖到绘图区域所在的 A 点处。命令行的提示如下：E:\CAD\土木工程计算机辅助设计\M-1.dwg。

命令: _-INSERT 输入块名或[?]:**"E:\CAD\土木工程计算机辅助设计\大门-1.dwg"**

单位: 毫米　转换: 1.00

指定插入点或[基点(B)/比例(S)/X/Y/Z/旋转(R)]:　**选定插入点为 A 点(打开"对象捕捉")**

输入 X 比例因子，指定对角点，或[角点(C)/XYZ(XYZ)]<1>: ✓

输入 Y 比例因子或<使用 X 比例因子>:✓

指定旋转角度<0>:✓

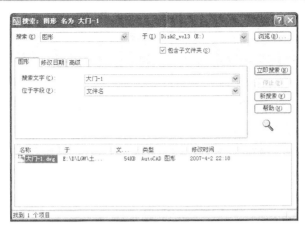

图 5-34　"搜索"对话框

结束命令，结果如图 5-35 所示。

图 5-35　插入图块后的图形

通过工具选项板也可以非常方便地将图块插入到当前图形中。

5.6　外部参照

CAD 外部参照功能使设计图纸之间的共享更方便、更快捷，使不同设计人员之间共享设计信息，提高设计准确度及专业协作效率。

当把一个图形文件作为图块来插入时，图块的定义及其相关的具体图形信息都保存在当前图形数据库中，当前图形文件与被插入的文件不存在任何关联。而当以外部参照的形式引用文件时，并不在当前图形中记录被引用文件的具体信息，只是在当前图形中记录了外部参照的位置和名字，以及图层状态，当一个含有外部参照的文件被打开时，它会按照记录的路径去搜索外部参照文件。如果外部参照原文件被修改，含外部参照的图形文件会自动更新。在建筑设计或其他行业设计中，如果各专业之间需要协同工作、相互配合，采用外部参照可以保证项目组的设计人员之间的引用都是最新的，从而减少不必要的复制及协作滞后，以提高设计质量和设计效率。

输入外部参照有如下几种方式。

命令：XREF 或 ATTACH

经典界面：插入菜单│DWG 参照或外部参照…

草图界面：插入选项卡│参照面板│附着按钮

下面通过实例介绍外部参照的操作方法及与插入外部块的比较。

【例 5.6】 在如图 5-36（a）所示建筑平面图（平面图.DWG）的左右两侧卫生间中插入如图 5-36（b）所示卫生间布置图（布置图.dwg）外部参照。之后，更改卫生间布置图如图 5-36（c）所示，观察"平面图.dwg"文件变化。

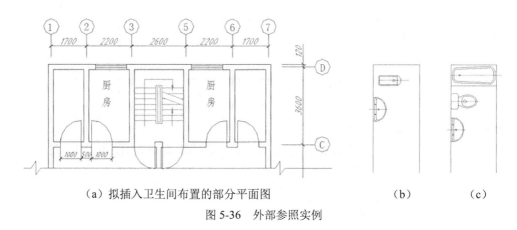

（a）拟插入卫生间布置的部分平面图   （b）   （c）

图 5-36 外部参照实例

（1）打开"平面图.dwg"，删除"卫生间"标注文字。

（2）在卫生间插入外部参照布置图：输入外部参照"xref"命令，在打开的"选择参照文件"对话框（见图 5-37）中选择"布置图.dwg"，单击"打开"按钮，打开"附着外部参照"对话框（见图 5-38），在对话框左下角选择"附着型"单选框，单击"确定"按钮。

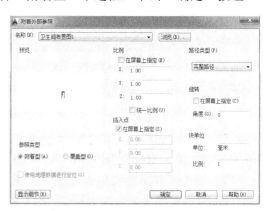

图 5-37 "选择参照文件"对话框   图 5-38 "附着外部参照"对话框

（3）回到绘图区，鼠标单击"平面图.dwg"的左侧卫生间左上角点为插入基点，完成"布置图.dwg"的外部参照。同理可进行右侧卫生间的布置图外部参照，结果如图 5-39 所示。

（4）保存并关闭"平面图.dwg"，

（5）修改被参照的图形（布置图.dwg）。打开"布置图.dwg"文件，删除原有的"蹲便"块，在相应位置插入"浴缸"、"坐便器"块，调整"洗脸池"块的位置。保存并关闭"布置图.dwg"文件。

（6）重新打开"平面图.dwg"文件，发现图形中参照的"布置图.dwg"已自动更新。

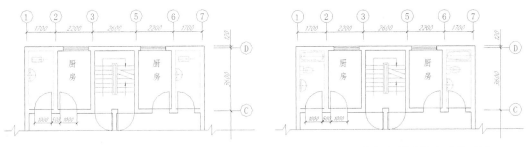

（a）插入外部参照　　　　　　　　　　（b）外部参照图修改后的更新

图 5-39　插入外部参照

技巧与提示

➢　使用统一版本的绘图软件，也对顺利使用外部参照功能有着不可忽视的作用，因为外部参照功能在不同版本中有所不同。否则，会影响其他专业的绘图速度，从而影响了整个项目组的整体效率。

➢　外部参照文件的基准点（BASE）是协同设计的基础，各专业应统一默认外部参照的基准点为（0,0,0）点，即建筑首层平面 1、A 轴的交叉点。

➢　外部参照文件的 0 层不应有任何内容。因为使用外部参照时，当前文件中的 0 层及 0 层上的属性（颜色和线型）将覆盖外部参照文件的 0 层及 0 层上的属性。

➢　如果不需要外部参照文件时，不要直接删除该文件，应该利用外部参照管理器中的"拆离"按钮来取消外部参照文件。

➢　与块一样，外部参照文件也可以改变文件的比例因子、旋转角等。

➢　被引用的图形文件名不能和当前文件的块名相同，否则引用不上。此时只能修改块名再引用。

思 考 与 练 习

1．概念题

（1）图块的定义是什么？有哪些特点？

（2）如何创建图块？哪一种方法创建的图块也可以在其他图形中打开？

（3）如何创建单位块？在什么情况下使用单位块最简捷？

（4）如何替换一个已定义的图块？有何意义？

（5）什么是图块的属性？如何定义图块的属性？

（6）如何插入图块？插入图块的方法有哪些？

（7）如何使用设计中心插入图块？

2．练习题

（1）创建一个建筑施工图常用的符号库，包括如图 5-40 所示的符号。

（a）4 个方位的标高尺寸　　　　（b）轴线编号

图 5-40　创建建筑图常用符号

提示：

① 标高尺寸。标高符号的基本尺寸如图 5-41 所示；创建块"拾取点"时选择两直角边的交点。

② 轴线编号圆的直径为 8mm；水平方向的轴线编号，一般是 1、2、3…，创建块"拾取点"时选择上象限点，垂直方向的轴线编号，一般是 A、B、C…，创建块"拾取点"时选择右象限点。

图 5-41　标高符号基本尺寸

③ 利用创建的带属性的建筑标高尺寸，参照图 5-42（a）标注图 5-42（b）的标高尺寸（提示：插入块时插入点捕捉交点）。

（2）创建建筑立面图中常用的门窗图块各一个，样式、尺寸读者自定。

（3）创建带属性的标题栏块，并插入 A2 图框，定义为 A2 标题栏块。

（4）通过设计中心将"床"、"书桌"等有关家具图插入到如图 5-43 所示传达室休息房间的平面图中。

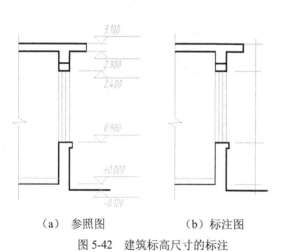

（a）参照图　　　（b）标注图

图 5-42　建筑标高尺寸的标注

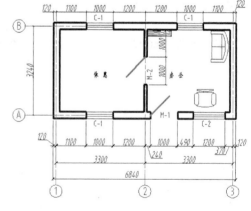

图 5-43　通过设计中心插入图块

第 6 章　在图形中添加文字和表格

本章将介绍文字样式的设置、文字的标注和编辑。表格样式的设置、创建和修改表格的基本方法，及在表格中插入块、表格中的公式计算等内容。

6.1　文字标注命令

对工程图进行文字标注、技术说明及明细表的书写和编制是繁重而重要的工作，美观而规范的工程字体和表格，是工程文件的重要组成部分。在 AutoCAD 中可以用 Text、Mtext 和 Leader 命令在图中轻松标注各种文字。利用 TABLE 命令建立整洁美观的表格。

文字标注命令分为单行文字输入 Text 命令和多行文字输入 Mtext 命令等。另外还可以将外部文字文件导入到 AutoCAD 中。对文字还可以进行拼写检查。

6.1.1　AutoCAD 可以使用的文字类型及国标规定

1．AutoCAD 中可以使用的文字类型

AutoCAD 中可以使用的文字类型包括以下两种。

（1）形（SHX）字体：AutoCAD 使用编译形（SHX）来书写文字。形字体是矢量字体，具有字形简单，占用计算机资源低的特点，矢量字可以无级缩放而保持笔画线条光滑。形字体文件的后缀是.shx。其中，为中国用户提供的符合国家标准的工程字体有 gbenor.shx、gbeitc.shx 及 bgcbig.shx 等。前两种为西文字体文件，后一种为中文长仿宋大字体文件。这三种字体高宽比均为 2：3。

（2）TureType 字体：在 Windows 操作环境下，AutoCAD 可以直接使用由操作系统提供的 TureType 字体文件。TureType 字体是点阵字体，点阵字体放大后笔画边缘呈锯齿状，不光滑。包括宋体、黑体、楷体、仿宋体等。

技巧与提示

➢　用 AutoCAD 绘制工程图时，建议使用矢量字体——形字体。

➢　图 6-1 是文字高度和宽度相同时，采用不同字体样式在 AutoCAD 中注写文字对比。我们可以看到图 6-1（a）和图 6-1（b）满足国标注写汉字和数字字母的要求。而图 6-1（c）

和图 6-1（d）是早期没有"gbeitc.shx"及"bgcbig.shx"字体样式时，推荐使用的在 AutoCAD 中注写汉字和字母数字的"仿宋"及"isocp.shx"字体样式，其中"仿宋"样式注写的文字不是长仿宋，虽然可以通过设定文字宽度系数 0.7 来满足要求，但是该字体是点阵填充字体，当放大时与工程矢量图形不匹配；"isocp.shx"样式基本满足国标要求，但个别字符书写不满足要求，如小写字母 a。

工程设计人员在使用*AutoCAD* 绘图时
应按照国标规定的文字样式注写
提高图面质量

1234567890
abcdefghijklmnopqrstuvwxyz
ABCDEFGHIJKLMNOPQRSTVUWXYZ

（a）"bgcbig.shx"大字体样式　　　　　　（b）"gbeitc.shx"西文字体样式

工程设计人员在使用AutoCAD 绘图时
应按照国标规定的文字样式注写
提高图面质量

1234567890
abcdefghijklmnopqrstuvwxyz
ABCDEFGHIJKLMNOPQRSTVUWXYZ

（c）"仿宋"字体样式　　　　　　　　　（d）"isocp.shx" 字体样式

图 6-1　几种字体样式在 AutoCAD 中注写文字对比

2. 国标中对字体字高的规定

按照国家制图标准的要求，图纸中的所有文字都应写成长仿宋字体，字高应从 2.5mm、3.5mm、5mm、7mm、10mm、14mm、20mm 系列中选用。长仿宋字体的宽高比为 2：3。

制图标准还规定尺寸文字应从文字的基线逆时针方向上倾斜 75°，即从文字基线垂直方向沿顺时针倾斜 15°，因此，建议用户在使用 AutoCAD 绘图时，至少定义三种字体样式：注写图名、设计说明等的汉字字体，建议使用"bgcbig.shx"字形文件；注写英文字母和数字的字体，建议使用"gbetic.shx"字形文件；以及注写尺寸标注中的英文及数字的倾斜 15°的字体，建议使用"gbenor.shx"字形文件。

技巧与提示

➢ 很多工程设计人员不注意国家制图标准的规定，在设计图中采用不规范的字体样式，甚至随意指定字高，不仅影响图面质量，也与国标相违背，在此希望读者加以重视。

➢ gbcbig.shx 是 AutoCAD 软件的大字体，如果读者当前的 AutoCAD 软件中没有该字体文件，可以下载该字体文件，解压后，把该字体文件放到您的 AutoCAD 软件的安装目录下的"FONTS"目录下。

6.1.2　设置字体的样式

AutoCAD 能以多种字符图案或字体创建文字。在不同的场合会使用不同的文字样式，所以设置不同的文字样式是标注文字的首要任务，之后可以利用创建的字体样式和 TEXT、MTEXT 或者 LEADER 命令标注各种文字。

文字样式定义了该类型所使用的字体、高度、宽度系数等。如果标注的文字是英文，可以采用某种英文字体；如果标注的文字是汉字，必须采用 AutoCAD 支持的某种汉字字体或大字体。定义文字样式的命令如下。

命令：STYLE

快捷键：ST

经典界面：（1）格式菜单｜文字样式…

（2）样式工具条｜文字样式按钮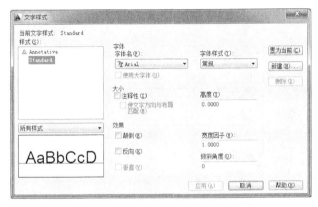

草图界面：默认选项卡｜注释面板｜注释折叠按钮 注释 ▼ ｜文字样式按钮

以上方法均可打开"文字样式"管理器，如图 6-2 所示。

在对话框中既可以使用已有类型，也可以生成新类型。在这个对话框中可以为样式命名、指定字体、控制样式选项以及观察样式设置的结果。该对话框包含了样式名区、字体区、效果区、预览区等。对话框中各项含义如下。

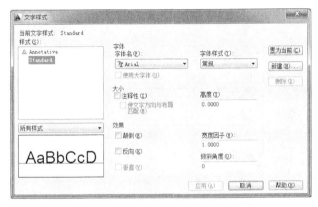

图 6-2　文字样式对话框

1. 样式列表框

显示所有文字样式。其中列出了所有已建立的样式名。选择相应的样式后，其他项目显示该样式的设置。若还未定义过字体样式，则 AutoCAD 自动定义的 STANDARD 样式为默认的文字样式，并默认其为当前字体样式，采用的字体为 Arial，该文字样式不可以删除。

在样式列表框中文字样式上单击右键，可以将该文字样式置为当前、重命名、删除等操作。如图 6-3（a）所示。

（a）样式列表框快捷菜单

（b）新建文字样式对话框

图 6-3　文字样式

2. 功能按钮

（1） 新建(N)... 。单击新建按钮，将显示如图 6-3（b）所示的新建文字样式对话框，默认的新样式名称是样式 1，单击确定按钮即接受默认值，新建文字样式对话框随之关闭，样式 1

显示在样式名称编辑框中成为当前样式。如果要更改样式名，当它高亮度显示时，键入你所希望的名字即可，比如在编辑框中键入"工程字体"，然后按确定按钮关闭对话框，样式 1 就被替换成"工程字体"。

输入的文字样式名最好采用"见名知意"的原则，使之与随即选择的字体对应起来或与它的用途对应起来。

（2）置为当前(C)。选中样式列表框中某一样式名，单击该按钮，则将选中样式名置为当前样式。也可以直接在图 6-3（a）样式名快捷菜单中设置。

（3）删除。删除一个文字样式。在图形中已被使用的文字样式不能被删除，同样 STANDARD 样式不可被删除。也可以直接在图 6-3（a）样式名快捷菜单中设置。

3．字体及大小

（1）字体名下拉列表框 Arial。在 AutoCAD 中，Style 命令可以使用计算机中的所有字体。必须是已注册的 TrueType 字体和编译过的形文件才会显示在该列表框中。默认的 txt.shx 字体是一种非常简单的字体，其字母仅由单一的直线段构成，这种简单的字体在生成和打印时的速度都很快。

定义文字样式时要做的第 2 件事是选择字体。输入文字样式名称之后，点选字体名称下拉列表框旁边的向下箭头，可以打开 1 个包含所有可用字体的下拉式列表。用户可以滚动下拉列表并在其中点选了某种字体后，如"gbetic.shx"字体，该字体的名称显示在下拉列表框中，同时该种字体的样例显示在预览框中。

（2）高度 0.0000。用于指定字体的高度。如果在这里指定了高度值，用这种文字样式创建的所有文字内容都会具有相同的字高。假如，图形中所有"工程文字"样式的文字都有相同的高度，就可以在 Style 命令中设置高度值。在 Style 命令中设定了高度值后，就不必在每次应用这一样式输入文字时再次指定高度。

4．效果

（1）颠倒。以水平线作为镜像轴线的垂直镜像效果，如图 6-4（a）所示。

（2）反向。以垂直线作为镜像轴线的水平镜像效果，如图 6-4（a）所示。

（3）垂直。文字垂直书写。对 TrueType 字体而言，该选项不可用。

（4）宽度比例 1.0000。字体的宽高比决定了文字显示或打印的形状，宽高比的默认值设为 1，这时的文字宽度与其高度相等，如图 6-4（c）所示。工程制图中的仿宋字体，通常采用长字形，如果所选字体样式本身不是长形字体，可选用宽度比例为 0.67。

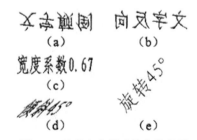

图 6-4　几种文字样式设定的效果

（5）倾斜角度 。设定文字的倾斜角度。这一选项允许文字倾斜偏离竖直方向，默认值为 0°，即文字处于正常位置，每一字符的竖画保持竖直状态。输入正的角度值会使文字向右偏斜，输入负值使得文字向左偏斜。角度范围为−85°～85°，如图 6-4（d）所示。

5．其他

（1）应用(A)。将设置的样式应用到图形中。点取该按钮后，取消按钮变成关闭(C)。

（2）取消。在应用之前可以通过该按钮放弃前面的设定。

（3）关闭(C)。关闭该样式设定对话框，最后选定的样式成为当前文字标注样式。

（4）帮助(H)。获得文字样式对话框使用的帮助。实际上当用户将光标停留到对话框中需要获得帮助的位置时，系统都会显示相关操作的实时提示与帮助。

📖 技巧与提示

➢　AutoCAD2014 中使用大字体矢量文件：定义中文字体样式时，有时在字体名下拉列表框 Ṫ Arial 中看不到 gbcbig.shx 等大字体文件名，☐使用大字体(U) 复选框呈灰色。这时应首先在字体名列表框中选择一个.shx 字体文件，如 gbeitc.shx，然后在 ☑使用大字体(U) 复选框前勾选。字体样式列表框变成了大字体列表框 ✎ gbcbig.shx ，可在其中选择需要的大字体文件如 gbcbig.shx。

但是还应注意，勾选后字体名列表框中就只有.shx 字体文件了，如果还要继续定义使用仿宋、黑体等 TureType 字体，还需撤销复选框 ☑使用大字体(U) 的勾选状态，才能在字体名下拉框中重新看到这些 TureType 字体文件。

➢　垂直书写的文字样式：在定义字体样式时，如果选择的是以"@"符号开头的字体名称，可以设置垂直书写的字体样式。应用该字体样式时，需要选择旋转 270°。

➢　设定 0 字高：在实际写入文字时，通常使用 Dtext 命令中的"字高"选项控制字高。如果在这里指定了高度，用 Dtext 和 Text 命令写入该样式的文字时，命令序列中的"字高"选项就会被取消掉。如果将这里的高度值设为 0，那么每次应用该样式时都会提示被输入文字高度值，这样，定义一种字体样式后，可以注写不同高度的文字。

【例 6.1.2】　建立通用"工程字体"样式，注写汉字显示"gbcbig.shx"字体，在注写数字字母时，显示"gbetic.shx"字体。

（1）在命令提示窗口输入"ST<Enter>"，弹出如图 6-2 所示"文字样式"对话框。

（2）单击新建(N)...按钮，弹出如图 6-3（b）所示"文字样式"对话框，在样式名编辑框中输入"工程字体"。单击确定按钮回到"文字样式"对话框。

（3）单击"字体名"下拉文字框右边向下的小箭头，弹出字体列表，选择一个.shx 字体文件，选择"gbetic.shx"字体样式，勾选 ☑使用大字体(U) 复选框，这时字体样式列表框变成了大字体列表框。

（4）在大字体列表框中选择"gbcbig.shx"，宽度因子编辑框保持 1 不变（该字体本身是长型字体），文字高度编辑框保持 0 不变（便于以后用该字体样式注写不同高度的文字）。

（5）先单击应用(A)按钮，再单击关闭(C)按钮。完成"工程字体"样式定义。

📖 技巧与提示

➢　在上例第（3）步"选择一个.shx 字体文件"时，如果选择"gbetic.shx"或"gbenor.shx"字体样式，则该"工程字体"样式既可标注符合国标的中文字体，也可标注西文字母和数字。如果选择了其他.shx 字体文件，定义完成的"工程字体"将不能用于符合国标的西文字母和数字的标注。

6.1.3　单行文字的创建与编辑

1．单行文字的创建

在 AutoCAD 2014 中，Text 和 Dtext 命令功能相同。可以输入若干单行文字，并可进行旋转、对正和大小调整。单行文字输入过程中可以根据需要回车换行，每行文字是一个独立的对象。输入文字结束后按<Enter>键结束 Text 命令。创建单行文字的命令如下。

命令：TEXT 或 DTEXT

快捷键：DT

经典界面：绘图菜单｜文字｜单行文字

草图界面：默认选项卡｜注释面板｜文字折叠按钮 　｜单行文字按钮

命令及提示：

命令: text

当前文字样式: Standard　　文字高度：　2.5000　注释性：否　对正：左

指定文字的起点或[对正(J)/样式(S)]: **s**✓

输入样式名或[?]< Standard >:

指定文字的中心点　或[对正(J)/样式(S)]: **j**

输入选项[左(L)/居中(C)/右(R)/对齐(A)/中间(M)/布满(F)/左上(TL)/中上(TC)/右上(TR)/左中(ML)/正中(MC)/右中(MR)/左下(BL)/中下(BC)/右下(BR)]:

操作步骤如下。

输入 Text 或 Dtext 命令后有 3 个选项。

（1）指定文字起点。指定开始写入文字的位置。用鼠标指定一个点作为文字左下角所处的位置，这种文字放置方式称为左端对齐（默认方式）。如果前面已输入过文字，此处以回车响应起点提示，则使用前面设定好的参数，同时起点自动定义为最后绘制文字的下一行。

（2）对正（J）。选择该选项，出现以下提示。

指定文字的中心点　或[对正(J)/样式(S)]: **j**

输入选项[左(L)/居中(C)/右(R)/对齐(A)/中间(M)/布满(F)/左上(TL)/中上(TC)/右上(TR)/左中(ML)/正中(MC)/右中(MR)/左下(BL)/中下(BC)/右下(BR)]:

在 AutoCAD 中，假设文字写在如图 6-5 所示的方框中，文字可以以其中任意一种对正方式作为基本点从而决定文字位置。

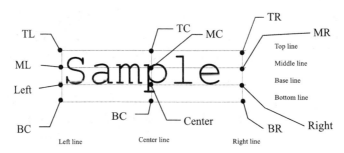

图 6-5　AutoCAD 中的文字

下面介绍几种常用的对齐方式。

① 左（L）。默认对齐方式。即以 Left line 与 Base line 的交点作为对齐点。

② 居中（C）。可以将文字行以指定点为基线中点排列。

③ 右（R）。右端对齐（Right）方式与默认的左端对齐方式刚好相反。

④ 对齐（A）。以 Base line 的起点和终点的两端对齐的方式。使用该方式有两方面好处。首先是用户选取起止点时就可以使文字与倾斜实体对齐，类似于使用"旋转"选项，当不知道确切的旋转角度时，使用该选项更加方便。其次是文字行的起点和终点都由用户准确地控制。相应地也产生一个缺陷，那就是文字的高度要由起止点之间所放入的文字数量来决定。放入文字越多，字高越小，如图 6-6（a）所示。

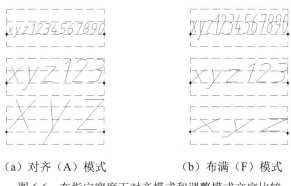

（a）对齐（A）模式　　　　　　（b）布满（F）模式

图 6-6　在指定宽度下对齐模式和调整模式文字比较

⑤ 布满（F）。调整对齐方式与两端对齐方式很近似，也是以 Base Line 的起点和终点的两端对齐，但在写入文字之前可以指定一个字体高度值，用这种方式写入的多行文字保持相同的高度，但是字母宽度不同，如图 6-6（b）所示。

⑥ 中间（M）。与中心对齐类似，不同的是文字行在水平和垂直两个方向上都以指定点为中心。

（3）样式（S）。选择该选项，出现以下提示。

输入样式名或[?]<Standard>：

输入将要书写文字的样式名（必须是 Style 命令已定义的样式名）。在使用 Style 命令创建其他文字样式之前，Standard 是默认的样式，直接键入<Enter>即选择了该选项。选择问号（？）选项，则窗口中列表显示已经设定的样式。

【例 6.1.3-1】 根据上节例题中设置的"工程中文"文字样式，用 Text 命令标注如图 6-7 所示文字。

命令: **TEXT**✓	命令行输入 TEXT 命令
当前文字样式： Standard 文字高度： 2.5000	提示当前文字样式
指定文字的起点或[对正(J)/样式(S)]:**s**✓	选择"样式(S)"选项
输入样式名或[?]< Standard >:**工程字体**✓	置上例定义的"工程字体"为当前文字样式
指定文字的起点或[对正(J)/样式(S)]:	指定文字起点(默认采用左下角点)
指定高度<2.5000>: **3.5**✓	定义字高为 3.5
指定文字的旋转角度<0>:✓	回车使用默认值 0-旋转 0 角度

输入文字: **AutoCAD 2014 中文版** ✓   由键盘输入文字并回车结束本行

输入文字: **TEXT 命令** ✓   输入文字并回车，本行文字与上行对齐

输入文字: **文字输入练习** ✓   输入文字并回车(也可用鼠标拾取新起点)

输入文字: ✓   回车结束命令

从图 6-7 可以看出，一次执行 TEXT 命令可以在图中多处放置单行文字，这样可以保持同一张图中文字标注的一致性；也使文字标注更加快捷方便。

技巧与提示

➢   如果使用 Style 设置了多组文字样式，在老版本中必须在输入 Text 命令后，选择"样式（S）"选项来切换，在 AutoCAD 2006 以后的版本，可以直接在"样式"工具栏中切换。如图 6-8 所示。

➢   当进行中英文混合输入时，可以用<Ctrl>+<空格>组合键在中英文输入法间切换。

图 6-7   标注文字练习   图 6-8   "样式"工具栏条切换文字样式

2．单行文字的编辑

在将文字正式写入图中成为图形的一部分之前，可以用退格<Backspace>键进行修改。已经写入图中的文字，如果只需要修改文字的内容而无需修改文字对象的格式或特性，则使用 Ddedit 命令。如果采用"特性"编辑对话框，还可以同时修改文字的其他特性，如样式、位置、图层、颜色等。在新的 AutoCAD 版本中，只需直接双击使用 Text 命令所写的文字即可在 Ddedit 的"在位编辑器"中修改文字。下面通过实例介绍在位编辑文字的操作方法和步骤。

【**例 6.1.3-2**】利用单行文字在位编辑功能将本章图 6-7 中的文字改为如图 6-9 所示的形式。

操作步骤如下。

（1）整行文字修改。在第二行文字上双击鼠标左建，进入 Ddedit 命令在位编辑状态，输入"单行文字命令"字样。则将原文字"TEXT 命令"字样完全替换。按<Enter>键结束本行文字编辑。

图 6-9   在位编辑文字

（2）部分文字修改。在第三行文字上三击鼠标左键，提示标记变为"Ｉ"状态，移动"Ｉ"标记到需要修改的原文字"输入"处，删除该文字，键入"编辑"，按<Enter>键结束本行文字编辑。

技巧与提示

➢   如果采用特性编辑器，还可以同时修改文字的其他特性，如样式、位置、图层、颜色等。请参考 4.6 小节的详细操作方法。

6.1.4　单行文字中的特殊字符输入

在工程绘图中，经常要标注一些特殊字符，如表示公差的±、表示直径的φ等，这些特殊字符不能直接从键盘上输入。可通过键入一组由两个百分号（%）字符作引导符的字母编码来实现。AutoCAD 中常用的特殊字符代码如表 6-1 所示。

表 6-1 特殊字符代码

控制码	对应特殊字符及功能
％％C	绘制直径符号 φ
％％D	绘制角度符号°
％％P	绘制正/负符号±
％％O	开始/关闭文字上画线
％％U	开始/关闭文字下画线
％％％	绘制%
％％nnn	绘制 ASCII 代码为 nnn 的字符

【例 6.1.4】用控制码输入如图 6-10 所示文字。

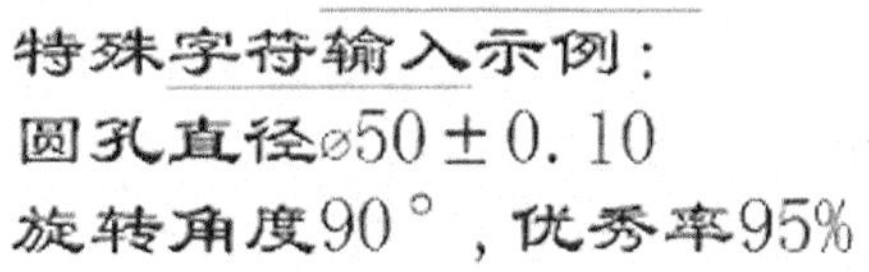

（1）定义"隶书"文字样式：参考例 6.1.2。其中新建文字样式名为"隶书"，对应字体名为TureType 字体文件"华文隶属"。

（2）通过 Text 命令输入文字，其命令交互过程如下。

命令：TEXT↙

当前文字样式：Standard　文字高度：2.5000

指定文字的起点或[对正(J)/样式(S)]：**s**↙

输入样式名或[?]<Standard>：**隶书**↙

指定文字的起点或[对正(J)/样式(S)]：拾取文字左下角点

指定高度<2.5000>：**3.5**↙

指定文字的旋转角度<0>：↙

输入文字：**特殊%%U 字符%%O 输入%%U 示例**↙

输入文字：**圆孔直径%%C50%%P0.10**↙

输入文字：**旋转角度 90%%D,优秀率 95%%%** ↙

输入文字：↙

特殊字符输入示例：
圆孔直径⌀50±0.10
旋转角度90°，优秀率95%

图 6-10　用控制码输入文字

6.1.5　多行文字的创建与修改

（1）多行文字的创建

在图形中间或其周围写一些局部的说明，如建筑平面图中客厅、卧室、厨房等文字的注写，用 Text 命令就很方便了。但是用 Text 命令创建的大段文字，如果需要移动或改变尺寸时，编辑起来就很麻烦了。用 Mtext 命令创建多行文字可以在"多行文字编辑器"对话框中创建，它为创建和编辑文字提供了更大的灵活性。使用 Mtext 就好像在 AutoCAD 中使用一个文字处理程序，在编辑图形时，用 Text 命令写入的每一行文字都是一个单独的对象，而用 Mtext 命令写入的多行文字只是一个对象。多行文字还可以很轻松地为文字加下划线或者在同一段文字中使用不同的字体、颜色、高度。Mtext 更适合输入或编辑大段的文字。多行文字的创建有以下 3 种方式。

命令：MTEXT 或 MT

经典界面：（1）绘图菜单｜文字｜多行文字

（2）绘图工具条｜多行文字按钮 **A**

草图界面：默认选项卡｜注释面板｜文字折叠按钮 📷｜多行文字按钮 **A** 多行文字

命令及提示：

命令：_mtext

当前文字样式: "Standard"。文字高度: 3.5

指定第一角点:

指定对角点或[高度(H)/对正(J)/行距(L)/旋转(R)/样式(S)/宽度(W)/栏(C)]:

可用上述任意方法输入命令，默认状态下，AutoCAD 会等待输入第 1 个角点，当拖动鼠标方框指定第 2 个角点的同时，有一个箭头显示在屏幕上，指出文字行在框中的排列方向。用光标选择第 2 个点为 AutoCAD 提供一个放置文字的窗口区。指定的窗口的宽度将是文字段的宽度，超出该宽度的文字将会被折行，在窗口内向上或向下继续书写。一旦确定了第 2 个角点，便打开如图 6-11 所示的"文字格式"对话框。

图 6-11　多行文字编辑器

该对话框包含了如下主要操作。

① 文字样式列表框 仿宋 ▾。使整个多行文字编辑器采用 STYLE 命令已定义好的文字样式。

② 字体下拉列表框 仿宋_GB2312 ▾。为新输入的文字指定字体或改变选定文字的字体。使用 MTEXT 的过程中，可以在任何时候，甚至在句子的中间改变文字样式。图 6-10 文字区

显示的是在同一个命令序列中更改文字的示例。

③　高度列表框 20。显示当前字体的高度。可以通过点取向下的箭头重新选择，或直接通过键盘输入新的高度。

④　B I U Ō ↶ ↷ 6 个按钮依次为字体"加粗"、"斜体"、"下划线"、"上划线"、"放弃"与"重做"。

⑤。将文字中的分数采用上下堆叠形式表示。

⑥　■。设定文字颜色。

⑦。打开/关闭标尺按钮。像在 WORD 中的应用一样，在文字编辑器顶部显示标尺，可直接设置首行缩进、制表位设置等操作。

⑧。单击选项按钮，弹出如图 6-12 所示的快捷菜单，可以选择插入文字、符号、查找和替换等选项。

⑨。分别为文字分栏和多行文字对正按钮。

⑩。一组文字对齐方式选择按钮。

⑪。与 WORD 中的应用类似，行距及项目符号按钮。

⑫　@。输入特殊符号。即标准键盘不能直接键入的字符。单击该按钮，弹出如图 6-13 所示的特殊符号输入快捷菜单。

图 6-12　选项按钮的快捷菜单

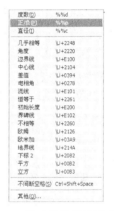

图 6-13　特殊符号的快捷菜单

⑬　0/0.0000。定义文字的倾斜度。

⑭　a·b 1.0000。追踪设定字间距。设置>1 增大字间距，设置<1 减小字间距。

⑮　1.0000。设定文字宽度比例。

（2）多行文字的编辑

对于多行文字的编辑，也可以使用 Ddedit 和特性对话框来编辑文字、修改格式和其他特性。

技巧与提示

➤　在新的 AutoCAD 版本中，只需直接双击使用 Mtext 命令所写的文字即可在"文字格式"编辑器中修改文字、修改格式和其他特性。

➤　结束多行文字书写和编辑，可以单击"文字格式"编辑器中的 确定 按钮，也可以直接单击绘图区空白处。

6.1.6　多行文字中的文字堆叠输入

使用堆叠方式，可以指定水平分数、斜分数、上下堆叠文字 3 种样式。选定文字中必须包括斜杠（/）、井字符号（#）或插入符（^）。

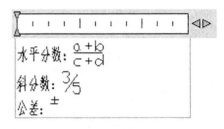

例如，希望创建 $\frac{a+b}{c+d}$，则可首先输入 "a + b/c + d"，再选择该文字，然后单击 按钮；如果希望创建斜分数 $\frac{3}{5}$，则先输入 "3#5"，再选择该文字，然后单击 按钮；如果希望创建上下堆叠文字"±"，则先输入"+^-"，再选择该文字，然后单击 按钮；最终结果如图 6-14 所示。

图 6-14　使用堆叠方式示例

6.1.7　通过外部文件输入文字

在工程设计中，经常要标注、编辑和修改大块常规文字，如技术要求、说明书等。对于一个部门或行业来说，某一类产品的技术要求、说明书等往往格式相同，内容相似。如果每个图形文件中的文字都要用 Text 和 Mtext 来标注书写大块文字的话，实在是费事又费力。

AutoCAD 2014 在多行文字编辑器中，可以直接将其他编辑器下的 TXT 和 RTF 文件导入到该对话框中，结果和在该对话框中键入文字一样。要求文件大小不得超过 32KB。

下面通过实例演示通过外部文件输入文字的方法和技巧。

【例 6.1.7】利用 MTEXT 命令，通过外部文件输入文字。

（1）首先在 WORD 等字处理软件下建立一个技术说明文件（内容自定），并保存为.rtf 或.txt 格式（如\autocad2014\CAD 文档\技术说明.rtf）。

（2）在绘图工具栏中单击多行文字按钮 A。

（3）根据系统提示，在绘图区指定放置文字的窗口区域。

（4）在打开的多行文字编辑器中单击鼠标右键，在弹出的快捷菜单中选择"输入文字…"。

（5）弹出如图 6-15 所示的"选择文件"对话框。

图 6-15　利用 MTEXT 命令，通过外部文件输入文字

（6）在相应路径下选择"技术说明.rtf"文件，单击 [打开(O)] 按钮，"技术说明.rtf"文件的文字被导入多行文字编辑器中。

（7）在多行文字编辑器中调整相应选项，单击 [确定] 按钮。完成操作。观察绘图区域，技术说明文件内容已被直接输入到绘图区。

6.2　表格

工程图纸中需要绘制大量的明细表格，AutoCAD 2005 以后的版本中可以自动创建既方便又快捷的图纸表格，而不必使用单独直线和文字对象手动创建表，大大提高绘图效率和美观程度。

6.2.1　设置表格样式

可以利用以下方式启动命令，设置多种需要的表格样式以备使用。

命　令：TABLESTYLE

经典界面：（1）格式菜单｜表格样式…

　　　　　　（2）样式工具条｜表格样式按钮

草图界面：默认选项卡｜注释面板｜注释折叠按钮 [注释 ▼] →表格样式按钮

以上方法均可打开如图 6-16 所示的"表格样式"对话框。在对话框中既可以使用已有类型，也可以生成新类型。在这个对话框中可以设置当前表格样式，创建、修改和删除表格样式及观察样式设置的结果。下面通过实例介绍设置表格样式的方法和步骤。

【例 6.2.1】 新建"明细表"表格样式。

（1）单击样式工具栏上设置表格样式按钮。

（2）在打开如图 6-16 所示的"表格样式"对话框中单击新建按钮 [新建(N)...]。

（3）在打开如图 6-17 所示的"创建新的表格样式"对话框中为新表格样式命名，如命名为"明细表"，单击 [继续] 按钮。打开"新建表格样式"对话框。

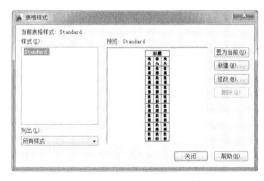

图 6-16　"表格样式"对话框　　　　图 6-17　"创建新的表格样式"对话框

（4）在打开如图 6-18 所示的"新建表格样式：明细表"对话框中包含了对表格标题、列标题和表格数据的有关参数，可以通过"常规"、"文字"、"边框" 3 个标签来设置表格中的数据格式、文字样式、边框等参数，如图 6-19 所示。

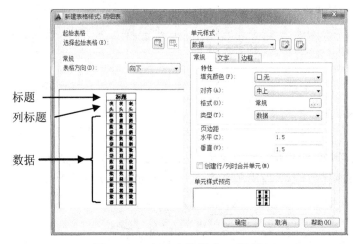

图 6-18　"新建表格样式"对话框

（a）"常规"标签

（b）"文字"标签

（c）"边框"标签

图 6-19　设置表格参数

（5）在"新建表格样式：明细表"对话框中单击 确定 按钮，回到"表格样式"对话框，如图 6-20 所示。其中的预览框中可见"明细表"样式名。单击"明细表"样式名，单击 置为当前(C) 按钮，单击 关闭(C) 按钮。

如果在第（2）步中单击修改按钮 修改(M)... ，将显示"修改表格样式"对话框，也可以修改已建好的表格样式。"修改表格样式"对话框与"新建表格样式"对话框中的操作选项是一样的。

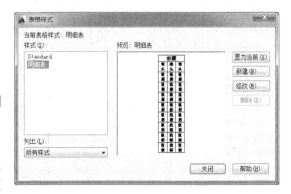

图 6-20　"表格样式"对话框

6.2.2　在图中插入表格和文本

可以利用以下方式启动命令在图中插入表格。

命令：TABLE

经典界面：（1）绘图菜单 | 表格…
　　　　　　（2）绘图工具条 | 表格按钮 ⊞

草图界面：默认选项卡 | 注释面板 | 表格按钮 ⊞ 表格

以上方法均可打开"插入表格"对话框，如图 6-21 所示。在对话框中可以选择使用已有表格样式，指定插入方式，设置列数和列宽、行数和行高。下面通过实例介绍在 AutoCAD 图中插入所需表格的方法和步骤。

图 6-21　"插入表格"对话框

【**例 6.2.2**】　在 AutoCAD 图中插入如图 6-23 所示的表格，并在表格中输入文字。

（1）单击绘图工具栏上插入表格按钮 ⊞ 。

（2）打开如图 6-21 所示的"插入表格"对话框，①在"表格样式设置"区选择 6.2.1 小节例题中建立的"明细表"样式；②选择插入方式为指定插入点方式；③设置列数为 6、列宽为 50；④设置数据行数为 2、行高为 1。

（3）单击 确定 按钮，关闭"插入表"对话框。

（4）在绘图区单击要放置表的位置。将显示"文字格式"工具栏，其中表的标题行处于编辑状态。如图 6-22 所示。

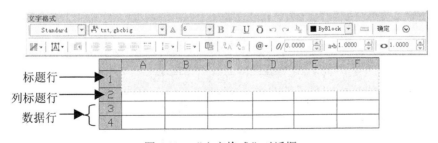

图 6-22　"文字格式"对话框

（5）在表的标题行中输入"梁板式双间阳台选用表"，按回车键结束该单元格文字输入。然后按<Tab>键，则第一个列标题行处于选中状态。使用<Tab>键和上下左右方向键，可以在表格单元格间移动。双击某个单元格，就可以在 MTEXT 文字编辑器中输入文字。

（6）完成表格中文字输入后，在表以外的位置单击以关闭"文字格式"对话框。如图 6-23 所示。

梁板式双间阳台选用表					
相邻开间尺寸 堵骨（mm）	3300+3300	3300+3600	3600+3600	3600+3900	3900+3900
240	YT24-1	YT24-2	YT24-3	YT24-4	YT24-5
370	YT37-1	YT37-2	YT37-3	YT37-4	YT37-5

图 6-23　插入表格及文字示例

技巧与提示

➢ 表格中的每一个单元格都有对应的名称，如 A2 单元格是指表中第 A 列，第 2 行所对应的单元格。

➢ 如果单元格大小不合适，可直接单击该单元格，通过拖曳夹点来修改表格位置、列宽和行高。

➢ 对于图 6-23 列标题 1 所示斜分割单元格文字的输入，可先通过夹点调整列宽和行高，双击单元格输入文字，光标移至两部分文字间，单击鼠标右键，在弹出的快捷菜单中选择"符号|不间断空格"，接着输入若干空格合理调整间隔。文字位置调整好后，单击绘图工具栏✐按钮，绘制单元格对角线即可。

➢ 对于表格中相同或相似的文本，可以使用<Ctrl>+<C>组合键复制，然后用<Ctrl>+<V>组合键粘贴到其他单元格中。

6.2.3　向表格中添加块和公式

1. 向表格中添加块

在土木构件表中，通常还需要给出简图，可以采用向表格中添加块的形式实现。下面通过实例介绍向表格中添加块的方法和步骤。

【例 6.2.3-1】 绘制如图 6-24 所示的构件钢筋表。

（1）单击绘图工具栏上绘制表格按钮▦。

构件钢筋表								
构件号	钢筋号	简图	阳台号	Y774-1 Y737-1	Y774-2 Y737-2	Y774-3 Y737-3	Y774-4 Y737-4	Y774-5 Y737-5
			L1+L2 mm	3420+3420	3420+3720	3720+3720	3720+4020	4020+4020
ytb1	①	⌐1400	规格根数	$32\phi6$	$34\phi6$	$34\phi6$	$36\phi6$	$38\phi6$
			长度	1460				
			重量	10.51	10.84	11.17	11.83	12.49
	②	450	规格根数	$76\phi8$	$78\phi8$	$80\phi8$	$84\phi8$	$88\phi8$
			长度	570				
			重量	16.81	17.75	17.70	18.50	19.47

图 6-24　插入表格及文字示例

（2）在打开的"插入表格"对话框中表格样式设置区选择"明细表"样式。确定插入方式为指定插入点方式，设置列数为 9、列宽为 35，设置数据行数为 7、行高为 1。单击 确定按钮关闭"插入表"对话框。

（3）在绘图区单击要放置表的位置。

（4）单元格合并。鼠标窗选 A2 和 A3 单元格，单击鼠标右键，在弹出的快捷菜单中选"合并单元 | 全部"完成 A2 和 A3 单元格合并。用同样的方法合并表格中相关的单元格，如图 6-25 所示。

（5）在表中输入文字。双击某个单元格，就可以使用 MTEXT 编辑器输入文字。使用<Tab>键和上下左右方向键，可以在表格单元格间移动。

（6）绘制钢筋构件简图。用多段线命令绘制如图 6-24 所示表 C3 和 C4 单元所示钢筋构件示意简图，用 TEXT 命令标注文字。

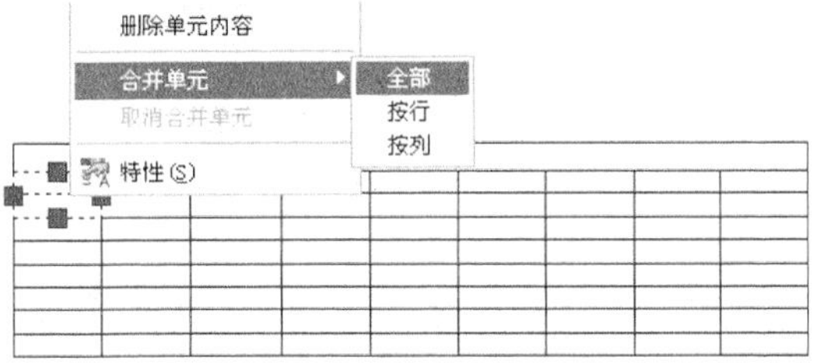

图 6-25　单元格合并

（7）将绘制的构件简图分别定义为块。单击绘图工具栏创建块按钮，在打开的对话框中命名块为"GJ1"，在绘图区指定插入基点为图形中间点，窗选构件图形及文本，单击　确定　按钮关闭块定义对话框。用同样的方法定义"GJ2"块。

（8）在表中插入块。单击要放简图 1 的单元格，然后单击鼠标右键，在弹出的快捷菜单中选"插入块"，如图 6-26 所示。在打开的插入对话框中选择插入"GJ1"，单击　确定　按钮。在表格单元中指定插入点，完成第 1 个图块插入操作。用同样的操作方法，完成块"GJ2"的插入。结果如图 6-24 所示。

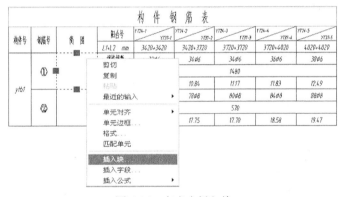

图 6-26　在表中插入块

技巧与提示

➤ 表中特殊字符的插入：在"文字格式"工具栏中单击 @ 按钮（见图 6-22），在弹出菜单中选择"直径 %%C"插入Φ。而如果要插入钢筋号"① ②"，则应在快捷菜单中选"其他…"，在打开的"字符映射表"中选"Batang"字体，从中选择需要的特殊字符。

➤ 不同精度要求的单元格设置：表格样式中统一定义了单元格精度，如果部分单元格精度有变化，如图 6-24 所示的构件"重量"精度需取小数点后两位，则可以单独设置精度。操作方法为：单击该单元格，再单击鼠标右键，在弹出菜单中选"单元格…"，在打开的"表格单元格式"对话框中选精度为"0.00"。

2. 表格中的自动计算

在 AutoCAD 以前版本中，如果表格中需要计算总和、计数和计算平均值等操作时，通常是通过 WINDOWS 的计算器算出后再填入表格。新的版本下可以直接进行简单的公式计算及定义简单的算术表达式。下面通过实例介绍向表格中添加块的方法和步骤。

【例 6.2.3-2】 在如图 6-28（a）所示的表格 E2 单元格中求和，输入 E3 单元格的值为表达式 $2 \times B2 + C2 - D2$ 的值。

（1）建立如图 6-27 所示的表格。要在 E2 表格单元格中插入公式，首先单击 E2 单元格，再单击鼠标右键，在弹出的快捷菜单中选择"插入公式｜求和"，如图 6-27 所示。

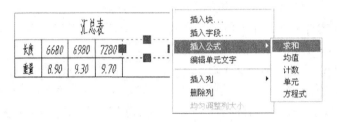

图 6-27　表格中的自动计算

（2）输入求和的单元格。可用鼠标窗选 B2、C2、D2 单元格，也可以使用"在位文字编辑器"来输入公式，即双击 E2 单元格以打开"在位文字编辑器"，然后输入用于计算的公式。如图 6-28（a）所示。

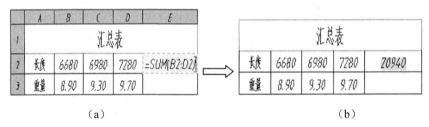

（a）　　　　　　　　　　　　　　　　　　　　　（b）

图 6-28　单元格求和计算

（3）回车结束 E2 单元格计算求和。结果如图 6-28（b）所示。

（4）双击 E3 单元格，输入"=2*B2 + C2-D2"，回车结束输入，计算结果如图 6-29 所示。

☞ 技巧与提示

➢ 在单元格中输入公式时，以"="开始，后面是用于计算的表达式。表达式是用运算符（如 + 、 - 、/、 * 、^等）将常数、单元格引用（如 C3、E2 等）和函数连接起来所构成的算式，其中可以使用括号来改变运算顺序。

图 6-29　单元格表达式计算

6.2.4　通过外部文件输入 Excel 表格

虽然 AutoCAD 提供的表格绘制功能已经较为完备，但与专业的制表软件 Excel 比起来还有诸多不便之处，因此 AutoCAD 允许用户通过接口形式输入 Excel 表格，并将其转换为 AutoCAD 的表格图元。下面通过实例演示向 AutoCAD 绘图区输入 Excel 表格的方法和技巧。

【例 6.2.4】 向 AutoCAD 绘图区输入 Excel 表格。

（1）在 Excel 中打开要复制的表格文件，用鼠标选择要绘制的区域，单击 Excel 中的"复制"按钮。将 Excel 表格复制到剪贴板。

（2）在打开的 AutoCAD 窗口中单击下拉式菜单"编辑 | 选择性粘贴（S）…"，打开"选择性粘贴"对话框，如图 6-30 所示。

图 6-30　"选择性粘贴"对话框	图 6-31　向 AutoCAD 绘图区输入的 Excel 表格

（3）在"选择性粘贴"对话框中选择粘贴为"AutoCAD 图元"，单击 ▭确定 按钮。

（4）在 AutoCAD 绘图区单击要放置表的位置。将显示"文字格式"工具栏，其中表的 A1 单元格处于编辑状态（图 6-31）。可以使用<Tab>键和上下左右方向键，在表格单元格间移动。双击某个单元格，就可以使用 Mtext 编辑器输入文字。

（5）在表格外的任意位置单击，以关闭"文字格式"对话框。完成输入表格操作。

思 考 与 练 习

1. 新版本的"在位编辑器"编辑文本时如何操作？

2. 利用 Dtext 命令输入如图 6-32 所示文字，文字高度自定。

3. 利用 Mtext 命令输入图 6-33 所示文字，文字高度自定。

图 6-32　利用 Dtext 命令输入	图 6-33　利用 Mtext 命令输入

4. 为什么有时在输入汉字时会出现"？？？？"，请说明可能的原因。

5. 绘制如图 6-34 所示索引符号。

6. 绘制如图 6-35 所示总平面图室外地坪标高符号。

7. 绘制如图 6-36 所示标题栏，并设置为带属性标题栏（图名为属性，初值：建筑平面图），分别将其插入到 A0-A4 的图框中（4.2.10 节例 4.2.10-2），并以带属性块的形式保存。

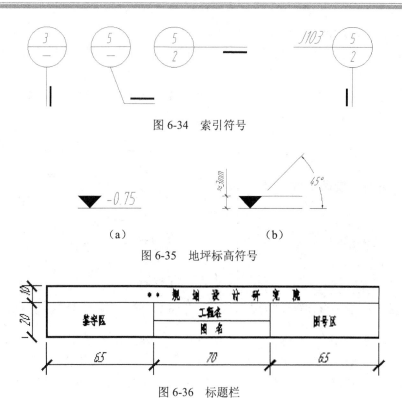

图 6-34 索引符号

（a）   （b）

图 6-35 地坪标高符号

图 6-36 标题栏

8. 在 AutoCAD 中利用 Table 命令绘制如图 6-37 所示表格。

序号	图别图号	图纸目录		
		建设单位		
		工程项目		
序号	图别图号	图纸名称	图纸尺寸	日期
1	JS-01	门窗表、建筑施工设计总说明	A2	
2	JS-02	一层平面图	A2	
3	JS-03	二层平面图	A2	
4	JS-04	①-⑨立面图	A2	
5	JS-05	⑨-①立面图	A2	
6	JS-06	1-1剖面图	A2	
7	JS-07	节点大样	A2	

图 6-37 表格

9. 首先在 Excel 中绘制图 6-37 所示的表格，参考［例 6.2.4］将该表格输入到 AutoCAD 绘图区。

第 7 章　建筑设计尺寸标注与编辑

尺寸在建筑设计和施工中占有重要的地位，建筑工程施工是根据图纸上的尺寸进行的。尺寸标注是不可或缺的重要部分，在绘图时必须保证所标注的尺寸完整、清晰和正确。本章将着重介绍建筑尺寸标注的规则、创建并管理标注样式、创建常用尺寸标注及编辑尺寸标注。

7.1　建筑设计尺寸标注的规则

尺寸标注对表达有关设计元素的尺寸、材料等信息有着非常重要的作用。利用 AutoCAD 的尺寸标注命令，可以方便快速地标注设计图中的信息。在对图形进行尺寸标注之前，首先需要对标注的基本规则、AutoCAD 中尺寸标注的基本知识有一个初步了解和认识。

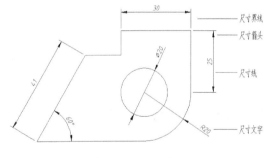

图 7-1　尺寸的组成

7.1.1　尺寸标注的基本要素

一个完整的尺寸标注通常由尺寸线、尺寸界线、尺寸箭头和尺寸文本 4 部分组成，称为尺寸标注 4 要素，如图 7-1 所示。

7.1.2　国标中的尺寸标注规则

《房屋建筑制图统一标准》GB/T 50001—2001 和《建筑制图标准》GB/T50104—2001 中对工程图纸的尺寸标注做了一些基本规定。

（1）尺寸界线、尺寸线及尺寸起止符号。尺寸界线应用细实线绘制，一般应与被注长度垂直，其一端应离开图样轮廓线不小于 2mm，另一端宜超出尺寸线 2~3mm。图样轮廓线可用做尺寸界线。

尺寸线应用细实线绘制，应与被注长度平行。图样本身的任何图线均不得用作尺寸线。尺寸起止符号一般用中粗斜短线绘制，其倾斜方向应与尺寸界线成顺时针 45°，长度宜为 2~3mm。半径、直径、角度与弧长的尺寸起止符号，宜用箭头表示。

（2）尺寸数字。图样上的尺寸，应以尺寸数字为准，不得从图上直接量取。图样上的尺寸单位，除标高及总平面以米为单位外，其他必须以毫米为单位。尺寸数字的方向，应按图 7-2（a）的规定注写。若尺寸数字在 30° 斜线区内，宜按图 7-2（b）所示的形式注写。

尺寸数字一般应依据其方向注写在靠近尺寸线的上方中部。如没有足够的注写位置，最外边的尺寸数字可注写在尺寸界线的外侧，中间相邻的尺寸数字可错开注写。

（3）尺寸的排列与布置。尺寸宜标注在图样轮廓以外，不宜与图线、文字及符号等相交。互相平行的尺寸线，应从被注写的图样轮廓线由近向远整齐排列，较小尺寸应离轮廓线较近，较大尺寸应离轮廓线较远。

图样轮廓线以外的尺寸界线，距图样最外轮廓之间的距离，不宜小于 10mm。平行排列的尺寸线的间距，宜为 7～10mm，并应保持一致。总尺寸的尺寸界线应靠近所指部位，中间的分尺寸的尺寸界线可稍短，但其长度应相等，如图 7-2 所示。

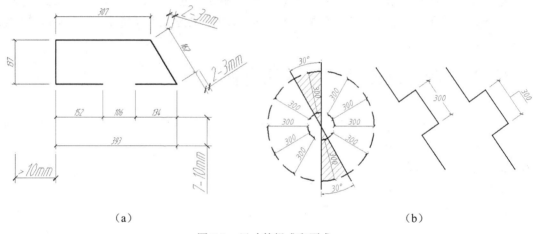

（a）　　　　　　　　　　　　　　（b）

图 7-2　尺寸的组成和要求

使用 AutoCAD 进行尺寸标注时，除了应遵循国标中的一些基本规则，还应该遵守以下规则。

（1）为尺寸标注建立专用的图层。这样可以控制尺寸的显示和隐藏，和其他的图线可以迅速分开，便于修改、浏览。

（2）为尺寸文本建立专门的文字样式。如尺寸数字的字体设置为 "gbeitc" 或 "gbenor.shx" 字体样式；汉字的字体设置为 "gbcbig.shx" 字体（参看 6.1.1 小节）。为了能在尺寸标注时根据需要使用不同的标注文字的高度，应将文字高度设置为 0。

（3）采用 1:1 的比例绘图。由于尺寸标注时可以让 AutoCAD 自动测量尺寸大小，所以采用 1:1 的绘图，绘图时无须换算，在标注尺寸时也无须再键入尺寸大小。如果最后统一修改了绘图比例，应修改标注的全局比例因子。

（4）标注尺寸时应该充分利用对象捕捉功能，以便快速准确地拾取定义点，获得正确的尺寸数值。

（5）在标注尺寸时，为了减少其他图线的干扰，应该将不必要的层关闭，如剖面线层等。

（6）尺寸标注应采用默认的关联模式以便于修改。

7.1.3　尺寸标注的关联性

一般情况下，AutoCAD 将尺寸作为一个图块，即尺寸线、尺寸界线、尺寸箭头、尺寸文本在尺寸中不是单独的实体，而是构成图块的一部分。如果对该尺寸进行拉伸，那么拉伸后，尺寸标注的尺寸文本将自动发生相应的变化，如将图 7-1 向左方水平拉伸"35"后，则长度尺寸变为"66"和角度尺寸变为"33°"，均发生了相应的变化，如图 7-3 所示。这种尺寸标注称为关联尺寸。

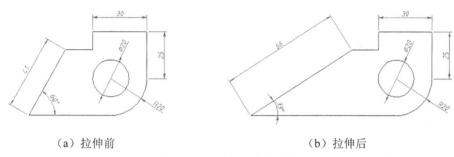

（a）拉伸前　　　　　　　　　　　　　　　　　　（b）拉伸后

图 7-3　尺寸标注的关联性

如果用户选择的是关联性尺寸标注，那么当改变尺寸标注样式时，在该样式基础上生成的所有尺寸标注都将随之改变。如将如图 7-1 所示的尺寸标注（机械制图）改变成建筑制图标注，只需将建筑制图标注样式设成当前样式，然后单击"标注工具条"上的按钮 ⌐ （标注更新），即可实现符合建筑制图的标注，如图 7-4 所示。

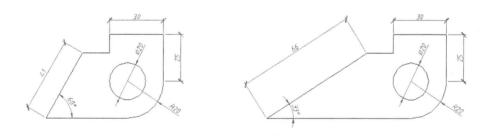

图 7-4　关联尺寸的标注更新

如果一个尺寸的尺寸线、尺寸界线、尺寸箭头和尺寸文本都是单独的实体，即尺寸标注不是一个图块，那么这种尺寸标注称为无关联性尺寸。如果同样像如图 7-2 所示的那样对无关联性尺寸进行拉伸，那么拉伸后将会看到尺寸线和图形线被拉伸了，但尺寸文本仍保持不变。因此，无关联性尺寸无法适时反映图形的准确尺寸。

AutoCAD 提供了系统变量 DIMASO 来控制尺寸标注的关联性。当 DIMASO 的值是 ON 时，创建关联性尺寸标注；其值是 OFF 时，创建非关联性尺寸标注。其默认值是 ON。当然，也可以用 Explode 命令分解开关联性尺寸，使其成为无关联性尺寸。

7.2　创建并管理尺寸标注样式

创建尺寸标注样式的目的，一是为了符合国家标准的尺寸标注格式；二是为了保证标注在图形对象上的各个尺寸形式相同、风格一致。

7.2.1　创建尺寸标注样式

标注样式用来控制标注的外观，如箭头样式、文字位置、尺寸公差等。在同一个 AutoCAD 图形文件中，可以同时定义多个不同命名的样式。可以通过以下方法启动创建标注样式命令。

命令： DIMSTYLE 或 D

经典界面：（1）格式菜单｜标注样式…

　　　　　　（2）标注菜单｜标注样式…

　　　　　　（3）样式工具条｜标注样式按钮 ![icon]

草图界面： 注释选项卡｜标注面板｜标注样式按钮 ![icon]

启动创建标注样式命令后，AutoCAD 将打开如图 7-5 所示的"标注样式管理器"对话框。"标注样式管理器"对话框中各项含义如下。

（1）样式。列表显示了目前图形中定义的标注样式，如"ISO-25"。

（2）预览。图形显示设置的结果。

（3）列出。可以选择列出"所有样式"或只列出"正在使用的样式"。

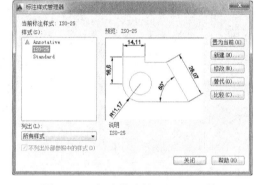

图 7-5　"标注样式管理器"对话框

（4） [置为当前(U)] 。将所选的标注样式置为当前的样式。这样，在随后的标注中，将采用该样式标注尺寸。

（5） [新建(N)....] 。创建一种新的标注样式。

（6） [修改(M)....] 。修改选择的标注样式。

（7） [替代(O)....] 。为当前标注样式定义"替代标注样式"。在特殊的场合需要对某个细小的地方进行修改，而又不想创建一种新的样式，可以为该标注定义一替代样式。

（8） [比较(C)....] 。列表显示两种样式设定的区别。如果没有区别，则显示尺寸变量值，否则显示两样式之间变量的区别。

在"标注样式管理器"对话框中可主要对尺寸标注的如图 7-6 所示的部分进行设定。下面通过实例介绍创建建筑标注样式的过程和步骤。

【例 7.2.1】 创建名为"建筑设计"的标注样式。

（1）输入"D"，在"标注样式管理器"对话框中单击"新建"按钮 [新建(N)...] ，AutoCAD 将弹出如图 7-7 所示的"创建新标注样式"对话框。在"新建样式"名编辑框中输入"建筑设计"，以"ISO-25"为基础样式，并用于"所有标注"，单击"继续"按钮 [继续] 。

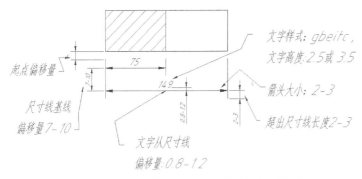

图 7-6 "标注样式管理器"对话框中的主要设置　　图 7-7 "创建新标注样式"对话框

（2）在打开的"新建标注样式。建筑设计"对话框 "符号与箭头"标签（图 7-8（a））中，在箭头区设置第一个箭头为建筑标记 ☑建筑标记 ▼，则第二个箭头自动变为"建筑标记"；设置箭头大小为"2.5"（参见图 7-2 国标规定 2-3mm）。

（3）在"新建标注样式。建筑设计"对话框中单击"线"标签（图 7-8（b）），设置基线间距为"8"（参见图 7-2 国标规定 7-10mm），设置超出尺寸线"2.5"（参见图 7-2 国标规定 2-3mm）。

（4）在"新建标注样式。建筑设计"对话框中单击"文字"标签（图 7-8（c）），在文字外观区选择文字样式为"工程文字"（参见［例 6.1.2］），也可以单击 ... 创建或选择文字样式；设置文字高度为"3.5"（参见 6.1.1 国标规定文字高度系列），尺寸文本偏移尺寸线的距离采用"1"（建议采用 0.8～1.2）。

（5）在"新建标注样式。建筑设计"对话框中单击"调整"标签（图 7-8（d）），可直接采用各默认选项，也可以选择 ⊙ 文字始终保持在尺寸界线之间 （标注比例特性的修改可参看本节技巧与提示）。

（6）在"新建标注样式。建筑设计"对话框中单击"主单位"标签（图 7-8（e）），可设置精度为整数 精度(P): 0 ▼ ；可设置小数分隔符(C): "."（句点）▼ 。

（7）单击 确定 按钮，完成建筑设计标注样式的设定，回到标注样式管理器（图 7-8（f））中，可以看到样式列表框中新设定的"建筑设计"标注样式。可以单击该标注样式，单击 置为当前(U) 按钮，则图形中以后的尺寸标注默认采用"建筑设计"标注样式。

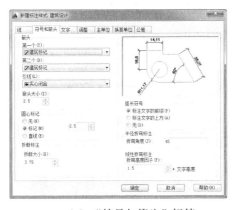

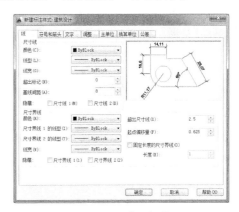

（a）"符号与箭头"标签　　　　　　　　　（b）"线"标签

图 7-8 标注样式对话框

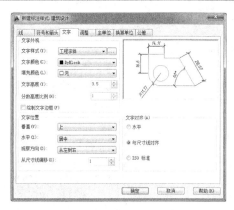
（c）"文字"标签

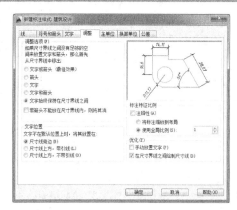
（d）"调整"标签

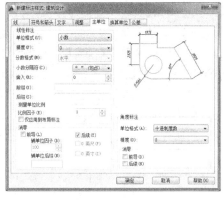
（e）"主单位"标签

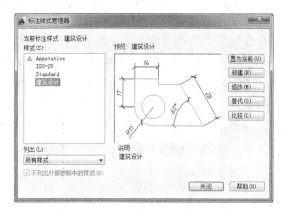
（f）新增"建筑设计"标注样式

图 7-8 标注样式对话框（续）

技巧与提示

➢ 本例中的所有设置是根据 AutoCAD 默认公制打开图幅 420×297 设置的，如果需要设置其他图幅下的尺寸标注样式时，只需将"调整"标签中的全局比例选项进行相应设置即可 ⊙ 使用全局比例(S)：　1 ▲▼。如图幅为 42000×29700，可将全局比例设为 100。

➢ 圆心标记及弧长、半径折弯标注设置：在"符号与箭头"标签（图 7-8（a））中也可以设置如图 7-9 所示圆心标记，及如图 7-10 所示的弧长及半折弯标注。

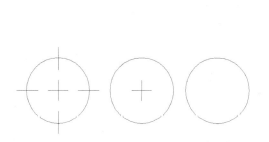
（a）标注中心线　（b）标注圆心　（c）不标注圆心
图 7-9 圆心标记的三种不同类型

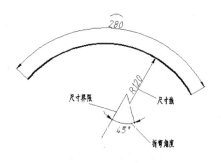
图 7-10 弧长、半径折弯标注

➢ 添加标注的前缀与后缀：在"主单位"标签（图7-8（e））中，可添加标注尺寸的前缀与后缀。如要使标注的尺寸前有直径符号"ϕ"（图7-11（a）），可在前缀文本框中输入%%C，这样AutoCAD 会自动在所标注的尺寸文字前面加入"ϕ"；如要在尺寸文字后加入单位符号"m"（图7-11（b）），可在后缀文本框中输入"m"，这样 AutoCAD会自动在所标注的尺寸文字后面加入"m"。

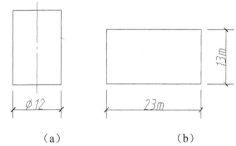

| （a） | （b） |

图7-11　在尺寸文字中加入前、后缀

➢ 如果图形未按照 1∶1 比例绘图，但是标注时希望标注图形原尺寸，可以在"主单位"标签（图7-8（e））中测量比例因子中进行设定 比例因子(E)：| 0.5 |，如在 AutoCAD 中按照 1∶100 比例绘制的图形，则将比例因子设定为"100"，AutoCAD 在标注尺寸时，自动将测量的值乘上 100 标注；如果用户按 5∶1 的比例绘制图形，那么可在该增量框中输入"0.2"。1∶1 的比例是其默认值。

7.2.2　子标注样式的设定

根据国标规定，建筑尺寸标注中不同的标注类型其标注方法有所不同，如长度型尺寸标注的箭头是 45°短划线，而标注半径、直径和角度时又需要使用实心箭头，因而对于一个建筑标注样式，需要设置它的子标注样式，以方便各种图形对象的尺寸标注。下面通过实例演示各种子标注样式设定的操作过程。

【例 7.2.2】 为［例 7.2.1］"建筑设计"标注样式设定半径型、直径型及角度型子标注样式。

图7-12　建立"建筑设计"标注中"半径"型子标注样式

（1）输入"D"，在如图 7-8（f）所示的"标注样式管理器"对话框中单击 新建(N)... 按钮，在如图 7-12 所示对话框的"新样式名"中输入"半径"，在"基础样式栏"中选择"建筑设计"，在"用于"栏中选择"半径标注"，单击 继续 按钮。

（2）在打开的"新建标注样式：建筑设计：半径"对话框中，在"符号和箭头"选项卡的箭头区中选择 实心闭合，确定箭头的长度后，单击 确定 按钮返回。

（3）用同样的方法设置直径型、角度型的子标注样式。

在完成子标注样式的设置后，可以看到如图 7-13 所示带子标注样式的"建筑设计"标注样式。单击 置为当前(U) 按钮，在以后的尺寸标注中，根据图幅不同，只需更改"调整"标签中的比例，即可使用以上所设置的"建筑设计"

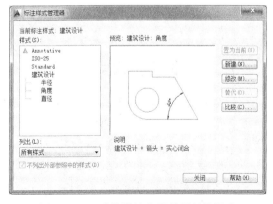

图7-13　"建筑设计"及其子标注样式

标注样式。

7.3 不同图形对象的尺寸标注

在 AutoCAD，定义好尺寸标注样式之后，尺寸标注变得非常简单方便。对于不同的尺寸标注方法，AutoCAD 有相应的尺寸标注命令。但是，为了操作方便、直观，一般使用尺寸标注菜单、工具条、标注面板进行尺寸标注，如图 7-14 所示。

命令：dimlinear、dimaligned……等

经典界面：（1）标注菜单 | 图 7-14（a）

（2）标注工具条 | 图 7-14（b）

草图界面：注释选项卡 | 标注面板 图 7-14（c）

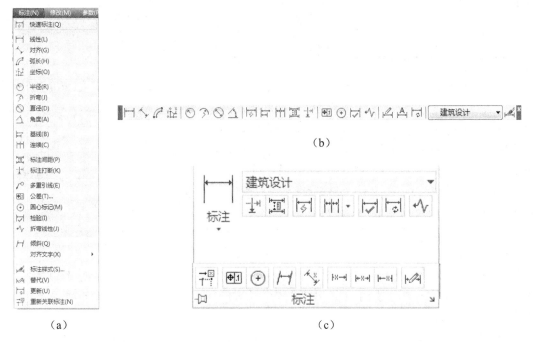

图 7-14 尺寸标注工具

7.3.1 长度型尺寸标注

长度型尺寸标注是指在两个点之间的一组标注，这些点可以是端点、交点、圆弧弦线端点或者是用户能识别的任意两个端点。因此，标注长度型尺寸常用捕捉交点、端点等工具。下面通过实例演示长度型尺寸标注方法。

【例 7.3.1】 打开"exp2-1.dwg"文件，标注立面窗尺寸。

（1）打开"exp2-1.dwg"文件。

（2）新建尺寸标注图层。单击图层工具条中图层特性按钮，在打开的"图层特性管理

器"对话框中单击新建图层按钮![icon]，新建图层名为"标注"，图层颜色为"绿色"。单击置为当前按钮![icon]，单击左上角关闭对话框按钮![icon]。

（3）调整例 7.2.2 中定义的"建筑设计"标注样式中的比例为 20，输入"D"，在打开的"标注样式"对话框中选择例 7.7.2 中定义的"建筑设计"标注样式，单击![修改(M)...]按钮，在 打 开 的 " 修 改 标 注 样 式 ： 建 筑 设 计 " 对 话 框 中 单 击 " 调 整 " 标 签 ， 将 ![◉ 使用全局比例(S): 1]中的全局比例改为 20。

（4）标注水平尺寸。打开"标注"工具条（图 7-14（b）），单击线性标注按钮![icon]，分别捕捉窗外框左下角点和内框左下角点单击后，向下拖曳到合适位置单击，完成窗框宽度 50 的标注；单击连续型尺寸标注按钮![icon]，捕捉窗内框右下角点，完成内框宽度 1400 标注；单击基线型尺寸标注按钮![icon]，输入"S"，选择窗框宽度 50 的标注作为基线的标注，单击窗外框右下角点，完成窗宽 1200 标注。

（5）同步骤（3），完成窗纵向尺寸标注。

其结果如图 7-15 所示。

🐾 技巧与提示

➢ 　如果要标注如图 7-16 所示斜线上两点距离 30，应使用对齐命令按钮![icon]。

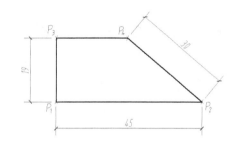

图 7-15　长度型尺寸标注示例　　　　　图 7-16　斜线上两点距离采用对齐尺寸标注

7.3.2　半径、直径和角度型尺寸标注

使用提供的半径型、直径型和角度性尺寸标注，系统会在标注时自动带上半径标记 R、直径标记 ϕ、及角度的标记，给相关尺寸标注带来极大的方便。下面通过实例演示其操作方法。

【例 7.3.2】　打开例 2.2 中绘制的"exp2-2.dwg"文件，标注床头柜台灯平面图尺寸。

（1）打开"exp2-2.dwg"文件。

（2）新建尺寸标注图层。单击图层工具条中图层特性按钮![icon]，在打开的"图层特性管理器"对话框中单击新建图层按钮![icon]，新建图层名为"标注"，图层颜色为"绿色"。单击置为当前按钮![icon]，单击左上角关闭对话框按钮![icon]。

（3）调整例 7.2.2 中定义的"建筑设计"标注样式中的比例为 10，输入"D"，在打开的"标注样式"对话框中选择例 7.2.2 中定义的"建筑设计"标注样式，单击![修改(M)...]按钮，在打开的"修改标注样式：建筑设计"对话框中单击"调整"标签，将![◉ 使用全局比例(S): 1]中的全局比例改为"10"。

（4）标注水平、垂直尺寸。（参见上例操作）。

（5）在"标注"工具条（图 7-14（b））上单击半径标注按钮⊙，单击台灯内圆，拖曳到合适位置单击，完成内圆直径 100 的标注；单击直径标注按钮⊙，单击台灯外圆，拖曳到合适位置单击，完成外圆半径 120 的标注；单击角度标注按钮△，分别在床头柜左下角横边和纵边上单击，拖曳鼠标到合适位置，完成床头柜两边夹角 90°的标注。

其结果如图 7-17 所示。

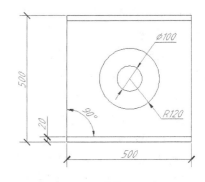

图 7-17　半径、直径和角度型尺寸标注示例

7.4　编辑尺寸标注

通过编辑尺寸标注可以重新指定文字、调整文字到缺省位置、旋转文字和倾斜尺寸线。

7.4.1　利用属性管理器编辑尺寸标注

用户可通过单击图标▦在属性管理器对话框中更改、编辑尺寸标注的相关参数。其操作如下。

选择欲修改的某个尺寸标注，再在"特性工具栏"中单击 Properties 命令图标▦。此时 AutoCAD 将打开如图 7-18 所示的属性管理器对话框。在该对话框中，用户可根据需要更改相关设置。有关各选项的功能在前面已做了详细的介绍，此处不再赘述。

图 7-18　利用属性管理器编辑尺寸

7.4.2　利用 Dimedit 命令编辑尺寸标注

通过单击"标注"工具条上的图标✎来执行"Dimedit"命令，命令提示为：

命令:_dimedit

输入标注编辑类型[缺省(H)/新建(N)/旋转(R)/倾斜(O)]<默认>:

它包括如下选项。

（1）缺省（H）。移动标注文字到默认位置，对应"标注"｜"对齐文字"｜"原点"菜单项。

（2）新建（N）。使用"多行文字编辑器"对话框修改标注文字。

（3）旋转（R）。旋转标注文字，对应"标注"｜"对齐文字"｜"角度"菜单项。

（4）倾斜（O）。调整线型标注尺寸界线的倾斜角度，对应"标注"｜"倾斜"菜单项。

下面通过实例来演示编辑标注的操作方法。

【例 7.4.2】 绘制直径为 500，高为 700 的圆柱的主视图，并标注尺寸。

（1）绘制圆柱主视图。单击绘图工具条上的矩形命令按钮 ⬚，在绘图区单击，输入"@300,100",完成主视图形绘制（图 7-19（a））。

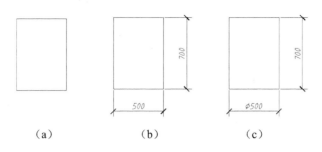

（a）　　　　　　（b）　　　　　　（c）

图 7-19　尺寸编辑

（2）标注尺寸。将已定义的"建筑设计"全局比例调整为"20"；在"标注"工具条上单击线性标注按钮 ⊟，分别捕捉矩形左下角点和右下角点单击后，向下拖曳到合适位置单击，完成直径长度 500 的标注；同理完成柱高 700 的标注（图 7-19（b））。

（3）编辑柱直径标注。在"标注"工具条上单击编辑标注按钮 ⬚，根据提示输入"N"选项，弹出如图 7-20 所示的"文字格式"编辑框，在弹出的文字格式对话框的屏幕中心的兰色矩形框内的内容为欲选取尺寸的原始文字，用户可以在该文字前后增加其他文字，也可以将原始文字删除，键入新的文字。单击特殊符号 @▾ 按钮，在弹出的菜单中选择"直径 %%C"选项输入特殊字符"Ø"（则在该文字前增加了"Ø"，其结果如图 7-19（c）所示）。

图 7-20　修改尺寸文字

7.4.3　编辑标注文字（调整标注文字位置）

当用户创建完尺寸标注后，如果对文字的位置、角度不满意，可以利用调整编辑文字命令进行调整。

单击图标 ⬚ 来执行"Dimtedit"命令，命令提示为：

命令: _dimtedit

选择标注:

为标注文字指定新位置或[左对齐（L）/右对齐（R）/居中（C）/默认（H）/角度（A）]:

下面通过实例来演示编辑标注文字命令的操作方法。

【例 7.4.3】将例 7.3.1 中立面窗宽 50 的尺寸文字位置调整到尺寸界线外侧或放在两尺寸

界线中间。如图 7-21（b）所示。

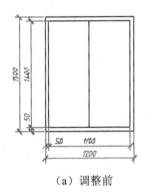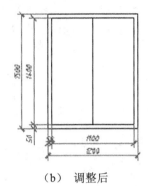

（a）调整前　　　　　　　　　　（b）调整后

图 7-21　尺寸文字调整

（1）单击"标注"工具条编辑标注文字按钮，根据提示，选择左下角水平标注 50，拖曳鼠标将文字放于两尺寸界线之间。

（2）单击"标注"工具条编辑标注文字按钮，根据提示，选择左下角纵向标注 50，拖曳鼠标将文字放于尺寸界线之外。

7.4.4　尺寸分解

关联尺寸实际是一种无名块，尺寸标注中的四个要素是一个整体。如果要对尺寸中的某个对象进行单独地修改，必须通过分解命令将其分解。分解后的尺寸不再具有关联性。分解命令为：Explode 或单击"修改工具栏"中的图标。

思 考 与 练 习

1．概念题

（1）什么是尺寸标注的关联性？

（2）建筑制图中的尺寸标注与机械制图的尺寸标注有哪些不同？

（3）如何利用"标注样式管理器"对话框设置不同比例的标注样式？

（4）如果在"文字样式"设置中设置了字高，在标注样式中使用该文字样式，再设置标注样式中的字高，该字高是否起作用？

（5）线型标注是否只是针对水平方向和垂直方向的标注？

（6）连续标注和基线标注是以什么作为标注基准的？

（7）在一张建筑工程图中如何标注不同比例的图形？

2．练习题

（1）画出如图 7-22 所示的楼梯扶手断面图形，并标注尺寸。

要求：先根据尺寸 1∶1 画出该图形，并建立标注样式，再进行尺寸标注。

（2）画出如图 7-23 所示的花格墙详图，并标注尺寸。

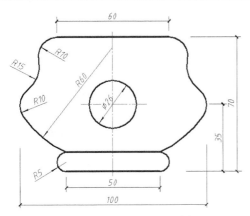

图 7-22　扶手断面图形尺寸标注

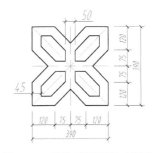

图 7-23　花格墙详图尺寸标注

要求：先根据尺寸 1∶1 画出该图形，再以 1∶10 的比例缩小该图形，建立适合 1∶10 的标注样式，再进行尺寸标注。

（3）画出如图 7-24 所示的房屋平面图，并标注尺寸。

要求：先根据尺寸 1∶1 画出该图形，再以 1∶50 的比例缩小该图形，建立适合 1∶50 的标注样式，再进行尺寸标注。

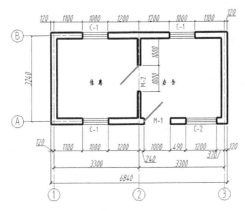

图 7-24　建筑平面图的尺寸标注

第8章 高效绘图及输出图形

在 AutoCAD 中绘制的图形，可以通过互联网输出电子绘图（Electronic plot）或输出成 PDF、DWF 格式（Drawing Web Format "图形网格格式"）的文件，电子通信由于无需图纸拷贝从而可以节省大量时间。但是，在目前情况下，一般还要把图形绘制在图纸上，供零件加工、现场施工时使用。有时还需要把图形绘制在硫酸纸上，以便晒图存档。

在 AutoCAD 2014 中文版中，输出功能得到较大增强。输出图形可以在模型空间中进行，如果要输出多个视图、添加标题栏等，则应该在布局（图纸空间）中进行。

8.1 模型空间和图纸空间

在 AutoCAD 中，有两种空间供用户选择，一是模型空间；二是图纸空间。绘图人员可在不同的图形空间，进行相应的操作。

所谓模型空间，就是创建工程模型的空间。通常，无论是二维还是三维图形的绘制和编辑工作都是在模型空间下进行的。用户在模型空间下不必担心绘图空间是否足够大。而图纸空间则侧重于图纸的布局工作，在这个空间里所要考虑的是图形在整张图纸中如何布局，因此，建议用户在绘图时，应选择在模型空间进行绘制和编辑，再进入图纸空间进行布局调整，直至最终出图。例如，可以始终按 1∶1 在模型空间绘图，而在出图时可以根据需要设置比例，进行布局。

模型空间和图纸空间的切换可以通过状态栏的切换按钮 模型 来实现。单击 模型 按钮，可进入图纸空间，模型 按钮切换成 图纸 按钮。单击 图纸 按钮，可进入模型空间。也可以通过单击绘图区左下方如图 8-1 所示的"模型"和"布局"选项卡来切换。

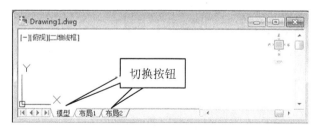

图 8-1 绘图区中模型空间和图纸空间的切换

使用模型空间和图纸空间，可极大地减少有多视图、多比例出图时标注和布局的时间。

8.2 模型空间输出图形

图形绘制完成后，可以直接在模型空间输出图形。通过"打印"对话框可以设置打印设备、设置页面、设置输出范围等。模型空间输出图形有以下几种方式。

命令： PLOT

标题栏： 快速访问工具条｜打印按钮 🖶

经典界面：（1）文件菜单｜打印…

（2）标准工具条｜打印按钮 🖶

草图界面： 输出选项卡｜打印面板｜打印按钮 🖶

在模型空间执行该命令后，将打开如图 8-2 所示的"打印"对话框。在该对话框中，包括了页面设置、选择打印设备、指定图纸尺寸、打印比例等。

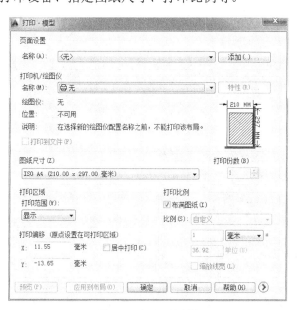

图 8-2 打印对话框

1. 页面设置

（1）下拉列表框 名称(A): 〈无〉 。可显示一个已被命名及保存的页面设置列表。也可以选择从文件定义页面设置。

（2） 添加(.)... 按钮。单击该按钮将可以命名一个新的设置。

2. 打印机/绘图仪

（1） 名称(M): 🖶无 。单击名称下拉列表框将会显示一个设备清单，如图 8-3 所示。清单中列出了与工作站或网络连接的每一个可用打印设备。注意每一个列出的设备名，均显示了一个图标以区分系统打印设备和存为 PC3 文件。

技巧与提示

➤ 系统打印机或绘图仪的配置：在 Windows 操作系统的"我的电脑"中"打印"文件夹中的设备。选取 Windows 操作系统的"打印机"菜单中的"添加打印机"选项，会出现"添加打印机向导"引导页面，用户可添加一台打印机。添加的打印机名称将出现在该名称下拉列表框中。

➤ PC3 文件是由 AutoCAD 创建的一个独立的网络图形文件。它小巧灵活并可在不同的工作站间共享。一个 PC3 文件包含了关于绘图输出的全部信息，包括指定的打印设备、图纸尺寸以及绘图笔的信息。对于 AutoCAD 先前版本的用户来说，PCP 及 PC2 文件可被引入到 AutoCAD 2002 中，这些旧格式将被自动转换成 PC3 格式。

（2） 特性(R)... 按钮。设置该打印机的特性。点取该按钮后打开如图 8-4 所示的"打印机配置编辑器"对话框。单击其中的 自定义特性(C)... 按钮，在打开的对话框里可以设置"纸张、图形、设备选项"。其中包括了图纸的大小、方向，打印图形的精度、分辨率、速度等内容。

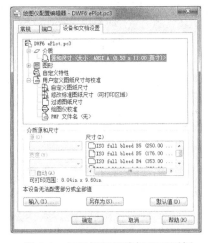

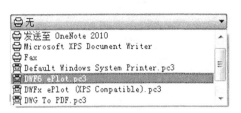

图 8-3　名称下拉列表框　　　　　　图 8-4　打印机配置编辑器对话框

（3） ☑打印到文件(F) 复选框。该选项只有在输出设备为打印机或绘图仪时才有效，对电子打印机 e-Plot 设置无效。选择该复选框，图形文件的输出格式为"*.plt"。

3. 图纸尺寸

通过下拉列表 A4 ▼ 选择图纸尺寸。
通过 1 ▲▼ 选择打印份数，当选择打印到文件时该选项不可用。

4. 打印范围

可以通过如图 8-5 所示下拉式列表选择不同的打印范围。

图 8-5　打印范围下拉式列表

（1）窗口选项。在显示的绘图区中选择需打印的窗口区域。可用来对复杂图形的局部进行打印输出。窗口打印的操作方法及窗口打印预览效果，如图 8-6 所示。

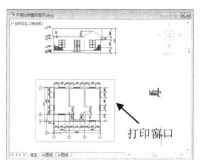 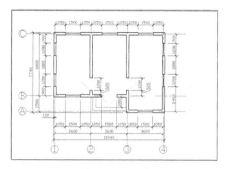

（a）在绘图区选择打印窗口　　　　　　　（b）窗口打印预览

图 8-6　按选定"窗口"打印

（2）图形界限选项。只打印以 Limits 命令设定的图形界限内的图形对象。而图形界限外的对象不打印。如图 8-7 所示，在模型空间绘制的五环，但由于图形对象没有完全位于图形界限内，因此在选用"图形界限"打印输出时，仅打印位于绘图界限内的部分对象。

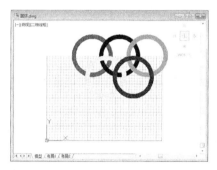 

（a）模型空间绘制的五环　　　　　　　　（b）按图形界限打印预览

图 8-7　按"图形界限"打印

🔧 **技巧与提示**

➤　在开始绘图时，应按 1 : 1 比例根据图形大小设定绘图区域，输入 Zoom 命令，选择"all"选项，使图形界限在绘图区域内最大化显示，再绘制图形对象，以方便对图形进一步的打印、设定不同比例的布局等操作。

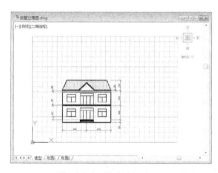 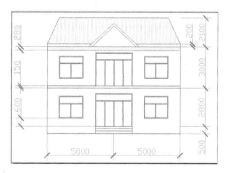

（a）模型空间绘制的别墅立面图　　　　　（b）按图形范围打印预览

图 8-8　按"图形范围"打印

（3）范围选项。设置打印区域为图形最大范围。与 Zoom 命令中的范围（E）选项显示图形的范围一致。如果图形仅在 Limits 命令设定的图形界限中的一部分位置绘制，选择范围选项可使图形以最大的比例打印在当前图纸上。如图 8-8 所示。

（4）显示选项。设置打印区域为当前屏幕显示的视图。该选项非常适合复杂图形中不同视图部分的打印，如图 8-9 所示。

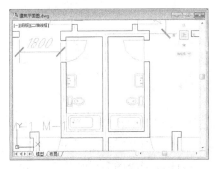 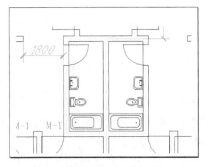

（a）绘图区显示的图形部分　　　　　　（b）图形显示打印预览

图 8-9　显示选项的打印预览

5. 打印偏移区

选择 ☑居中打印(C) 复选框，可设定居中打印图形。也可以设定调整图形在 x 轴和 y 轴方向上的打印偏移量，如图 8-10 所示。

 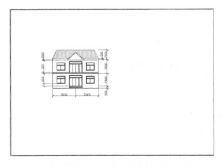

（a）居中打印图形预览　　　　　　（b）给定 x, y 偏移量打印预览

图 8-10　按"图形范围"打印不同偏移量的预览比较

6. 打印比例

（1）可选择 ☑布满图纸(I) 复选框，使图形以最大的比例打印在当前图纸上。

（2）比例。如果没有选择布满图纸复选框，还可在 1:100 ▼ 下拉列表框中选择一固定比例，也可以选择自定义输出比例。

7. 更多选项按钮 ⊙

AutoCAD 2006 以后版本下的打印对话框更加简介方便，把一些不太常用的选项折叠起来，通过单击"打印"对话框右下角按钮 ⊙，可以展开打印样式表、着色窗口、图形方向等选项，根据需要进行相应设置。

8.3　在图纸空间输出图形

对于需要输出不同视口、添加标题栏等输出形式，可以在图纸空间利用布局在输出图形时进行布置。

8.3.1　利用视口输出不同比例图形

1. 设置视口

在模型空间可以设置视口，参考 4.5.3 小节。如果在图纸空间，即在布局选项卡的命令提示下输入视口设置命令，将建立浮动视口。设置视口有以下几种方式。

命令： VPORTS/＋VPORTS

经典界面：（1）视图菜单｜视口▶｜命名视口、新建视口、1 个视口、2 个视口、3 个视口、……合并

（2）视口工具条｜显示视口按钮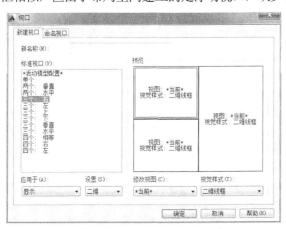

草图界面： 视图选项卡→视口→命名视口按钮

执行以上命令后将弹出如图 8-11 所示"视口"对话框。在布局模式下打开的视口对话框与模型空间打开的视口对话框相似，但由于布局空间建立的是浮动视口，缺少了视口新名称编辑框。

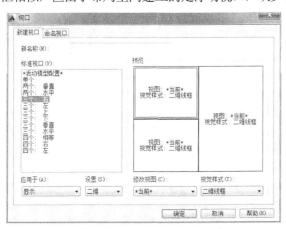

图 8-11　"视口"对话框

下面主要通过实例介绍利用对话框设置浮动视口及其操作方法和技巧。

【例 8.3.1-1】 浮动视口操作练习：新建 A3 图纸的布局，将当前视口设为 3 个视口；缩放和平移右侧视口图形。

（1）在 AutoCAD 中创建一个图形，或打开一个已有图形，单击布局选项卡切换到图纸空间。系统自动按缺省设置建立单一视口的"布局 1"和"布局 2"选项卡，如图 8-12 所示。

（2）在"布局 1"选项卡上单击右键，在弹出的菜单中选"重命名"，输入布局名"A3 图纸"；在"A3 图纸"选项卡上单击右键，选择"页面设置管理器"，在打开的对话框中当前

页面设置中选"A3 图纸"，单击 修改(M)... 按钮，在打开的对话框中设置"图纸尺寸"为 A3，单击 确定 按钮，单击 关闭(C) 按钮。

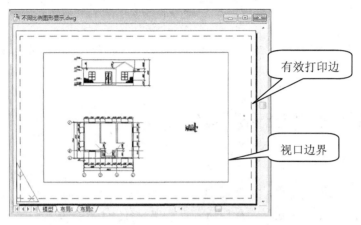

图 8-12　单一视口布局

（3）用窗口方式选择整个视口，单击<Delete>键删除该视口，重新进行视口布置。

（4）单击图层特性管理器按钮 ，在打开的对话框中新建"视口"图层，并置为当前。

（5）单击视口工具栏"显示视口对话框"按钮 。打开"视口"对话框，系统默认打开"新建视口"选项卡，在"新建视口"选项卡的"标准视口"列表框中选择"3 个：右"选项，如图 8-11 所示。

（6）单击视口对话框中的 确定 按钮，此时系统提示：

指定第一角点或[布满(F)]< 布满>:　在有效打印边界内指定图纸左下角点和右上角点

指定对角点: 指定右上角点

正在重生成布局

正在重生成模型

此时，图纸指定区域变成 3 个视口，其中两个位于视图的左侧，上下排列，另一个位于视图的右侧，单独占据整个右半视图，如图 8-13 所示。

（7）双击右侧视口，视口界线为粗线显示，则激活该视口，如图 8-14 所示。在激活视口中分别单击实时缩放和 平移按钮 ，将右侧视口实体调整到合适比例和位置。

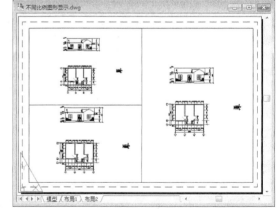

图 8-13　多视口布局

（8）在视口外任意区域双击鼠标，则取消当前视口激活状态，完成视口的平移和缩放操作。

2. 设置不同视口的图形比例及锁定比例

在打印出图时，常常需要设置出图比例，并且每个视口可以有着不同的比例，可通过设置视口图形比例来完成。下面主要通过实例介绍设置视口图形比例的操作方法和技巧。

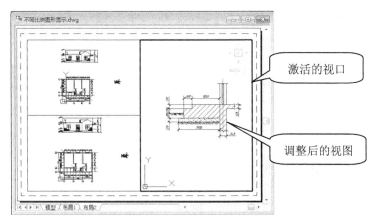

图 8-14 平移缩放激活视口内的图形

【例 8.3.1-2】 不同出图比例视口的设置。在图 8-14 中，设置左上视口立面图比例 1：100、左下视口平面图比例 1：100、右视口建筑详图比例 1：20，并适当调整图形位置，如图 8-15 所示。

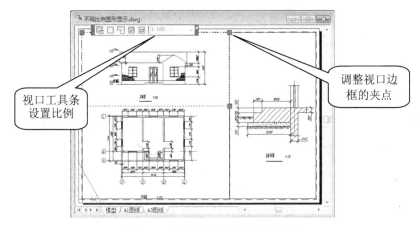

图 8-15 不同出图比例的视口设置

（1）激活视口：在图 8-14 中双击左上视图，激活该视口。

（2）设定比例：单击"视口"工具条中比例设置下拉列表 1:2 ▼，设置图纸空间比例为 1：100。

（3）调整视口边框大小：在视口外任意区域双击鼠标，则取消当前视口激活状态。单击视口边框，边框上出现若干夹点（蓝色方块），单击边框上的夹点使其激活（变成红色方框），向右拖动鼠标到合适位置，以便能显示完整立面图。

（4）调整立面图位置：激活左上视口，单击平移按钮，将左上视口中的建筑立面图调整到合适位置，在视口外任意区域双击鼠标，则取消当前视口激活状态，完成左上视口的设置操作。

用同样方法分别设置左下图比例 1：100、右图比例 1：20，并适当调整图形位置，结果如图 8-15 所示。

技巧与提示

➢ AutoCAD 系统允许为模型空间的一个图建立多种图纸布局。这也是编者一直提倡要采用 1：1 绘制图形的原因。如上例中的图形在当前图纸上（A3 图纸）分别设定 1：100 和 1：

20 比例，如图 8-15 所示。因此，针对模型空间绘制的同一张图还可以建立新的布局。图 8-16 为该图在 A1 图纸上分别设定左边两个视口和右边视口的显示比例为 1∶50、1∶50 和 1∶15 的比例下的布图效果。

在创建布局视口时，可能需要在某些视口中应用其他比例，以显示不同层次的细节。一旦设置视口比例后，如果放大视口，则同时改变视口比例。如果先将视口的比例锁定，放大查看不同层次的细节的同时可以保持视口比例不变。"比例锁定"可以锁定选定视口中设置的比例。比例锁定之后，可继续修改当前视口中的几何图形而不影响视口比例。锁定当前视口的比例，修改视口中的缩放因子，只会影响图纸空间对象。

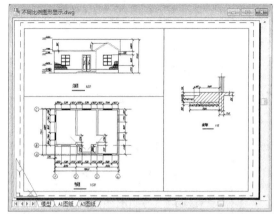

图 8-16 模型空间同一张图在图纸空间的
不同比例布图效果

下面通过实例介绍通过视口锁定已经确定的输出比例。

【例 8.3.1-3】 锁定如图 8-15 所示 3 视口图形布局的左上视口比例 1∶100。

（1）在图 8-15 中，将左上视口比例设定为 1∶100。

（2）在视口外空白处双击鼠标，取消已激活的视口。

（3）在左上视口边界单击鼠标，选中该视口。

（4）单击鼠标右键，在弹出的快捷菜单中选择"显示锁定"，然后选择"是"。则该视口显示比例被锁定，如图 8-17 所示。

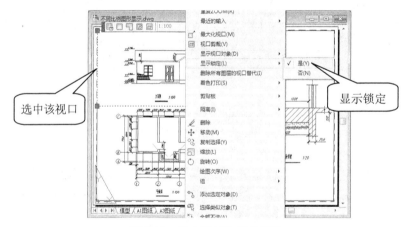

图 8-17 锁定视口比例的设置

8.3.2 图形布局

AutoCAD 2014 打印功能得到极大加强，AutoCAD 系统中，可以在同一文件中创建多个不同的布局，从而可以从不同的侧面展现同一幅图。

1. 创建布局

创建布局可使用以下几种方式。

命令: LAYOUT

经典界面: (1) 插入菜单 | 布局 ▶ | 新建布局、来自样板的布局、布局向导…

(2) 布局工具条 | 新建布局按钮 📃、来自样板的布局 📄

快捷方式: 在布局选项卡上单击鼠标右键,在弹出的菜单中选择"新建布局",如图 8-18 (a) 所示。

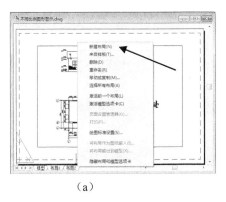
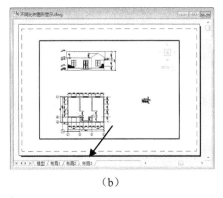

(a)　　　　　　　　　　　　　　　(b)

图 8-18　新建布局

选择不同选项,根据系统提示可以完成设置新布局、对布局重命名、复制已有图形布局等对布局的不同操作。

【例 8.3.2-1】 新建"A3 图纸"布局。

(1) 在 AutoCAD 中新建或打开一个图形。

(2) 在布局选项卡上单击鼠标右键,在弹出的如图 8-18 (a) 所示的菜单中选择"新建布局"。系统建立新的布局选项卡"布局 3"(系统默认已建立了布局 1、布局 2 选项卡)。

(3) 在"布局 3"选项卡上单击鼠标右键,在弹出的菜单中选择"重命名…",在打开的"重命名"对话框中输入"A3 图纸",单击"确定"按钮。从而建立了新的布局选项卡,如图 8-18 (b) 所示。

2. 布局输出

布局主要是为了在输出图形时进行布置。通过布局可以同时输出一个图形的不同视口、非矩形视口和添加标题栏等。布局设置可采用以下几种方式。

命令: PLOT

标题栏: 快速访问工具条 | 打印按钮 🖶

经典界面: (1) 文件菜单 | 打印…

(2) 标准工具条 | 打印按钮 🖶

草图界面: 输出选项卡 | 打印面板 | 打印按钮 🖶

快捷方式: 在布局选项卡上单击鼠标右键,在弹出的菜单中选择"页面设置管理器…"在图纸空间执行该命令后,将打开如图 8-19 (a) 所示的"页面设置管理器"对话框。

单击 新建(N)... 按钮，在打开的"新建页面设置"对话框中命名布局名称，如"A3 图纸"，如图 8-19（b）所示。单击 确定 按钮，打开"页面设置-布局 3"对话框，如图 8-19（c）所示。在该对话框中，与图 8-2 模型空间"打印"对话框类似，可进行图纸大小、打印范围、打印比例等的设置。

（a）页面设置管理器　　（b）新建页面设置对话框　　（c）指定布局的页面设置

图 8-19　页面设置-布局对话框

在"页面设置-布局 3"对话框"打印设备"选项卡中，如果选择了打印样式表 acad.ctb ，则编辑按钮 可选。单击 按钮，弹出如图 8-20 所示的"打印样式编辑器"对话框。

"打印样式编辑器"对话框包含了 3 个选项卡，都是设定打印样式的特性。特性包括颜色、抖动、灰度、线宽、线型、填充、端点、连接等性质，同时可以编辑线宽，也可将设置保存起来。

为了避免重复设置，规范打印结果，AutoCAD 允许用户将设置页面的结果存为样式文件，以后打印时，可以直接调用样式文件进行打印，不必再重复设置。

【例 8.3.2-2】 在上例新建的"A3 图纸"布局中插入标题栏图块，并以 A3 图纸出图。

（1）单击"A3 图纸"布局选项卡。用窗口方式选择整个视口，单击 Delete 键删除该视口，重新进行视口布置。

图 8-20　打印样式编辑器对话框

（2）单击图层特性管理器按钮 ，新建"标题栏"、"视口"图层。

（3）①首先将"标题栏"图层置为当前图层，如图 8-21 所示。②单击绘制工具栏中的插入块按钮 ，在打开的对话框中输入"A3 标题栏 "块（已在相应路径下绘制完成并保存，可参考第 6 章思考与练习 7），并在该对话框中设置"在屏幕上指定插入点"，单击 确定 按钮。③输入插入基点"0,0"（也可以直接在图纸区用鼠标指定），回车结束插入标题栏操作，如图 8-21 所示。

（4）建立多个视口。将"视口"图层置为当前图层。参照 8.3.1 例题中的操作步骤，以标题框内边界区域建立 3 个视口，分别设定比例为 1：100、1：100 和 1：20，激活对应视口，调整图形比例。如图 8-22 所示。

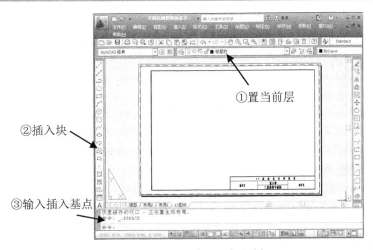

图 8-21　在布局中插入标题栏

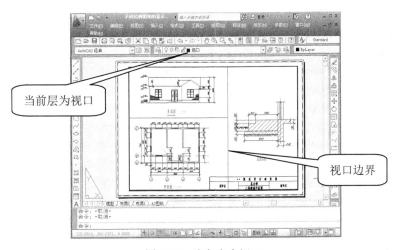

图 8-22　建立多个视口

（5）关闭"视口"图层，则隐藏掉视口边界，使图面整洁美观，如图 8-23 所示。

（6）保存图形为"不同比例图形的显示.DWG"文件。

（7）单击标准工具栏打印按钮 🖶，在打开的打印对话框中单击预览按钮 预览(P)... ，如果预览效果不满意，可在打印对话框中继续修改相关参数直到满意。单击 确定 按钮，在选定的打印机上打印输出图形。

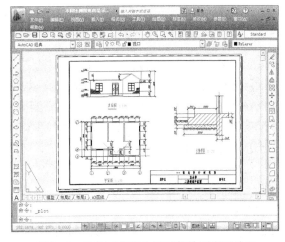

图 8-23　关闭"视口"图层的输出布局效果

8.4　输出为网络文件

通过 AutoCAD 的 ePlot 功能，可将电子图形文件输出在 Internet 上发布，所发布的文件以 DWF 格式保存。安装了 Internet 浏览器和 Autodesk WHIP! 插入模块的任何用户都可以打开、查看和打印 DWF 格式的文件。DWF 格式的文件支持实时平移和缩放，可控制图层、命名视图和嵌入超级链接的显示。

电子打印提供一种以电子格式打印输出图形文件或布局的方法，打印输出的格式是一种适宜于在 Internet 上发布的文件格式（Web 图形格式文件）：dwf 格式。

下面主要通过实例介绍输出为网络文件的操作方法。

【例 8.4-1】 打开 8.3.2 节保存的"不同比例图形的显示.DWG"文件，创建其 DWF 文件。

（1）执行菜单"文件│打印…"，打开"打印-A3 图纸"对话框，如图 8-24 所示。

（2）在该对话框中的"打印机配置"下拉列表框中选"DWF ePlot.pc3"选项，如图 8-24 所示。

（3）设置图纸尺寸、打印区域、打印比例等选项。

（4）单击打印对话框中的 [确定] 按钮，打开如图 8-25 所示的"浏览打印文件"对话框，在"保存于"下拉列表框中设置文件保存位置，在"文件名"文本框中输入 ePlot 文件的名称"不同比例图形的显示-A3 图纸.DWF"，单击保存按钮。

图 8-24　打印对话框"DWF ePlot.pc3"打印机设置

图 8-25　　"浏览打印文件"对话框

（5）在指定位置可见 DWF 输出文件。

【例 8.4-2】 在 IE 中浏览上例创建的 DWF 文件。

（1）在 Windows 资源管理器中找到要打开的 DWF 文件，如本例中为"E:\CAD\建筑图\不同比例图形的显示-A3 图纸.DWF"。

（2）在文件上单击鼠标右键，选择打开方式。可以选择"Autodesk DWF Application"或"Internet Explore"浏览器打开，如图 8-26 所示为在"Autodesk DWF Application"下打开的 DWF 图形。如图 8-27 所示为在"Internet Explore"浏览器中打开的 DWF 图形。

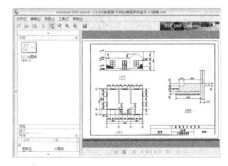

图 8-26　在"Autodesk DWF Application"
下打开 DWF 图形文件

（3）在"Internet Explore"浏览器中打开的 DWF 图形中单击鼠标右键，在系统弹出的快捷菜单中选择相应选项，可以进行平移、缩放、打开/关闭图层、命名视图等操作（也可单击 IE 浏览器中的功能按钮 ⬚ ⬚ ⬚ ⬚ ⬚ ⬚ ⬚ ⬚ ⬚ ⬚ ）。如图 8-27（b）所示为选择"缩放矩形"按钮，窗选立面图显示的图形。

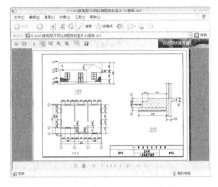

（a）在 IE 中打开 DWF 文件　　　　　　（b）在 IE 中对 DWF 文件图形进行放大操作

图 8-27　在 IE 中浏览 DWF 图形文件

事实上，单击下拉菜单"文件｜发布"或输入 publish 命令也可以用来将.dwg 文件打印为.dwf 文件。打开已有文件，输入该命令后，将打开如图 8-28 所示的"发布"对话框，单击"发布为："下面的选项按钮 ⬚ DWF ⬚ ，选择发布为 DWF 文件；单击 ⬚ 发布选项(O)... ⬚ ，在打开的"发布选项"对话框中可以设置输出的位置及相关数据选项；单击发布按钮 ⬚ 发布(P) ⬚ ，在指定路径下保存 DWF 文件。该文件同样可以采用如上所示步骤在 IE 浏览器或"Autodesk DWF Application"软件中浏览。

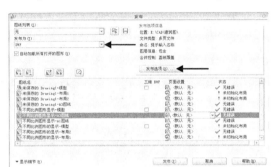

图 8-28　使用"发布"对话框创建 DWF 文件

思 考 与 练 习

1. 要打印预览 AutoCAD 的图形，是否必须连接有打印机或绘图仪才可以进行？

2. 什么是 DWF 格式文件？使用它有什么好处？

3. 打开 AutoCAD 的样板图（......AutoCAD 2007\Sample\db_samp.dwg）文件，在模型空间使用 PLOT 命令打印输出。

4. 打开一张已经绘制好的图形文件或 AutoCAD 的样板图（......AutoCAD 2007\Sample\ blocks and tables Imperial . dwg），设置 3 种图纸空间输出的布局，分别选择 A1、A2、A3 图纸出图。

5. 打开一张已经绘制好的建筑平面图（......AutoCAD 2007\Sample\ db_samp.dwg），新建一个布局空间"my layout"，设置两个视口，调整视口边框和出图比例大小。左边视口打印全图，右边视口打印楼梯间。

第 9 章 建筑施工图 计算机辅助设计

建筑设计分为初步设计、技术设计和施工图设计三个阶段。施工图设计的内容包括：确定全部工程尺寸和用料，绘制建筑、结构、设备等全部施工图纸，编制工程说明书、结构计算书和预算书等。

本章首先给出建立土木工程模板的方法，之后通过实例介绍建筑总平面图、建筑平面图、建筑立面图、建筑剖面图及节点详图的设计与绘制的方法及技巧。

9.1 建立土木工程绘图模板

AutoCAD 的绘图模板是一种图形文件，是作图的起点。用 AutoCAD 绘图时，每次都要绘制标题栏、确定绘图单位和作图精度，设置文字样式、尺寸样式，建立必要的图层、输出布局等（其中有些内容以前使用了 AutoCAD 的默认值），将这些内容相对不变、可以多次使用的图形样式设置好以后，可以将其作为绘图模板存为磁盘文件，在新的图形绘制时，采用这样的绘图模板，则模板图中的设置全部可以使用，无需重新设置，即可以在此基础上绘制其他图形。

AutoCAD 2014 在 "…\Acad2014\R19.1\chs\Template" 文件夹下，提供了许多模板图文件，但由于该软件是美国 Autodesk 公司开发的，其中的模板图并不符合我国的制图标准，因而用户需要建立自己的模板图文件。

下面通过实例介绍建立模板图的方法和过程。

【例 9.1】 建立一个 42000 × 29700（即 A3 × 100）幅面的模板图。

以下是在经典界面下的主要操作步骤。

（1）单击新建按钮 ⬜，打开"选择样板"对话框，选择"acadiso.dwt"为基础模板，单击打开按钮 打开(O)。

（2）设置绘图区域。单击下拉菜单"格式 | 图形界限"，根据提示，输入坐下角点坐标为"0,0<Enter>"，右上角点坐标为"42000,29700<Enter>"。

（3）分别设置捕捉和栅格的 x 轴和 y 轴间距为 1000。

（4）作图区域放到最大。可在命令提示区输入"Z<Enter>"，输入"A<Enter>"。

（5）建立建筑绘图常用图层，如定位轴线、墙线、尺寸标注等。建筑制图中没有图层与对应线型、颜色的规定，可参考图 3-32 绘制土木工程图形时的常用图层、对应颜色、线型和线宽。

（6）设置线型比例。执行菜单命令"格式 | 线型…"，打开"线型管理器"对话框，调整"全局比例因子"为 100。

（7）建立文字样式。可参考 6.1.2 中的例题，建立可注写中文长仿宋和西文字母和数字的工程文字样式，及用于尺寸标注的标注文字样式。表 9-1 建立对应文字样式。

表 9-1　　　　　　　　　　　　　　　模板中定义的文字样式

字体样式	对应字体文件	宽度系数	倾斜度	应用
工程文字	gbcbig.shx	1	0	标题栏、门窗列表及技术说明中的文字
字母及数字	gbeitc.shx 或 gbenor.shx	1	0	文字标注中需要使用字母及数字的地方
尺寸文字	gbeitc.shx 或 gbenor.shx	1	15	尺寸标注中的文字

（8）建立尺寸标注样式。使用 DIMSTYLE 命令打开"标注样式管理器"，在系统自带尺寸标注样式"ISO-25"的基础上，创建"建筑设计"的尺寸标注样式。该样式的修改设置如下：尺寸箭头样式为"建筑标记"，大小为 2～3；尺寸界线超出尺寸线为 2～3；尺寸文字采用已定义的表 9-6 中的标注文字样式"尺寸文字"，文字大小为 3.5 或 2.5，尺寸文本偏移尺寸线的距离采用 1；"调整"标签中的"标注特征全局比例"设为 100；"主单位"标签中的"单位格式"设为"小数"，"精度"设为 0。

在"建筑设计"标注样式的基础上可建立子标注样式。分别用于标注角度、半径、直径型尺寸及引线标注。只需将尺寸箭头设置为"实心闭合"，其他各选项不变，如图 9-1 所示。尺寸样式的设置方法详见第 7 章 7.2 节创建建筑尺寸标注样式。

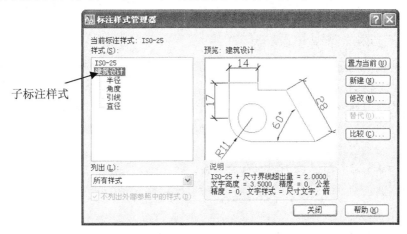

图 9-1　建立子标注样式

（9）设置运行中的对象捕捉。

（10）单击保存按钮 🖫 ，在打开的保存对话框中，在文件类型列表框中选择"AutoCAD 图形样板文件（*.dwt）"，在文件名列表框中输入"A3-100.dwt"。

在绘图实践中，为了方便作图，不管图形尺寸如何变化，都应在模型空间采用 1∶1 的比例绘图。打印输出时，通过设置打印比例，缩放图形以适应图纸幅面的大小。

建立一个模板图后，用户就不用再从头开始建立新模板图，只要调出已有的模板图，修改或设置不同的地方，换名存盘即可。例如，已经建立了 42000×29700 幅面的模板图，只要调出"A3-100.dwt"模板图文件，首先执行菜单命令"格式｜图形界限"将作图区修改为 118900×84100，修改线型管理器对话框中的"全局比例因子"为 4，另存为"A0-100.dwt"。这样就建立了一个其他设置与 A3-100 相同的 A0-100 幅面的模板图。

用同样的方法，参照国家制图标准，设置图层、线型、文字样式、尺寸标注样式等参数，也可以制作出基本符合国家标准的其他建筑模板图备用。

🖐 技巧与提示

➤ 当图幅按指数倍变化时，例如，要定制 A3×10 的模板图，需要打开上例的模板文件"A3-100.dwt"，除了修改绘图区域为 4200,2970，修改线型管理器对话框中的"全局比例因子"为 10 以外，还需修改上例第（8）步"建筑设计"标注样式，将其中"调整"标签中的"标注特征全局比例"设为 10。

9.2 建筑总平面图的设计与绘制

9.2.1 建筑总平面图

建筑总平面图是将新建建筑物在一定范围内的建筑物、构筑物连同其周围的环境状况，用水平投影方法和相应的图例所画出的图样，简称总平面图或总图。它表明了新建建筑物的平面形状、位置、朝向、高程，以及与周围环境（如原有建筑物、道路、绿化等）之间的关系。因此，总平面图是新建建筑物施工定位和规划布置场地的依据，也是其他专业（如水、暖、电等）的管线总平面图规划布置的依据。具体内容如下。

（1）标出测量坐标网或施工坐标网。

（2）新建建筑（隐蔽工程用虚线表示）的名称、层数、定位坐标数及室内外标高。

（3）新建建筑物的位置。一般根据原有的建筑物或道路来定位，要标注出定位尺寸。

（4）附近的地形地物。如等高线，道路、水沟或铁路和明沟等的起点、变坡点。

（5）规划红线的位置。建筑物、道路与规划红线的关系及其坐标。

（6）指北针或风玫瑰图。

（7）建筑物使用编号时，应列出名称编号表。

（8）补充图例。

9.2.2 建筑总平面图的有关规定和画法特点

（1）比例。总平面图是新建房屋的施工定位以及绘制水、电、煤气等管线平面布置的依据，需要表达的范围较大，一般都采用较小的比例，常用的比例有 1：500，1：1000，1：2000 等。工程实践中，由于有关部门提供的地形图一般采用 1：500 的比例，故总平面图最常用的比例为 1∶500。

（2）图例与线型。由于比例很小，总平面图上的内容一般是按图例绘制的。当标准图例不够用时，也可自编图例，但应加以说明。

（3）注写名称与层数。总平面图上的建筑物、构筑物应注写名称与层数。当图样比例小或图面无足够位置注写名称时，可用编号列表编注。注写层数则应在图形内右上角用小黑圆点或数字表示。

（4）地形。当地形复杂时要画出等高线，表明地形的高低起伏变化。

（5）坐标网络。总平面图表示的范围较大时，应画出测量坐标网或建筑坐标网。测量坐标代号宜用"X、Y"表示，例如，X = 1200/Y = 700。

（6）尺寸标注与标高注法。总平面图中尺寸标注的内容包括：新建建筑物的总长和总宽；新建建筑物与原有建筑物或道路的间距；新增道路的宽度等。总平面图中标注的标高应为绝对标高。所谓绝对标高，是指以我国青岛市外的黄海海平面作为零点而测定的高度尺寸。假如，标注相对标高，则应注明其换算关系。新建建筑物应标注室内外地面的绝对标高、标高及坐标尺寸宜以米为单位，并保留至小数点后两位。

（7）指北针或风玫瑰图。总平面图应按上北下南方向绘制，并画出指北针或风玫瑰图。风玫瑰图也称风向频率玫瑰图，一般画出十六个方向的长短线来表示该地区常年风向频率。其中，粗实线表示全年风向频率，细实线表示冬季风向频率，虚线表示夏季风向频率。由于风玫瑰图同时也表明了建筑物的朝向情况，因此，如果在总平面图上绘制了风玫瑰图，则不必再绘制指北针。

（8）绿化规划与补充图例。以上所列内容，既不是完整无缺，也不是任何工程设计都缺一不可，而应根据工程的特点和实际情况而定。对一些简单的工程，可不画出玫瑰图、等高线、坐标网或绿化规划等。

9.2.3 建筑总平面图绘制实例

下面以图 9-2 为例介绍建筑总平面图的绘制步骤和方法。

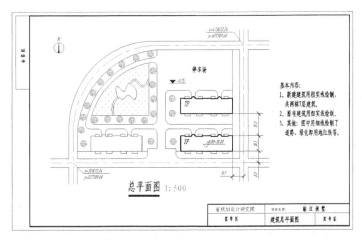

图 9-2 建筑总平面图实例

1. 设置绘图环境

打开 9.1 节建立的"A3-100.dwt"模板文件。①修改绘图区域为 297000，210000。②修改/新建相应图层，如图 9-3 所示。③修改线型管理器对话框中的"全局比例因子"为 5000。④在标注样式对话框中，修改"建筑设计"标注样式，在"调整"标签中修改"标注特征全局比例"为 1；在"主单位"标签中修改"单位精度"为 0.00，在"后缀"编辑框中输入"m"。

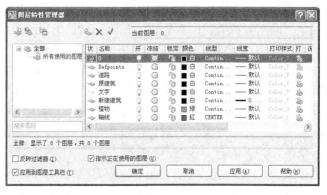

图 9-3　"A4_1000"建筑总平面图中的图层

2. 绘制道路

（1）在图层下拉列表中选"轴线"图层为当前层。利用画线 Line 命令和偏移 Offset 命令绘制如图 9-4（a）所示的道路轴线。

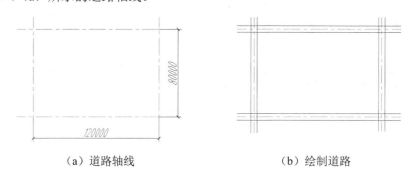

（a）道路轴线　　　　　　　　　（b）绘制道路

图 9-4　绘制道路

（2）在图层下拉列表中选"道路"图层为当前层。输入"mline<Enter>"，在系统提示下输入"st<Enter>"，输入"standard<Enter>"，选择系统提供的多线样式；输入"j<Enter>"，输入"z<Enter>"，选择中线对齐方式；输入"s<Enter>"，输入"6<Enter>"，设定多线比例为 6，即绘制道路宽为 6 米，如图 9-4（b）所示。

（3）单击下拉菜单"修改｜对象｜多线"命令，在打开的对话框中选十字合并按钮，编辑道路十字路口。如图 9-5（a）所示。

（4）单击分解按钮，分解多线。单击圆角命令按钮，输入"r<Enter>"，输入"60<Enter>"，分别拾取对应的左侧和上端直线，对左上角道路倒圆角，如图 9-5（b）所示。

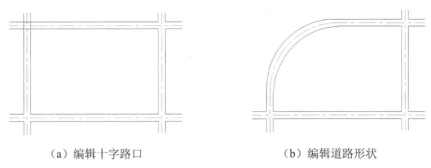

（a）编辑十字路口　　　　　　　　　　（b）编辑道路形状

图 9-5　编辑多线

3. 绘制建筑物

（1）绘制拟建建筑物。在图层下拉列表中选"新建建筑"图层为当前层。使用多线命令以 0.5 的宽度绘制拟建建筑物主轮廓线，如图 9-6 所示。以"7F"表示建筑物的层数为 7。

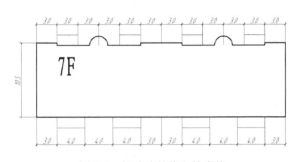

图 9-6　拟建建筑物主轮廓线

（2）绘制原有建筑物。在图层下拉列表中选"原建筑"图层为当前层。原有建筑与新建筑物形状尺寸完全相同，只需复制新建筑到原有建筑的位置，并将多线宽度设为 0，如图 9-2 左下角位置所示。

4. 绘制道路及绿化带

（1）在图层下拉列表中选"道路"层为当前层。用画线 Line 命令绘制道路。在道路交叉口用圆角 Fillet 命令对道路边线到圆角，圆角半径为 3、4.5、9.5 等 3 种。用偏移 Offset 命令偏移绘制人行道线，偏移距离 1.5。

（2）用多线 Pline 命令绘制不规则绿化草坪的外围线；用样条 Spline 命令绘制其中的小路，用修剪 Trim 命令进行必要的修剪。用偏移 Offset 命令偏移小路，偏移距离 1。

（3）在图层下拉列表中选"植物"层为当前层。单击标准工具栏上的设计中心按钮，打开的"设计中心"对话框，在其中的文件夹目录下选"Autocad\ Sample\ Design center\ Landscaping.dwg"图形文件，单击"+"按钮展开内容，单击"块"按钮，在右边预览窗口中选择"树-落叶（平面）"块，单击右键，选择"插入"，在打开的插入对话框中设定缩放比例为 1.5，插入到人行道上。选择复制 Copy 命令复制块布置绿化带。

（4）执行 Bhatch 命令，在弹出的对话框中选择填充图案为"grass"，填充比例为 180，填充区域为小区左上角绿地（图 9-2）。

5．标注尺寸、输入文字说明

（1）在图层下拉列表中选"标注"图层为当前层。利用模板中已建的标注样式，主要标注拟建建筑与周围原有建筑及道路间的距离。

（2）新建一个"基地红线"图层，然后在该层上用画线 Line 命令绘制基线。在基线角点处标注地理坐标：首先用 Line 命令绘制斜线，引出基线某处角点，然后绘制一条水平线，并在该水平线上方输入属性文字，再将属性文字复制到水平线下方，并双击复制的文字进行编辑，然后将水平直线和两个属性文字定义成块，插入到引出的斜线处，结果如图 9-7（a）所示。

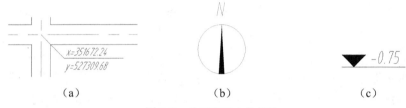

（a）   （b）   （c）

图 9-7　总平面图中的标注

（3）绘制指北针：使用 Circle 命令绘制外圆，直径为 2.4，使用多线 Pline 命令绘制指针，指针尾部宽为 0.3。用 Text 命令输入文字"N"，如图 9-7（b）所示。

（4）绘制室外地坪标高符号：使用多线 Pline 命令绘制实心三角形，起点宽度为 0，终点宽度为 6，线长（三角形高度）为 3；使用画线 Line 命令绘制水平线，使用 Text 命令标注文本，文字高度为 5，如图 9-7（c）所示。

6．插入标题栏（参见第 6 章思考与练习 7。）

注写图形比例 1：500 等相关参数。

7．插入相关文字说明

完成建筑平面图的绘制，如图 9-2 所示。

9.3　建筑平面图的设计与绘制

一幢建筑物的平、立、剖面图，是这幢建筑物在不同方向的外形及剖切面的正投影，这几个面之间是有机联系的。建筑设计中将二维的平、立、剖面综合在一起，用来表达建筑物三维空间的相互关联及整体效果。

其中，平面图应该是建筑物各层的水平剖切图，是从各层标高以上大约直立的人眼的高度将建筑物水平剖切后朝下看所得的该层的水平投影图。建筑平面图反映了建筑物的平面形状和平面布置，包括墙和柱、门窗以及其他建筑构配件的位置和大小等。它是墙体砌筑、门窗安装和室内装修的重要依据，是施工图中最基本的图样之一。

对于楼房，沿首层剖开所得到的全剖面图称首层平面图，沿 2 层、3 层……剖开所得到的全剖面图则相应称为 2 层平面图、3 层平面图……房屋有几层，通常就应画出几个平面图，并在图的下方注明相应的图名和比例。当房屋上下各楼层的平面布置相同时，可共用一个平面图，图名为标准层平面图或 X～Y 层平面图（如 3～8 层平面图）。此外还有屋面平面图，是房屋顶面的水平投影。

建筑平面图的图示内容包括房屋的平面布局、房间的分隔、定位轴线和各部分尺寸、门窗的类型和位置及其编号、室内外地坪标高以及台阶、雨水管的位置等。

建筑平面图除了表示本层的内部情况外，还需表示下一层平面图中未反映的可见建筑构配件，如雨篷等。首层平面图还应该表示室外的台阶、散水、明沟和花池等。

房屋的其他建筑构造包括阳台、台阶、雨篷、踏步、斜坡、通气竖井、管线竖井、雨水管、散水、排水沟、花池等以及建筑配件包括卫生器具、水池、工作台、橱柜都应当在平面图中加以表示。

9.3.1　建筑平面图有关规定和画法特点

（1）比例与图例。建筑平面图的比例应根据建筑物的大小和复杂程度选定，常用比例为 1∶50、1∶100、1∶200，多用 1∶100。

（2）定位轴线。定位轴线确定了房屋各承重构件的定位和布置，同时也是其他建筑构、配件的尺寸基准线。定位轴线的画法和编号已在第 9 章 9.2.1 小节中详细介绍。建筑平面图中定位轴线的编号确定后，其他各种图样中的轴线编号应与之相符。

（3）图线。被剖切到的墙、柱的断面轮廓线用粗实线画出。砖墙一般不画图例，钢筋混凝土的柱和墙的断面通常涂黑表示。粉刷层在 1∶100 的平面图中不必画出；当比例为 1∶50 或更大时，则要用细实线画出。没有剖切到的可见轮廓线，如窗台、台阶、明沟、楼梯和阳台等用中实线画出（当绘制较简单的图样时，也可用细实线画出）。尺寸线与尺寸界线、标高符号、定位轴线等用细实线和细单点长画线画出。

（4）门窗布置及编号。门与窗均按图例画出，门线用 90°或 45°的中实线（或细实线）表示开启方向；窗线用两条平行的细实线图例（高窗用细虚线）表示窗框与窗扇。门窗的代号分别为"M"和"C"，当设计选用的门、窗是标准设计时，也可选用门窗标准图集中的门窗型号或代号来标注。门窗代号的后面都注有编号，编号为阿拉伯数字，同一类型和大小的门窗为同一代号和编号。为了方便工程预算、订货与加工，通常还需有一个门窗明细表，列出该房屋所选用的门窗编号、洞口尺寸、数量、采用标准图集及编号等。

（5）尺寸与标高。标注的尺寸包括外部尺寸和内部尺寸。外部尺寸通常为 3 道尺寸，一般注写在图形下方和左方，最外面一道尺寸称第 1 道尺寸，表示外轮廓的总尺寸，即指从一端外墙边到另一端外墙边的总长和总宽尺寸；第 2 道尺寸表示轴线之间的距离，通常为房间的开间和进深尺寸；第 3 道尺寸为细部尺寸，表示门窗洞口的宽度和位置、墙柱的大小和位置等。内部尺寸用于表示室内的门窗、孔洞、墙厚、房间净空和固定设施等的大小和位置。

注写楼、地面标高，表明该楼、地面对首层地面的零点标高（注写为±0.000）的相对高度。注写的标高为装修后完成面的相对标高，也称注写建筑标高。

（6）其他标注。房间应根据其功能注上名称或编号。楼梯间用图例按实际梯段的水平投影画出，同时还要表示"上"与"下"的关系。首层平面图应在图形的左下角画上指北针。同时，建筑剖面图的剖切符号，如 1-1、2-2 等，也应在首层平面图上标注。当平面图上某一部分另有详图表示时，应画上索引符号。对于部分用文字更能表示清楚，或者需要说明的问题，可在图上用文字说明。

9.3.2　绘制建筑平面图步骤

绘制建筑施工图一般先从平面图开始，然后再画立面图、剖面图和详图等。

绘制建筑平面图应按下列步骤进行。

（1）画定位轴线。

（2）画墙和柱的轮廓线。

（3）画门窗洞和细部构造。

（4）标注尺寸等，最后完成全图。

（5）绘图过程中注意随时保存文件。

9.3.3　建筑平面图绘制实例

建筑平面图是建筑制图中最重要的一部分，是各种系统布置图包括水电图的基础。也是最复杂的图形之一。平面图不仅图形复杂而且尺寸标注的要求也较高。

下面以多层结构中的基本单元套房为例，如图 9-8 所示（为了在书上图形更为清晰，省去标题栏、文字说明等），说明 AutoCAD 命令的综合应用，以及给用户带来的方便。

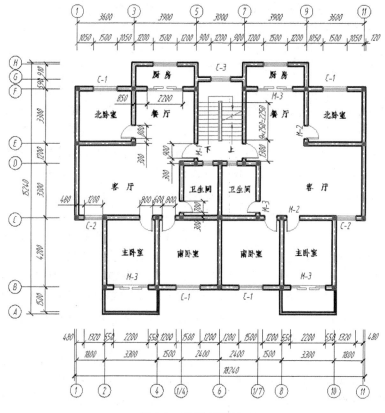

图 9-8　建筑平面图

经过图形分析，该图形为对称图形，只需绘制图形的一半，然后以 6 轴为镜像线进行镜像操作即可完成全图。从而大大减小了工作量。此方案还可以进一步进行镜像操作，完成一栋楼房 2 个单元的绘制方案。

1. 设置初始绘图环境

利用 A3 建筑样板图绘新图。即图幅为 42000 × 29700，设置轴线、辅助线、墙体、门窗、标注等图层，如图 9-9 所示。线型比例设为 70，并用 "zoom--all" 将作图区域放到最大。保存文件为 "建筑平面图.dwg"。

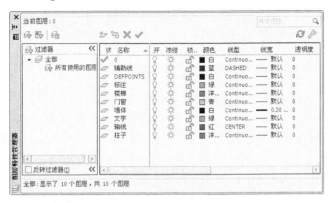

图 9-9　图层设置

2. 绘制轴网

（1）设置 "轴线" 层为当前层。

（2）打开正交模式，利用直线 Line 命令在图幅适当位置分别绘制 1 轴、A 轴，利用偏移 Offset 命令在轴线层绘制其他定位轴线，如图 9-10（a）所示。

（3）使用 Trim 命令修剪多余的线，如图 9-10（b）所示。

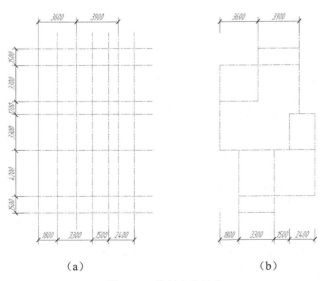

（a）　　　　　　　　　　　　（b）

图 9-10　绘制定位轴线

3. 绘制柱网

（1）绘制方柱。设置当前层为"0"层。打开正交模式，打开极轴、对象捕捉、对象追踪模式，利用矩形 Rectang 命令在图幅适当位置绘制 240×240 方柱。

（2）填充柱。输入 Bhatch 命令，在打开的对话框中选填充图案为"SOLID"，拾取方柱内部一点，单击确定完成填充。

（3）定义柱块。输入块 Block 命令，在打开的对话框中命名"ZHU"，选择对称中心为插入点，选择方柱为块对象，单击确定按钮，完成柱块定义。

（4）插入柱块，如图 9-11 所示。

📎 **技巧与提示**

➤ 对于规则分布的柱，可采用阵列命令布置柱网。对于不规则分布的柱，采用多重复制布置柱网操作更为简单。

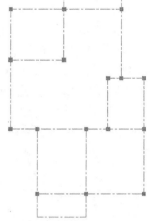

图 9-11　柱网图

4. 利用多线命令绘制墙体线

（1）①执行菜单命令"格式｜多线样式…"，打开"多线样式"对话框；②在该对话框中单击 新建(N)... 按钮，在打开"创建新的多线样式"对话框中命名多线样式名为"QX"。③单击 继续 按钮，在打开的"新建多线样式：QX"对话框中设置相关参数。如图 9-12 所示。

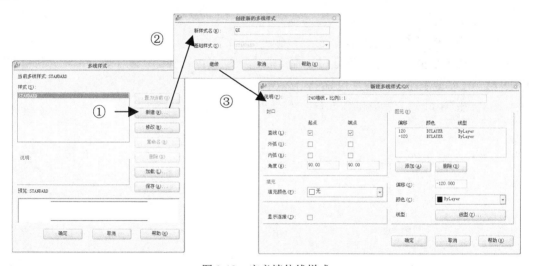

图 9-12　定义墙体线样式

（2）用多线 Mline 命令绘制墙线。为了绘图编辑方便，关闭"柱子"图层，将"墙体"层置为当前层。输入多线命令"mline<Enter>"，输入"j<Enter>"，输入"z<Enter>"，选择对正方式为中线；输入"S<Enter>"，输入多线比例为"1<Enter>"；输入"ST<Enter>"，输入"QX"，选择上一步设置的墙体样式。捕捉 1 轴和 A 轴的交点……捕捉其余各点，完成如图 9-13 所示墙线。

技巧与提示

➤　对于阳台的绘制，可直接输入多线 Mline 命令，选用"STANDARD"多线样式，对齐方式（J）选择上对齐（T）方式，比例（S）取 120，分别捕捉相应轴线交点即可。

（3）编辑墙体。单击下拉菜单"修改｜对象｜多线"，在打开的"多线编辑"对话框中单击 T 形合并按钮，对相应多线进行编辑，如图 9-14 所示。

技巧与提示

➤　首先用 Mline 命令绘制外围墙线，减少编辑工作量。

➤　在进行"T 形合并"编辑时，应注意组成 T 形的两条多线的选择顺序。对于图 9-14（b）中"方框"所示的形式不可以用"T 形合并"编辑，需将其余编辑完成后，分解多线，利用修剪 TRIM 命令编辑。

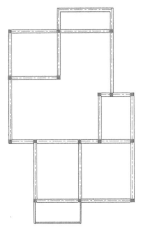

图 9-13　绘制墙线

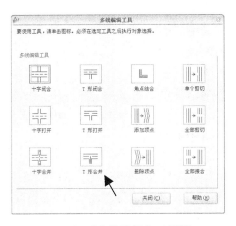

（a）"多线编辑"对话框

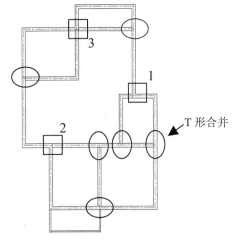

（b）T 形合并

图 9-14　编辑墙体线

5. 绘制门窗

（1）开窗洞、门洞。开窗洞、门洞可以采用两种方式：在多线未分解前，可以直接利用多线编辑工具中的全部剪切工具进行门窗洞的打开，也可以利用剪切 Trim 命令修剪出门窗洞。但无论采用哪一种方法，都应对门窗洞的位置准确定位。

以开北卧室的窗洞为例，首先利用偏移 Offset 命令将 1 轴、3 轴分别向右、左偏移 1050 个绘图单位以准确定位窗的位置，然后再进行修剪操作，如图 9-15（a）所示。图 9-15（b）是完成开门窗洞后的图形。

技巧与提示

➤　开门窗洞操作完成后，应及时删除或剪切定位辅助线，以免影响后续绘图。

➤　修剪完成后的门窗框在"轴线"层的线段应移动到"墙线"层。操作方法是：首先窗选要切换图层的线段，然后再单击"图层"工具栏上的图层列表，选择"墙体"层，再单击<Esc>键，完成图层移动。

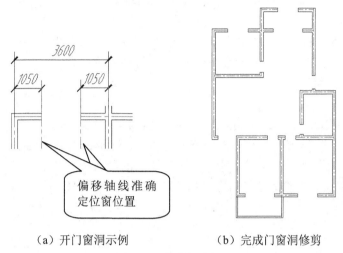

（a）开门窗洞示例　　　　　（b）完成门窗洞修剪

图 9-15　修剪门窗洞

（2）定义单位窗块。首先设置当前层为 0 层，采用矩形 Rectang 命令、分解 Explode 命令和偏移 Offset 命令绘制窗，如图 9-16 所示。为了增加图形的通用性，可将窗制作成单位窗块（见第 5 章 5.2.2 小节单位块的制作），并以左下角点为插入点定义为"C-n"块。

图 9-16　窗单位块

（3）定义 45mm×700mm、45mm×800mm、45mm×900mm 门块。以定义 45mm×700mm 的门为例，其操作过程如下。

① 在 0 层输入矩形 Rectang 命令，在绘图区任意拾取一点，输入右上角点为"@45,700"。输入画弧 ARC 命令，捕捉矩形上 a 点为端点，如图 9-17（a）所示。输入"C"，捕捉 b 点为圆心。输入"A"，输入"-90"为圆弧包含角度，结果如图 9-17（a）所示。

② 使用镜像 Mirror 命令镜像左开门得到右开门，如图 9-17（b）所示。

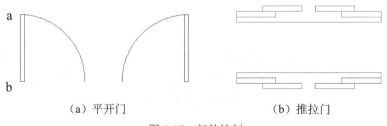

（a）平开门　　　　　　　　　（b）推拉门

图 9-17　门的绘制

③ 使用块 Block 命令两次，以 b 为插入基点分别制作左开门块，命名为"Z_M700"，同理制作右开门块，命名为"Y_M700"。

④ 同样的方法，绘制和制作 45mm×800mm、45mm×900mm 门块，并分别命名为"Z_M800"、"Y_M800"、"Z_M900"、"Y_M900"。

（4）插入门、窗块。

① 设置当前层为"门窗"层。

② 使用插入 INSERT 命令在需要的位置以 1∶1 比例插入 Z_M700、Y_M700、Z_M800、Y_M800、Z_M900、Y_M900。

③ 使用插入 Insert 命令插入单位窗块时，可以在绘图区通过指定窗洞中的两个对角点来方便地确定窗块在 X、Y 方向的比例系数。以插入北卧室窗为例，可以参照以下方法操作。

输入插入 Insert 命令，在打开如图 9-18（a）所示的对话框中选择"C-n"块，选择 ☑在屏幕上指定(E) 比例复选框，单击确定按钮。

同时在命令窗口提示如下。

指定插入点或[基点(B)/比例(S)/X/Y/Z/旋转(R)]：**捕捉 A 点**

输入 X 比例因子，指定对角点，或[角点(C)/XYZ(XYZ)]<1>：**捕捉 B 点**

在上述命令提示下，用户只需根据需要捕捉窗洞的两个对角点 A、B 即可，如图 9-18（b）所示，操作非常简单。

采用同样的方法，完成平面图中其余门、窗块的插入，如图 9-19 所示。

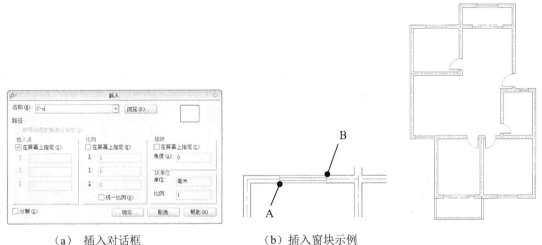

（a）插入对话框　　　　（b）插入窗块示例

图 9-18　插入单位窗　　　　　　　　　　　图 9-19　插入门窗块

技巧与提示

➢ 使用单位块绘制有多种规格的窗图形时，可大大提高绘图效率。当然如果图形中窗的尺寸比较单一，也可以直接按 1∶1 尺寸制作窗块，直接插入。

6. 标注文字

设置当前层为"文字"层。利用已经定义好的中文和西文文字样式（具体操作见 9.1 节表 9-1 中定义的文字样式），使用 Text 命令标注文字，标注文字效果如图 9-20 所示。

7. 镜像图形

利用镜像 Mirror 命令复制另一半图形。在镜像操作之前应先检查与 Mirror 命令相关的系统命令 Mirrortext 的值是否为文本可读镜像，操作过程如下。

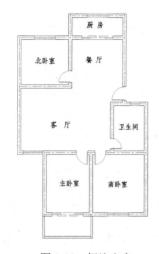

图 9-20　标注文字

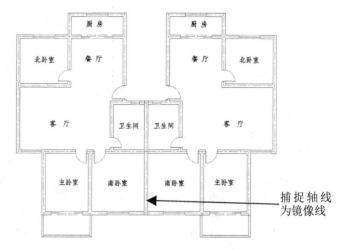

图 9-21　镜像图形

捕捉轴线
为镜像线

命令:mirrtext↙

输入 MIRRTEXT 的新值<1>: **0**↙

镜像文本可读性的系统命令

文本可读镜像

技巧与提示

➢　进行镜像操作时，选择镜像的实体应包括轴线。从而直接获得 7、8、9、10、11 轴。

➢　为了获得准确镜像结果，镜像时应打开捕捉方式，捕捉 6 轴的两个端点作为镜像线。

8. 补画相应图形、绘制楼梯

（1）补画、编辑楼梯间墙体线。利用多线 Mline 命令补画楼梯间墙体线，利用修剪 Trim 命令编辑窗洞，插入窗，如图 9-22 所示。

（2）绘制楼梯。绘制楼梯可以采用以下步骤。

① 绘制第一级踏步。设置当前层为"楼梯"层。将楼梯间内墙线向上偏移 1300；将偏移得到的第一级踏步线移动到"楼梯"层（参看第 5 步绘制门窗中的技巧与提示）。

② 绘制其余踏步。输入阵列 Array 命令，在打开

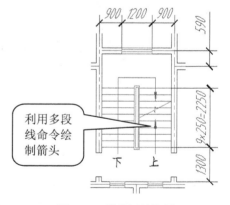

利用多段
线命令绘
制箭头

图 9-22　楼梯间的绘制

的对话框中选择矩形阵列，设置行数为 10，列数为 1，行偏移为 250，选择第一级踏步线段为阵列对象，单击"确定"按钮，获得各级踏步。

③ 绘制楼梯扶手。输入矩形 Rectang 命令，单击捕捉工具栏捕捉自按钮，单击第一级踏步线段中点，输入"@-100,-80"确定楼梯扶手左下角点。再单击捕捉工具栏捕捉自按钮，单击最后一级踏步线段中点，输入"@100,80"确定楼梯扶手右上角点。使用修剪 Trim 命令修剪矩形扶手内的楼梯踏步线；使用偏移 Offset 命令，将矩形扶手向内偏移 50。

④ 打开正交方式，使用多线 Pline 命令绘制楼梯上下方向，箭头绘制过程如下。

命令: _pline　　　　　　　　　　　　　　　　启用多线命令

指定起点:**捕捉箭头起点**

当前线宽为 0.0000

指定下一个点或[圆弧(A)/半宽(H)/长度(L)/放弃(U)/宽度(W)]: **w**✓

指定起点宽度<0.0000>: ✓　　　　　　　　　箭头起始宽度为 0

指定端点宽度<0.0000>: **80** ✓　　　　　　箭头末端宽度为 80

指定下一个点或[圆弧(A)/半宽(H)/长度

(L)/放弃(U)/宽度(W)]:**@300<90** ✓

指定下一点或[圆弧(A)/闭合(C)/半宽(H)/长度(L)/放弃(U)/宽度(W)]: ✓

⑤ 标注楼梯上下方向文本。

9. 尺寸标注

（1）定义尺寸标注样式。利用 DIM 命令定义尺寸标注样式（参数详见第 9 章 9.3 节）。

（2）尺寸标注。设置当前层为"标注"层。只要标注样式设定合理，尺寸标注本身较为简单。

技巧与提示

➤ 尺寸标注绘制完成后，可以修改尺寸块中的文字。例如，对楼梯踏步数量及宽度的标注（图 9-22），应在原标注的基础上单击标注工具栏上的编辑标注 按钮，选择"n"选项，在打开的编辑文本对话框中修改标注尺寸为"250×9＝2250"，尺寸标注修改效果如图 9-22 所示。

➤ 根据本书作者的多年绘图经验，为了使尺寸标注效果更为美观，可以建立辅助线层，利用画线命令绘制尺寸标注的辅助线，如图 9-23 所示。打开对象捕捉、对象追踪方式，则相应尺寸标注可在辅助线和轴线的交点上追踪到等效点，从而使标注效果整洁、美观。当尺寸标注完成后，关闭辅助线层即可。

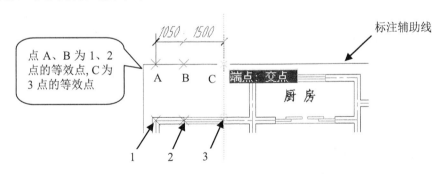

图 9-23　利用辅助线上的等效点进行尺寸标注

➤ 对于引线方式标注的尺寸，可以单击标注工具栏上的编辑标注文字 按钮，单击要调整的尺寸，拖曳鼠标到合适位置，如图 9-24 所示。

10. 轴号的标注

轴号标注可以采用定义带属性的块的形式完成，既可以加快标注速度，又可以达到外观统一的效果。操作过程如下。

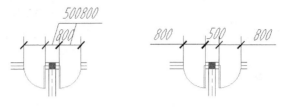

（a）调整前的标注　　　　（b）调整后的标注

图 9-24　标注文本位置的调整

（1）输入画圆命令 C，绘制一个半径为 400 的圆。

（2）执行菜单命令"绘图｜块｜定义属性…"，在打开的块属性定义对话框中输入相关参数，如图 9-25 所示。文字高度可选 500、350 或 250。

（3）输入块定义 Block 命令，设置对象捕捉象限点，定义块名为"ZBJ1"，捕捉 12 象限点为插入基点，选择圆及属性对象定义为带属性的块，单击确定按钮结束块定义。用同样的方法分别定义"ZBJ2"、"ZBJ3"、"ZBJ4"，插入点分别为 23 象限点、34 象限点和 41 象限点，如图 9-26 所示。

图 9-25　块属性定义的参数

ZBJ1　　　　ZBJ2　　　　ZBJ3　　　　ZBJ4

图 9-26　带属性的轴标记块

（4）用插入 Insert 命令插入轴标记，同时修改属性值为轴号。以插入 1 轴、2 轴为例，操作过程如下。

命令：_insert

指定插入点或[比例(S)/X/Y/Z/旋转(R)/预览比例(PS)

/PX/PY/PZ/预览旋转(PR)]:捕捉 1 轴上尺寸界线端点

输入属性值

AA<1>:✓　　　　　　　　　　　　　　　　　　　采用预置值 1

命令：✓　　　　　　　　　　　　　　　　　　　重复插入命令

INSERT

指定插入点或[比例(S)/X/Y/Z/旋转(R)/预览比例(PS)

/PX/PY/PZ/预览旋转(PR)]: **捕捉 2 轴上尺寸界线端点**

输入属性值

AA<1>: **2**✓　　　　　　　　　　　　　　　　　　输入轴号 2

当然，轴号的标注也可以采用先绘制标注轴号的圆，利用复制 COPY 命令中的多重复制，完成每一轴号标记的圆圈绘制，再用单行文本 TEXT 命令标注每一个轴的轴号。

11．插入图框，注写相关文本，完成平面图的绘制

☞ **技巧与提示**

➢ 通过以上操作完成一个单元建筑平面图的绘制过程，还可以进一步镜像操作，非常方便地完成一栋一梯两户两个单元楼房的平面图绘制。

➢ 根据出图需要，可以关闭辅助线层和轴号层，并单击状态栏显示/隐藏线宽按钮 线宽，显示墙体层线宽（为了绘图方便，一般在绘图过程中选择隐藏线宽），效果如图 10-6 所示。

➢ 应该注意绘图过程中图形文件的保存，防止意外损失。可重新回顾第 3 章 3.4.6 小节图形的自动保存与备份文件的再利用中的相关内容。

在建筑平面图的绘图过程中，几乎用到 AutoCAD 二维平面绘图的各种命令，建筑平面图是对它们的综合应用，应该多做练习，熟练掌握。

9.4　建筑立面图的设计与绘制

建筑物是否美观，很大程度上决定于它在主要立面上的艺术处理，包括造型与装修是否优美。在初步设计阶段中，立面图主要是用来研究这种艺术处理的。在施工图中，它主要反映房屋的外貌、门窗形式和位置、墙面的装饰材料、做法及色彩等。

在平行于建筑物立面的投影面上所作建筑物的正投影图，称为建筑立面图，简称立面图。立面图的命名，可以根据建筑物主要入口或比较显著地反映出建筑物外貌特征的那一面为正立面图，其余的立面图相应地称为背立面图、左侧立面图、右侧立面图。但通常是根据房屋的朝向来命名，如南立面图、北立面图、东立面图和西立面图。还可以根据立面图两端轴线的编号来命名，如①～⑦立面图、⑦～①立面图、③～⑥立面图和⑥～③立面图等。

9.4.1　建筑立面图有关规定和画法特点

（1）比例与图例。建筑立面图的比例与建筑平面图相同，通常为 1∶50、1∶100、1∶200 等，多用 1∶100。由于绘制建筑立面图的比例较小，按投影很难将所有细部表达清楚，所以立面图内的建筑构造与配件要用图例表示。如门、窗等都是用图例来绘制的，且只画出主要轮廓线及分隔线。

（2）定位轴线。在建筑立面图中一般只画出两端的定位轴线及其编号，以便与平面图对照。

（3）图线。为了加强建筑立面图的表达效果，使建筑物的轮廓突出、层次分明，通常把建筑立面的最外的轮廓线用粗实线画出；室外地坪线用加粗线画出；门窗洞、阳台、台阶、花池等建筑构配件的轮廓线用中实线画出（对于凸出的建筑构配件，如阳台和雨篷等，其轮廓线有时也可以画得比中实线略粗一点）；门窗分格线、墙面装饰线、雨水管以及用料注释引出线等用细实线画出。

（4）尺寸与标高。建筑立面图的高度尺寸用标高的形式标注，主要包括建筑物的室内外地面、台阶、窗台、门窗洞顶部、檐口、阳台、雨篷、女儿墙及水箱顶部等处的标高。各标高注写在立面图的左侧或右侧且排列整齐。立面图上除了标高，有时还要补充一些没有详图表示的局部尺寸，如外墙留洞除注出标高外，还应注出其大小尺寸及定位尺寸。

9.4.2　绘制建筑立面图步骤

建筑立面图的绘制一般应按以下步骤进行。

（1）清理平面图，绘制基准线，即按尺寸画出房屋的横向定位轴线和层高线，注意横向定位轴线与图保持一致，画建筑物的外形轮廓线。

（2）画门窗洞线和阳台、台阶、雨篷、屋顶造型等细部的外形轮廓线。

（3）画门窗分格线及细部构造，并注标高尺寸、轴号、详图索引符号和文字说明等，完成全图。

9.4.3　建筑立面图示例

建筑立面图通常是以平面图绘制为基础，在利用计算机辅助设计绘图时，并不需要从零开始，利用平面图中的尺寸关系，建立立面图，可以使绘图过程大大简化。本节将以上节中平面图 1 梯 2 户 2 个单元 7 层住宅楼的北立面图为例，帮助读者了解立面图的基本绘制方法，如图 9-27 所示。

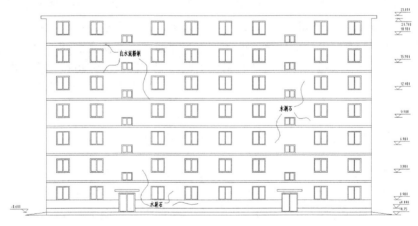

图 9-27　北立面图

1. 清理平面图

（1）打开建立好的平面图，如上例中"建筑平面图.dwg"，另存为"建筑立面图.dwg"。

（2）清理平面图中与立面图无关的文字、图块等数据内容，保留外墙、台阶、雨篷、外墙上的门窗洞等图形信息。操作方法如下。

① 关闭或锁定所有的建筑构件所在的图层。

② 执行下拉式菜单命令"文件｜图形实用程序｜清理…"，弹出如图 9-28（a）所示的

"清理"对话框，从中选择无用的数据内容，然后单击"清理"按钮进行清理。

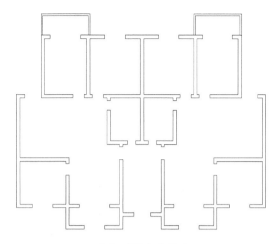

（a）"清理"对话框　　　　　　　　　（b）北立面图生成基础

图 9-28　清理平面图

③ 由于需绘制北立面图，为了便于定位，可单击修改工具栏旋转命令按钮，选择清理后的图形，输入"180<Enter>"，将图形旋转 180°，如图 9-28（b）所示。

2. 设置图层

单击图层工具栏上的图层特性管理器按钮，在弹出的对话框中设置如图 9-29 所示立面图所需图层及其属性。

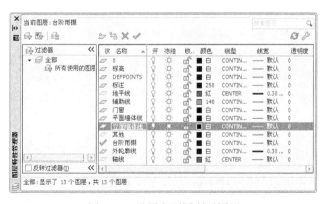

图 9-29　设置立面图所需图层

3. 绘制定位线

（1）根据平面图绘制垂直定位线。将辅助线层置为当前层，执行下拉菜单"绘图｜射线"命令，捕捉平面图中的各垂直定位点，绘制建筑立面图的垂直定位线，如图 9-30 所示。

（2）绘制水平定位线。

① 绘制室外地平线。在平面轮廓线上方合适位置，利用画线 Line 命令绘制室外地平线。

② 单击偏移按钮，输入 750，选择地平线为要偏移的对象，鼠标上移拾取一点，偏

移得到首层地面标高位置线（±0.000）。

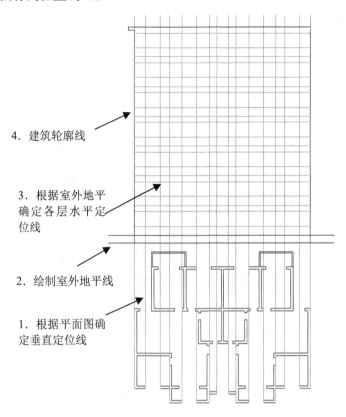

4. 建筑轮廓线

3. 根据室外地平
确定各层水平定
位线

2. 绘制室外地平线

1. 根据平面图确
定垂直定位线

图 9-30　根据平面图绘制定位线及建筑轮廓线

③ 回车重复偏移命令，依次偏移 900、1500、500，生成第一层窗台高度、窗高和层高线，如图 9-28 所示。

④ 单击阵列按钮，选择矩形阵列，输入阵列行数为 7，列数为 1，行间距为 3000，选择阵列对象为第一层窗台高度、窗高和层高线，单击确定结束阵列，得到 7 层的水平定位线。

4. 绘制建筑轮廓线

关闭"平面图墙体线"层，设置"立面墙体线"层为当前层。启用正交模式，单击画线按钮，捕捉辅助线上的外轮廓点画线。其中顶层雨沿宽度为 600，厚度为 150，可在正交模式下利用对象追踪绘制，也可使用输入相对坐标的形式绘制，如图 9-30 所示。

5. 绘制门窗、雨篷及墙面分格线

设置"门窗"层为当前层。

① 利用多线命令绘制窗。输入 Mline 命令，在相关命令提示下输入"ST<Enter>"，输入"STANDARD<Enter>"，选择 STANDARD 多线样式；输入设置比例"S<Enter>"，输入"50<Enter>"；输入"J<Enter>"，输入"T<Enter>"，选择顶对齐方式；捕捉一层客厅窗辅助线对应点绘制窗轮廓，输入"C<Enter>"闭合窗框多线。

② 回车重复多线命令，输入"J<Enter>"，输入"Z<Enter>"，选择中线对齐方式。捕捉窗框上下边中点，绘制多线，如图 9-31（a）所示。

③ 执行下拉菜单"修改｜对象｜多线"命令，在打开的对话框中单击 T 形合并按钮 ，对窗扇进行编辑，完成窗的绘制，如图 9-31（a）所示。用同样的方法绘制门。

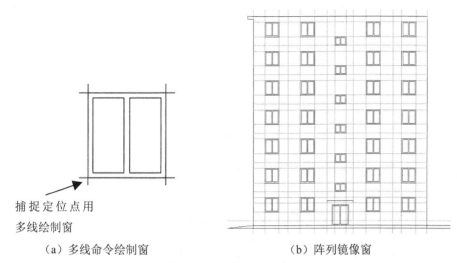

捕捉定位点用
多线绘制窗

（a）多线命令绘制窗　　　　　　　（b）阵列镜像窗

图 9-31　立面图中的窗绘制

④ 阵列窗。由于立面图的对称性，可先阵列左侧两列窗，再捕捉对称线，镜像右侧两列窗。单击阵列按钮 ，选择矩形阵列，输入 7 行 2 列，行间距为 3000，列间距为 3750，窗选左下角窗为阵列对象，单击"确定"按钮完成阵列。同理，绘制楼梯门窗。

镜像对面单元窗：单击镜像按钮 ，选择左侧两列窗，按<Enter>键结束选择，在对称中线上捕捉两点作为镜像线，按<Enter>键不删除原对象，完成镜像操作，如图 9-31（b）所示。

⑤ 绘制门、雨篷。按照如图 9-32 所示尺寸利用画线命令绘制门和雨篷。

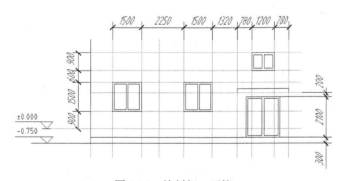

图 9-32　绘制门、雨篷

⑥ 利用多线命令绘制墙面分格线。输入 Mline 命令，输入"ST<Enter>"，输入"STANDARD<Enter>"，选择 STANDARD 多线样式；输入设置比例"S<Enter>"，输入"20<Enter>"；输入"J<Enter>"，输入"T<Enter>"，选择顶对齐方式；分别捕捉各层地平线对应点绘制墙面分格线，如图 9-27 所示。

6. 镜像命令绘制另一半单元立面图

7. 标注标高及相关文字

（1）定义带属性的标高块（请参考第 5 章 5.2.1 小节、5.6.3 小节相关内容），在图中对应位置标注标高。

（2）用 TEXT 命令输入文字"水刷石"、"白水泥粉刷"，用样条曲线命令 $\sim$ 绘制曲线，指向要处理的墙面，如图 9-27 所示。

8. 插入图框，注写比例、详图索引符号和文字说明等，完成立面图的绘制

9.5　建筑剖面图的设计与绘制

剖面设计主要分析建筑物各部分应有的高度、剖面形状、建筑层数、建筑空间的组合和利用，以及建筑剖面中的结构、构造关系等。

建筑剖面设计和竖向组合直接影响到建筑物的使用、造价和节约用地，并对城市景观的形成有直接影响。

剖面设计是在平面设计的基础上进行，同时又会对建筑平面设计产生一定的影响，在建筑设计中必须充分考虑平面和剖面之间的相互影响，不断修改，最终使两者同时满足要求。

9.5.1　建筑剖面图有关规定和画法特点

（1）比例与图例。建筑剖面图的比例应与建筑平面图、立面图一致，通常为 1∶50、1∶100、1∶200 等，多用 1∶100。由于绘制建筑立面图的比例较小，按投影很难将所有细部表达清楚，所以剖面图内的建筑构造与配件也要用标准图例表示。

（2）定位轴线。在建筑剖面图中一般只画出两端的定位轴线及其编号，以便与平面图对照。需要时也可以注出中间轴线。

（3）图线。被剖切到的墙、楼面、屋面、梁的断面轮廓线用粗实线画出。砖墙一般不画图例，钢筋混凝土的梁、楼面、屋面和柱的断面通常涂黑表示。粉刷层在 1∶100 的平面图中不必画出，当比例为 1∶50 或更大时，则要用细实线画出。室内外地坪线用加粗线表示。没有剖切到的可见轮廓线，如门窗洞、踢脚线、楼梯栏杆、扶手等用中实线画出（当绘制较简单的图样时，也可用细实线画出）。尺寸线与尺寸界线、图例线、引出线、标高符号、雨水管等用细实线画出。定位轴线用细单点长画线画出。

（4）尺寸与标高。尺寸标注与建筑平面图一样，包括外部尺寸和内部尺寸。外部尺寸通常为 3 道尺寸，最外面一道称第 1 道尺寸，为总高尺寸，表示从室外地坪到女儿墙压顶面的高度；第 2 道为层高尺寸；第 3 道为细部尺寸，表示勒脚、门窗洞、洞间墙、檐口等高度方向尺寸。内部尺寸用于表示室内门、窗、隔断、搁板、平台和墙裙等的高度。另外还需要用标高符号标出室内外地坪、各层楼面、楼梯休息平台、屋面和女儿墙压顶面等处的标高。注

写尺寸与标高时，注意与建筑平面图和建筑立面图相一致。

（5）其他标注。对于局部构造表达不清楚时，可用索引符号引出，另绘详图。某些细部的做法，如地面、楼面的做法，可用多层构造引出标注。

9.5.2　绘制建筑剖面图步骤

建筑剖面图的绘制一般应按以下步骤进行。

（1）画基准线，即按尺寸画出房屋的横向定位轴线和纵向层高线、室内外地坪线、女儿墙顶部位置线等。

（2）画墙体轮廓线、楼层和屋面线，以及楼梯剖面等。

（3）画门窗及细部构造，按建筑剖面图的要求加深图线，标注尺寸、标高、图名和比例等，最后完成全图。

9.5.3　建筑剖面图示例

现以如图 9-33 所示的剖立面图为例，说明剖面图的绘制方法和步骤。

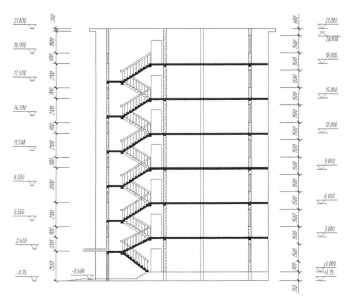

图 9-33　多层楼梯剖立面图

1. 清理平面图

（1）打开建立好的平面图，如上例中"建筑平面图.dwg"，另存为"建筑剖面图.dwg"。

（2）清理平面图中与立面图无关的文字、图块等数据内容，保留外墙、台阶、雨篷、外墙上的门窗洞等图形信息。操作方法如下。

① 关闭或锁定所用的建筑构件所在的图层。

② 执行下拉式菜单"文件 | 绘图实用程序 | 清理"命令，弹出如图 9-28（a）所示的"清

理"对话框，从中选择无用的数据内容，然后单击"清理"按钮进行清理。

③ 由于需绘制剖立面图，为了便于定位，可单击修改工具栏旋转按钮，选择清理后的图形，输入"90<Enter>"，将图形逆时针旋转 90°。

2. 设置图层

单击图层工具栏上的图层特性管理器按钮，在弹出的对话框中设置如图 9-34 所示图层及其属性。

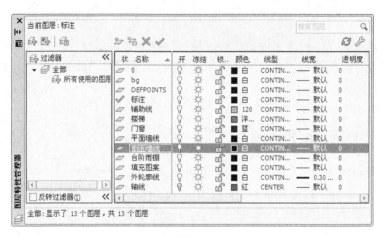

图 9-34　设置剖立面图所需图层

3. 绘制定位线

（1）根据平面图绘制垂直定位线。将"轴线"层置为当前层，执行下拉菜单"绘图 | 射线"命令，捕捉平面图中的各垂直定位点，绘制建筑剖立面图的垂直定位轴线。将"辅助线"层置为当前层，执行下拉菜单"绘图 | 射线"命令，捕捉平面图中楼梯踏步起止位置、入户门及外墙线位置定位点绘制垂直定位线，如图 9-35（a）所示。

（2）绘制水平定位线。

① 绘制室外地平线。在平面轮廓线上方合适位置，利用画线命令绘制地平线。

② 单击偏移按钮，输入 750，选择地平线为要偏移的对象，鼠标上移拾取一点，偏移得到首层地面标高位置线（±0.00）。单击"修剪"按钮，以楼梯踏步起始线为剪切边修剪首层地面标高位置线，如图 9-35（a）所示。

③ 单击偏移按钮，输入 150，选择地平线为要偏移的对象，鼠标上移拾取一点，偏移得到进入单元地平线。单击修剪按钮，以楼梯踏步终止线为剪切边修剪"进入单元地平线"，如图 9-35（a）所示。

④ 回车重复偏移命令，依次偏移 2400、2700 生成一层和二层楼梯休息平台高度线，如图 9-35（b）所示。

⑤ 单击阵列按钮，选择矩形阵列，输入阵列行数为 7，列数为 1，行间距为 3000，选择阵列对象为首层地面标高位置线（±0.00），单击"确定"结束阵列。得到 7 层的水平定位线，如图 9-35（b）所示。

⑥ 回车重复阵列命令，选择矩形阵列，输入阵列行数为 5，列数为 1，行间距为 3000，选择阵列对象为二层楼梯休息平台高度线，单击"确定"按钮结束阵列。得到其余层休息平台定位线，如图 9-35（b）所示。

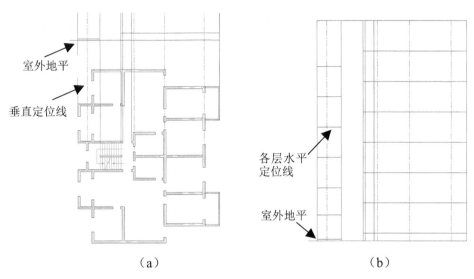

（a）　　　　　　　　　　　　　（b）

图 9-35　根据平面图确定立面图的垂直定位线和水平定位线

4．绘制墙体轮廓线

根据辅助线，捕捉图 9-35 中的定位点，绘制墙体轮廓线，如图 9-36 所示。

5．利用多线命令绘制墙线

利用平面图中已定义好的"墙体"多线样式捕捉图 9-33 中的轴线端点完成绘制，如图 9-36 所示。

🔧 **技巧与提示**

➢ 剖面图的图形文件是在平面图清理后另存的基础上绘制的，其中保留了平面墙体层及对应墙体多线样式，大大方便图形的绘制。

6．绘制门窗、雨篷等

（1）绘制入户门。捕捉辅助线上的定位点，利用矩形命令，绘制 900×2000 的门。

（2）绘制窗。将立面图复制到当前文件中，利用

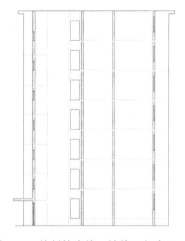

图 9-36　绘制轮廓线、墙线、门窗及雨篷

绘制射线命令定位窗所在的位置，利用修剪命令剪切窗洞。将"门窗"层置为当前层，在一层窗洞位置利用画线和偏移命令绘制窗。再利用阵列命令阵列复制各层的窗（方法同平面图中窗的绘制，在此不再赘述）。

（3）绘制雨篷。根据北立面图确定定位点（图 9-32），输入矩形命令，绘制 2000×200 的矩形，如图 9-36 所示。

7. 绘制楼梯

每一楼梯踏步完全一样，高均为 150 个绘图单位，长为 250 个绘图单位。1 层 2 跑楼梯踏步数分别为 12 和 8，而 2-7 层 2 跑楼梯踏步数均为 10。下面通过绘制 2-7 层楼梯，介绍绘制方法和步骤。

（1）绘制第一个踏步及扶手栏杆：打开正交模式、对象捕捉、对象追踪。单击画线按钮 $\diagup$，在绘图区任意位置单击，鼠标上移，输入 "150<Enter>"，鼠标右移，输入 "250<Enter>"，结束画线命令。按<Enter>键重复划线命令，鼠标捕捉踏步中点单击，鼠标上移，输入 "900<Enter>" 结束命令，如图 9-37（a）所示。

（2）单击复制按钮 $\%$，选择踏步及扶手栏杆为复制对象，捕捉踏步端点 a 为基点，捕捉 c 点为下一点，多重复制 9 次，按<Enter>键结束命令，如图 9-37（b）、图 9-37（c）所示。

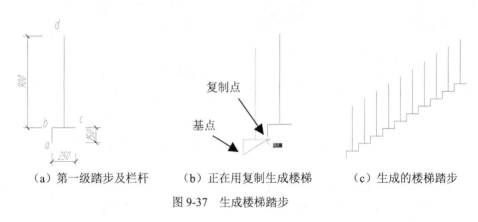

（a）第一级踏步及栏杆　　（b）正在用复制生成楼梯　　（c）生成的楼梯踏步

图 9-37　生成楼梯踏步

（3）绘制扶手。单击画线按钮 $\diagup$，连接扶手栏杆 d 点画出斜线。单击偏移按钮 $\triangleq$，输入偏移量为 105，鼠标下移复制一条斜线，如图 9-38（a）所示。

（4）如图 9-38（a）所示，单击修剪按钮 $\diagup$，选择下面一条斜线为修剪边，输入 "E<Enter>"，再输入 "E<Enter>"，即将边延伸模式设置为 "延伸"，修剪多余线条。修剪结果如图 9-38（b）所示。

（5）在正交方式下以一条竖线为对称轴对图 9-38（b）的图形进行镜像复制，可得如图 9-39 所示图形。

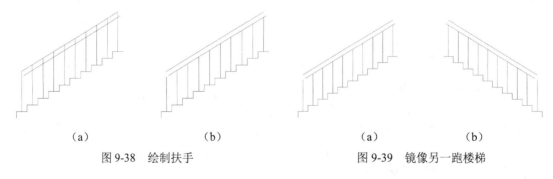

（a）　　　　（b）　　　　　　　　　　（a）　　　　（b）

图 9-38　绘制扶手　　　　　　　图 9-39　镜像另一跑楼梯

（6）如图 9-39 所示，将左侧部分移动到复制出来的右侧部分的上侧。结果如图 9-40（a）所示。

（7）单击圆角按钮![圆角]，输入"R<Enter>"，输入"0<Enter>"，设置圆弧半径为 0；输入"T<Enter>"，修剪模式为修剪；分别单击扶手两对上线，对扶手的上边进行倒圆角操作，使之延长相交。同理，对扶手两对下线进行倒圆角操作，使之延长相交。可得如图 9-40（b）所示的图形。

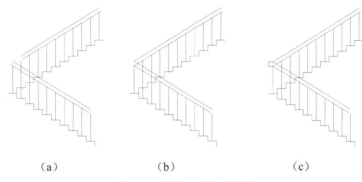

图 9-40　楼梯扶手细部绘制

（8）绘制扶手转角。启用正交、对象捕捉、对象追踪模式，单击画线按钮![画线]，捕捉转角的端点，追踪踏步端点绘制转角。结果如图 9-40（c）所示。

（9）如图 9-41（a）所示，单击画线按钮![画线]，捕捉上方楼梯踏步的 a 点，绘制第一跑楼梯的下侧斜线。单击偏移按钮![偏移]，输入偏移量为 110，鼠标下移复制一条斜线。删除原有斜线。同理绘制第二跑楼梯斜线。

（10）绘制休息平台过梁。单击画线按钮![画线]，以点过滤捕捉方式绘制楼梯休息平台过梁，过梁下方水平线与左侧的一级台阶相平（也可用追踪点方式，即在正交模式下鼠标下移输入 300，鼠标左移输入 150，捕捉踏步下端点）。得到如图 9-41（b）所示的图形。同理绘制另一过梁。

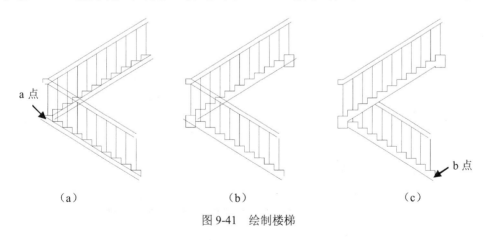

图 9-41　绘制楼梯

（11）最后用修剪命令裁剪掉多余的线段，即可得如图 9-41（c）所示的楼梯。

（12）用同样的方法绘制第一层的楼梯。

8. 绘制楼梯、楼板及梁截面

（1）复制 2-7 层楼梯。

① 将"楼梯"层置为当前层。单击复制按钮![复制]，选择图 9-41（c）绘制好的楼梯，捕捉

b 点为复制基点，捕捉剖立面图中楼梯间对应点，多重复制 6 次，按<Enter>键结束命令，如图 9-42 所示。

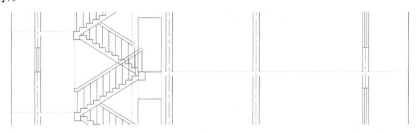

图 9-42　插入楼梯（部分）

② 绘制楼梯连接处扶手转角（见上页第（8）步）。用修剪命令裁剪掉多余的线段。

（2）绘制休息平台楼板。利用矩形命令绘制 2 个矩形，长为 1050 个绘图单位，宽为 150 个绘图单位，起点分别捕捉休息平台端点。用修剪命令裁剪掉多余的线段，如图 9-43 所示。

（3）绘制楼板、梁。利用画线命令捕捉辅助线对应点绘制厚 150 的楼板截面，利用矩形命令绘制 240×240 梁。修剪多余线条，如图 9-43 所示。

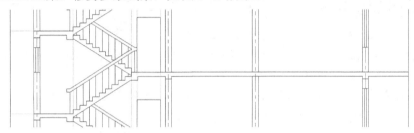

图 9-43　绘制休息平台楼板（部分）

9. 图案填充

按习惯约定，剖面切到的楼梯为实心，切不到的楼梯为空心。用 Bhatch 命令对如图 9-43 所示的几个封闭区域填充图案，下面仅以其中之一举例，其余的区域填充方法完全相同。

关闭"轴线"层，输入 Bhatch 命令，在弹出的"边界图案填充"对话框中填入有关参数。其中墙剖面采用"ANSI31"填充图案，比例为 1：500；楼板剖面采用"SOLID"填充。填充后的楼梯间如图 9-44 所示。

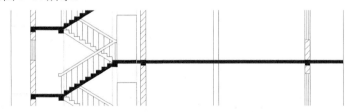

图 9-44　填充后的剖面图（部分）

10. 标注尺寸及标高

定义带属性的标高块（请参考第 5 章 5.2.1 小节、5.6.3 小节相关内容），在图中对应位置标注标高。最终完成的剖立面图如图 9-33 所示。

9.6　建筑详图的设计与绘制

　　建筑平面图、立面图、剖面图是房屋建筑施工的主要图样，它们已将房屋的整体形状、结构、尺寸等表示清楚了，但是由于画图的比例较小，许多局部的详细构造、尺寸、做法及施工要求，图上都无法注写、画出。为了满足施工需要，房屋的某些部位必须绘制较大比例的图样才能清楚地表达。这种对建筑的细部或构配件，用较大的比例将其形状、大小、材料和做法，按正投影图的画法，详细地表示出来的图样，称为建筑详图，简称详图。下面介绍建筑详图有关的规定和画法特点。

　　（1）比例与图名。建筑详图最大的特点是比例大，常用 1∶50、1∶20、1∶10、1∶5、1∶2 等比例绘制。建筑详图的图名，是画出详图符号、编号和比例，与被索引的图样上的索引符号对应，以便对照查阅。

　　（2）定位轴线。在建筑详图中一般应画出定位轴线及其编号，以便与建筑平面图、立面图、剖面图对照。

　　（3）图线。建筑详图的图线要求是：建筑构配件的断面轮廓线为粗实线，构配件的可见轮廓线为中实线或细实线，材料图例线为细实线。

　　（4）尺寸与标高。建筑详图的尺寸标注必须完整齐全、准确无误。

　　（5）其他标注。对于套用标准图或通用图集的建筑构配件和建筑细部，只要注明所套用图集的名称、详图所在的页数和编号，不必再画详图。建筑详图中凡是需要再绘制详图的部位，同样要画上索引符号。另外，建筑详图还应把有关的用料、做法和技术要求等用文字说明。

　　建筑详图的绘制方法与平、立、剖图的绘制方法类似，在此不再赘述。

思考与练习

1. 绘制本章中的建筑平面图、立面图和剖面图。
2. 绘制如图 9-45 所示的楼梯踏步详图。

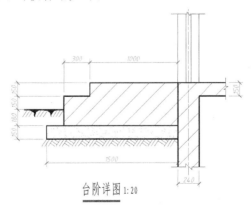

图 9-45　楼梯踏步详图

3. 绘制如图 9-46 所示的建筑平面图和立面图。

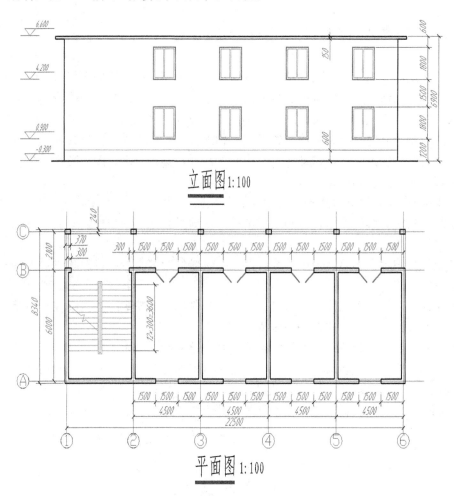

图 9-46　建筑平面图和立面图

第 10 章 结构施工图计算机辅助设计

10.1 结构施工图的分类

结构设计在设计阶段的工作内容大致可分为三大部分：结构方案设计，结构计算分析，结构施工图设计。结构施工图设计的工作内容，是将结构方案设计、结构计算分析结果，用具体的图形及文字表达出来，形成施工图设计文件，是结构设计的物化产品。

目前设计中常用的结构体系有砌体结构、框架结构、框架剪力墙结构、剪力墙结构、筒体结构（框架—核心筒）。施工图设计内容因结构体系不同会有所差别，但大致包括以下几部分内容：结构设计总说明，结构布置图（包括基础、地下室、柱、剪力墙、梁板及楼梯坡道等），构件及节点详图等。

钢筋混凝土结构以目前设计院常用混凝土结构施工图平面整体表示方法(以下简称平法)为例，施工图包括以下几部分内容：结构设计总说明，基础平法施工图（图 10-1），柱平法施工图（图 10-2、图 10-3），墙平法施工图（图 10-33、图 10-34），板平法施工图（图 10-4），梁平法施工图（图 10-5），楼梯平法施工图（图 10-6、图 10-7）及其他构件节点详图等。其中结构设计总说明属于整个结构纲领性文件，对结构做整体介绍和统一规定，其余部分施工图表示各自构件的几何尺寸、配筋及文字说明，表达内容相对独立、完整；对于较为简单工程，可将总说明的相关部分分散到各部分图纸说明中，无需独立设置。以框架结构为例，结构施工图各部分具体内容如图 10-1～图 10-7 所示。

钢结构施工图内容主要包括以下几部分：钢结构设计总说明，结构布置平面图，构件及节点详图，目前钢结构施工图尚无平法表示；有关钢结构施工图详细内容见 10.5 小节。

在实际工程设计中，几乎所有结构设计图纸均可采用 AutoCAD 或者基于 AutoCAD 平台开发的计算机辅助设计程序如天正结构、探索者等专业绘图软件进行绘制完成。

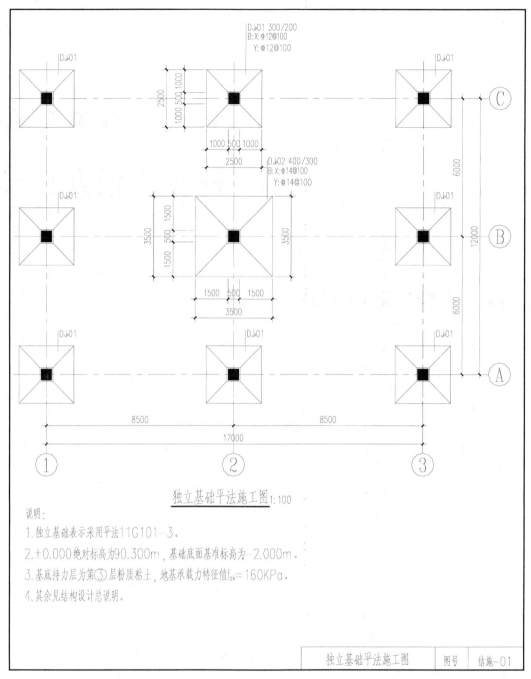

独立基础平法施工图 1:100

说明:

1. 独立基础表示采用平法11G101-3。

2. ±0.000绝对标高为90.300m，基础底面基准标高为-2.000m。

3. 基底持力层为第③层粉质粘土，地基承载力特征值f_{ak}=160KPa。

4. 其余见结构设计总说明。

独立基础平法施工图	图号	结施-01

图 10-1　独立基础平法施工图

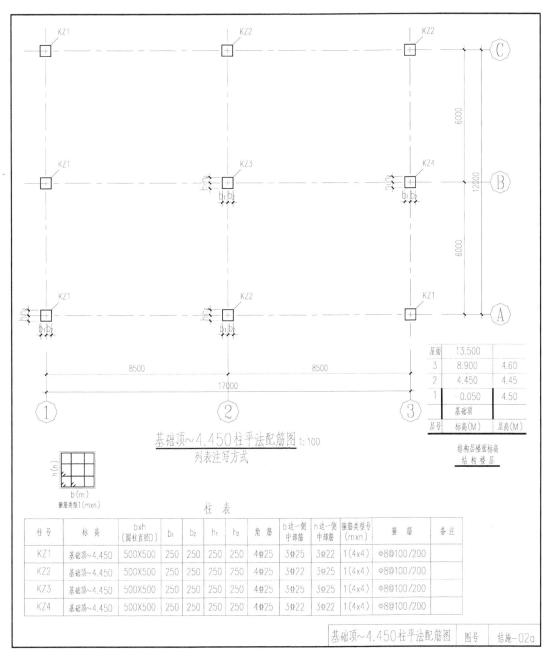

图 10-2　柱平法施工图（列表注写方式）

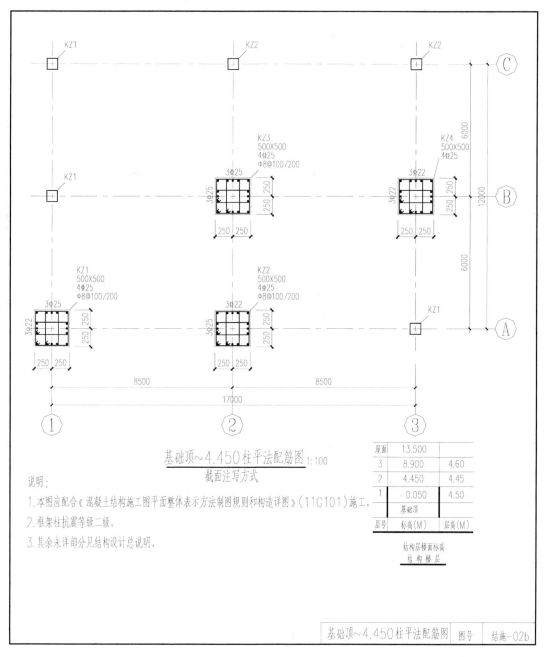

基础顶~4.450柱平法配筋图 1:100
截面注写方式

说明：

1.本图应配合《混凝土结构施工图平面整体表示方法制图规则和构造详图》（11G101）施工。

2.框架柱抗震等级二级。

3.其余未详部分见结构设计总说明。

层号	标高(M)	层高(M)
屋面	13.500	
3	8.900	4.60
2	4.450	4.45
1	-0.050	4.50
	基础顶	

结构层楼面标高
结构楼层

基础顶~4.450柱平法配筋图	图号	结施-02b

图 10-3 柱平法施工图（截面注写方式）

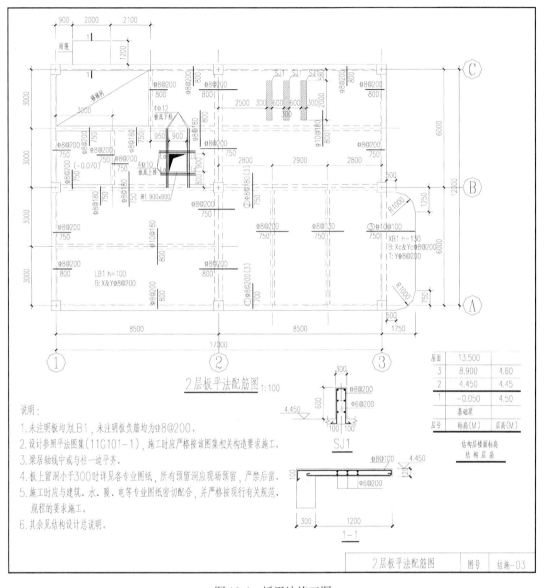

2层板平法配筋图 1:100

SJ1

1—1

屋面	13.500	
3	8.900	4.60
2	4.450	4.45
1	−0.050	4.50
基础顶		
层号	标高(M)	层高(M)

结构层楼面标高
结 构 层 高

说明：

1. 未注明板板均为LB1，未注明板负筋均为Φ8@200。
2. 设计参照平法图集(11G101-1)，施工时应严格按该图集相关构造要求施工。
3. 梁居轴线中或与柱一边平齐。
4. 板上留洞小于300时详见各专业图纸，所有预留洞应现场预留，严禁后凿。
5. 施工时应与建筑、水、暖、电等专业图纸密切配合，并严格按现行有关规范、规程的要求施工。
6. 其余见结构设计总说明。

2层板平法配筋图	图号	结施—03

图 10-4　板平法施工图

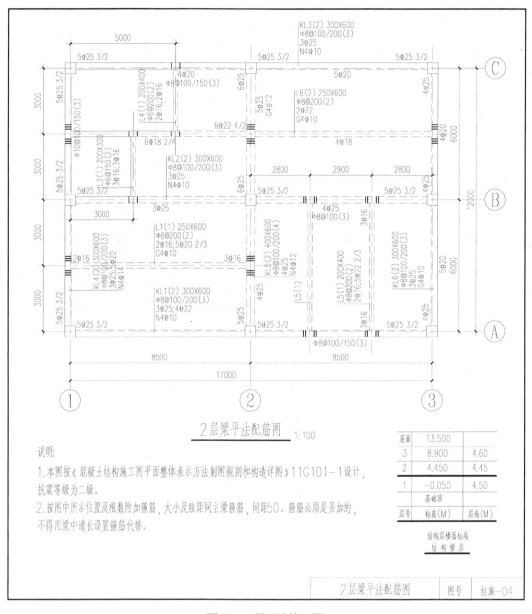

2层梁平法配筋图 1:100

屋面	13.500	
3	8.900	4.60
2	4.450	4.45
1	-0.050	4.50
基础顶		
层号	标高(M)	层高(M)

结构层楼面标高
结构 楼层

说明：

1. 本图按《混凝土结构施工图平面整体表示方法制图规则和构造详图》11G101-1设计，抗震等级为二级。

2. 按图中所示位置及根数附加箍筋，大小及肢距同主梁箍筋，间距50。箍筋必须是另加的，不得用梁中通长设置箍筋代替。

| | 2层梁平法配筋图 | 图号 | 结施-04 |

图 10-5　梁平法施工图

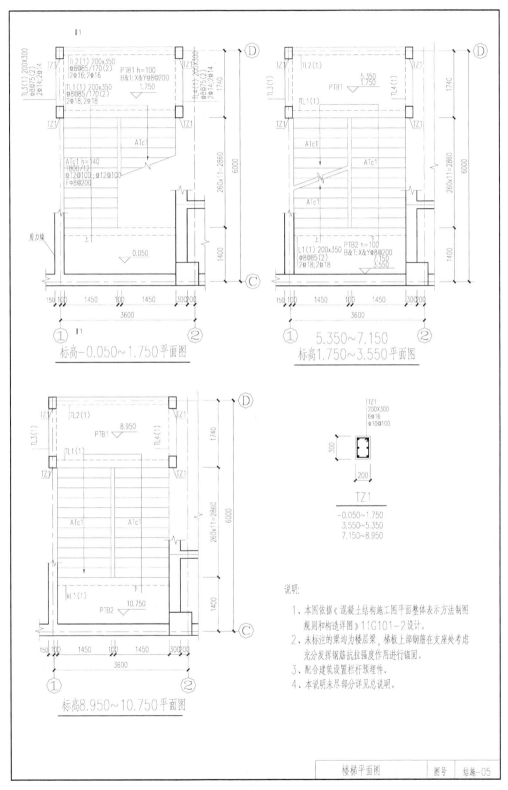

图 10-6　楼梯平面图

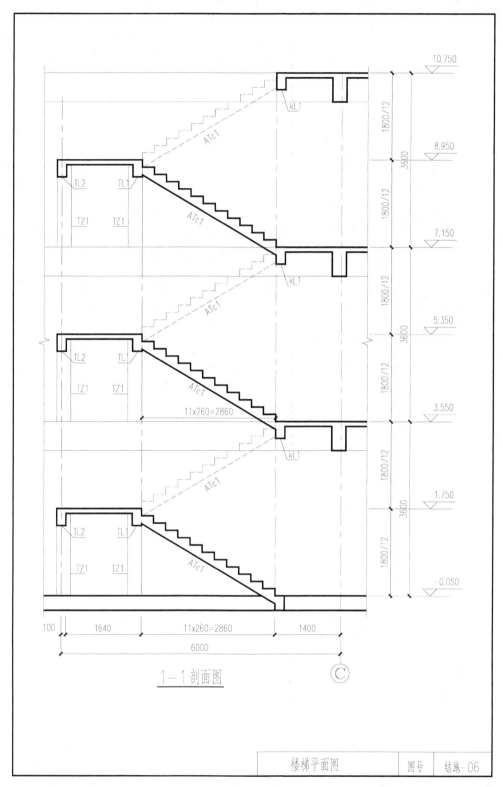

1—1剖面图

| 楼梯平面图 | 图号 | 结施—06 |

图 10-7 楼梯剖面图

10.2　钢筋混凝土结构施工图相关知识

1. 概况

　　钢筋混凝土结构施工图内容因工程差异而有所不同，但就计算机辅助设计所涉及和采用基本元素大致相同，主要包括以下三大元素：几何元素，配筋元素及必要文字注解。如图 10-8 所示，以平法表示某框架结构 2 层梁板平法配筋图，其三大元素对应施工图中具体内容如表 10-1 所示。

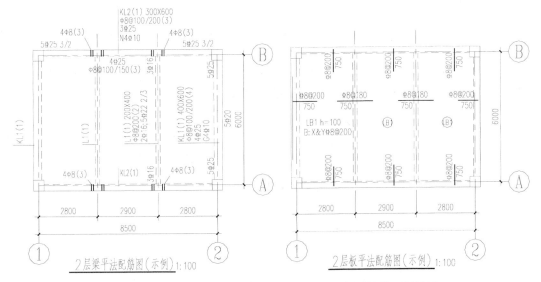

（a）梁平法施工图示例　　　　　　　　（b）板平法施工图示例

图 10-8　梁板平法施工图示例

表 10-1　　　　　　　　　　　　　施工图基本元素对照表

基本元素	对应施工图具体内容		CAD 辅助设计方法
	梁平法施工图	板平法施工图	
几何元素	平面图中绘制梁、柱元及其定位尺寸，如 400 宽梁和 500×500 矩形柱以及其定位尺寸，如 L1 定位尺寸 2800；梁平法标注中梁截面尺寸，如 KL1 截面尺寸 400×600	由梁线区格确定板边界以及平法所标注楼板编号及板厚度，如 LB1，板厚为 100	利用第 2 章中基本绘图命令、第 6 章文字标注命令及第 7 章尺寸标注命令完成
配筋元素	平法图中标注箍筋、梁上下纵筋及扭筋，如 KL2 箍筋Φ8@100/200(3)、上部通筋 3Φ25 及扭筋 N4Φ10	板原位标注支座钢筋及其延伸长度如Φ8@200，延伸长度为 750；板下部纵筋的集中标注，如 X&YΦ8@200	利用第 6 章中文字标注命令完成
文字注解	图名及其绘图比例；框架梁抗震等级、梁配筋附加说明等	图名及其绘图比例；板配筋附加说明等	利用第 6 章中文字标注命令完成

2. 材料符号（混凝土和钢筋）

　　钢筋混凝土结构构件材料由混凝土及钢筋组成，在设计图纸必须明确构件所采用材料强度等级。

混凝土按其抗压强度分为不同的等级，混凝土设计规范列举 C15、C20、C25、C30、C35、C40、C45、C50、C55、C60、C65、C70、C75、C80 共 14 个等级，并对各种构件的材料最低强度等级做出具体要求。如材料为素混凝土结构的强度等级不应低于 C15；钢筋混凝土结构的混凝土强度等级不应低于 C20；采用强度等级 400MPa 及以上的钢筋时，混凝土强度等级不宜低于 C25；预应力混凝土结构的混凝土强度等级不宜低于 C40，且不应低于 C30；承受重复荷载的钢筋混凝土构件，混凝土强度等级不应低于 C30。

普通钢筋可分Ⅰ～Ⅳ级四个等级，其表示方法如表 10-2 所示，预应力筋表示方法如表 10-3 所示。混凝土结构的钢筋应按下列规定选用：①纵向受力普通钢筋宜采用 HRB400、HRB500、HRBF400、HRBF500 钢筋，也可以采用 HPB300、RRB335、HRBF335、RRB400 钢筋；②梁、柱纵向受力普通钢筋应采用 HRB400、HRB500、HRBF400、HRBF500 钢筋；③箍筋宜采用 HRB400、HRBF400、HPB300、HRB500、HRBF500 钢筋，也可采用 HRB335、HRBF335 钢筋；④预应力筋宜采用预应力钢丝、钢绞线和预应力螺纹钢筋。

表 10-2　　　　　　　　　普通钢筋表示方法

牌号	符号	公称直径 d（mm）	牌号	符号	公称直径 d（mm）
HPB300（Ⅰ级钢）	φ	6～22	HRBF400（Ⅲ级钢）	ϕ^F	6～50
HRB335（Ⅱ级钢）	ϕ	6～50	HRB500（Ⅳ级钢）	ϕ	6～50
HRBF335（Ⅱ级钢）	ϕ^F	6～50	HRBF500（Ⅳ级钢）	ϕ^F	6～50
HRB400（Ⅲ级钢）	φ	6～50			

表 10-3　　　　　　　　　预应力筋表示方法

种类		符号	公称直径 d（mm）
中强度预应力钢丝	光面螺旋肋	ϕ^{PM}, ϕ^{HM}	5, 7, 9
消除应力钢丝	光面螺旋肋	ϕ^P, ϕ^H	5, 7, 9
钢绞线	1×3（三股）	ϕ^S	8.6, 10.8, 12.9
	1×7（七股）	ϕ^S	9.5, 12.7, 15.2, 17.8, 21.6
预应力螺纹钢	螺纹	ϕ^T	15, 25, 32, 40, 50

3. 钢筋的分类及示意图

按钢筋在构件中所起的作用不同，可分为如下几种。

（1）受力筋。也称主筋，承受拉（或压）应力的钢筋，用于梁、板、柱等各种钢筋混凝土构件。

（2）箍筋。也称钢箍，在构件内主要起着固定受力筋位置的作用，同时将承受的荷载均匀地传给受力筋，并可承受部分斜拉应力，一般用于梁和柱内。

（3）架立筋。一般只在梁中使用，以固定箍筋的位置，与受力筋、箍筋一起构成钢筋骨架。

（4）分布筋。用于板类构件中，与板内的受力筋垂直布置。其作用是将承受的重量均匀地传给受力筋，并固定受力筋的位置，与受力筋一起构成钢筋网。

（5）构造筋。用于因构件在构造上的要求或施工安装需要配置的钢筋。

【例 10.2.1】 构件详图中钢筋分类示意图，如图 10-9 所示。

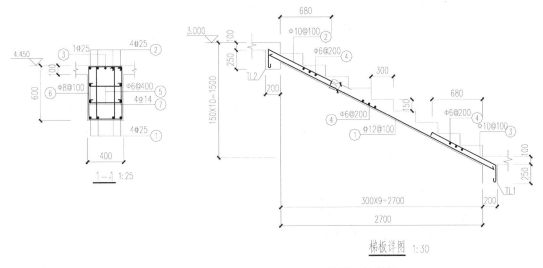

（a）梁配筋详图　　　　　　　（b）楼梯配筋详图

图 10-9　构件钢筋分类示意图

图 10-9（a）中①、②、③号钢筋为梁上下部纵筋，是主筋，⑥号钢筋为箍筋，⑤号钢筋为拉结筋是构造筋，⑦号钢筋为梁抗扭腰筋，是主筋。图 10-9（b）中①、②、③号钢筋为主筋，④号钢筋为分布筋。

4. 钢筋的混凝土保护层厚度和弯钩

钢筋的混凝土保护层厚度指最外层钢筋外边缘离混凝土表面的距离，由混凝土结构所处环境类别和设计使用年限确定，设计时由设计者指定。如环境类别为二 a，使用年限为 50 年，板墙保护层厚度为 20mm，梁柱为 25mm。

如果受力筋用光圆钢筋，如 I 级钢筋，则钢筋两端常做成弯钩。II 级钢筋或 II 级以上的钢筋因表面有肋纹，一般不需做弯钩。图 10-10（a）是常见的钢筋弯钩形式，其中斜钩表示等级为 II 级及 II 级以上钢筋断点符号，钢筋实际加工时不需要设置此斜钩；图 10-10（b）是钢箍的弯钩形式。

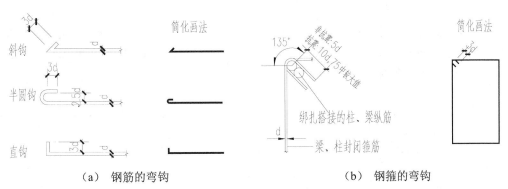

（a）钢筋的弯钩　　　　　　　（b）钢箍的弯钩

图 10-10　钢筋与钢箍的弯钩

5. 钢筋的表示方法及图例

（1）钢筋的表示方法。对于钢筋混凝土构件截面详图，采用单构件正投影表示法，如图 10-11 所示。详图不仅要表示构件的形状、尺寸，而且还需要表示钢筋的配置情况，包括钢筋的种类、数量、等级、直径、形状、尺寸、间距及编号等。如示例中梁上部纵筋配置情况为：纵筋根数 5 根，直径为 25，钢筋级别为III级，钢筋编号为②、③；箍筋直径为 8，钢筋级别为 I 级，间距为 100mm。

详图中与剖切方向平行的钢筋用粗实线表示，与剖切方向垂直的钢筋用黑圆点表示其断面。

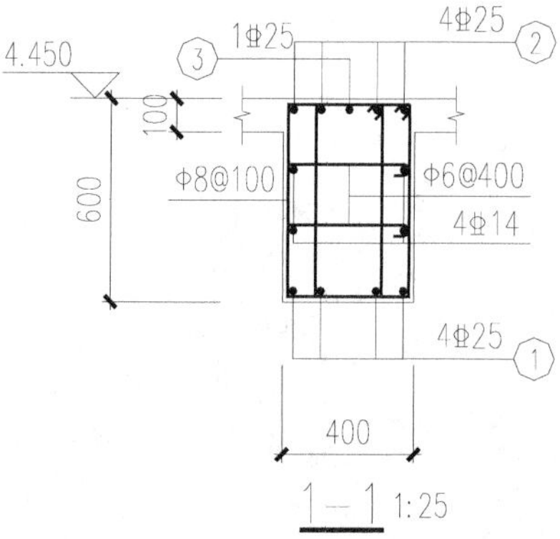

（2）钢筋的图例。一般钢筋的常用图例如表 10-4 所示，其他如预应力钢筋、焊接网、钢筋焊接接头的图例可查阅有关标准。

图 10-11 梁截面详图

表 10-4 　　　　　　　　　　　常用钢筋图例

名称	图例	说明
钢筋横断面	•	
无弯钩的钢筋端部		左图表示长、短钢筋投影重叠时，短钢筋的端部用 45°斜画线表示
带半圆形弯钩的钢筋端部		用于 I 级光圆钢筋
带直钩的钢筋端部		可用于板墙类支座负筋
无弯钩的钢筋搭接		用于 II 级钢筋或 II 级以上钢筋
带半圆形弯钩的钢筋搭接		
带直弯钩的钢筋搭接		
机械连接的钢筋接头		用文字说明机械连接的方式（或冷挤压或锥螺纹等）
预应力钢筋或钢绞线		
单根预应力钢筋断面	+	

6. 常用图元特性规定

对钢筋混凝土结构施工图常用图元及图元组合，如轴线、柱子、混凝土墙、基础等，对应图层，颜色，线型做如下统一规定，见表 10-5。在后续施工图绘制方法介绍时，对此部分图元特性设定不再单独描述。

表 10-5 　　　　　　　　　　　常用图元特性表

图元名称	图例	图层	颜色	线型
平面轴线		Dote	红色	Center
平面柱子	 □ ○ □	Colu	白色	Continuous
平面砼墙		Wall	黄色	Continuous
平面主梁		Beam	青色	Dashed

续表

图元名称	图例	图层	颜色	线型
平面洞口	凑900x900	Hole	蓝色	Continuous
平面基础		Base	白色	Continuous
平面桩		Pile	白色	Continuous 或 Dashed
钢筋		Rein	红色	Continuous
文字	未标注钢筋为Φ8@200	Text	白色	Continuous
尺寸	800	Dim	绿色	Continuous

7．结构施工图钢筋符号的输入

为了在绘制结构施工图可以方便输入钢筋符号，专业结构设计软件公司在 CAD 基础上进行文字编码二次开发，任何电脑只要到以下网址下载安装字体程序就可以使用这个字体，安装程序支持所有操作系统。http://www.tsz.com.cn/Download/DownloadDetails.shtml?DType = -1&DOWNID = 2120000000000070。采用这种新的字体编码可以实现钢筋符号直接挂接到常用输入法中，应用时直接输入就可以；钢筋符号可以直接显示，不需要记住代码，钢筋符号即Φ Φ Φ Φ；在各种文档，包括 CAD 里面显示也全部是正常钢筋符号，不再出现码号或空白。

10.3　结构施工图平面整体表示方法

1．概述

平法的表达形式，就是把结构构件的尺寸和配筋等，按照平面整体表示方法的制图规则，整体直接地表达在各类构件的结构平面布置图上，再与标准构造详图相配合，以构成一套新型完整的结构设计；与传统设计方法相比，极大地提高了设计效率，是对我国目前混凝土结构施工图的设计表示方法的重大改革，平法系列图集包括：11G101-1《混凝土结构施工图平面整体表示方法制图规则和构造详图（现浇混凝土框架、剪力墙、梁、板）》、11G101-2《混凝土结构施工图平面整体表示方法制图规则和构造详图（现浇板式楼梯）》、11G101-3《混凝土结构施工图平面整体表示方法制图规则和构造详图（独立基础、条形基础、筏形基础及桩基承台）》。

平法施工图设计文件构成见表 10-6，其中各类构件平法施工图由设计者绘制完成，标准构造详图由图集本身固化下来，此部分图纸不需要设计者来绘制。在结构设计中，设计者按照制图规则，根据构件类型编号及其他信息选用图集中与其对应标准构造详图，两者组成完整施工图文件。

表 10-6　　　　　　　　平法施工图设计文件构成

结构设计内容（即平法施工图设计系列）	构造设计内容（即制图规则与标准构造详图系列）	对应平法图集
结构设计总说明	平法设计制图规则和通用构造规则	11G101-1～11G101-3
基础及地下结构平法施工图	基础及地下结构标准构造详图	11G101-3
柱、墙平法施工图	柱、墙标准构造详图	11G101-1
板平法施工图	板标准构造详图	
梁平法施工图	梁标准构造详图	
楼梯平法施工图	楼梯标准构造详图	11G101-2

2. 平法制图规则

结构平法施工图就是根据各类构件的平法制图规则，在结构的平面布置图上直接表示构件的尺寸、配筋及其所对应的标准构造详图，制图规则明确平法施工图中应包含最基本内容。

（1）构件的编号。按平法绘制结构施工图，应将所有基础、柱、剪力墙、梁和板等构件进行编号，构件编号包括类型代号和序号等。其中，类型代号的主要作用是指明所选用的标准构造详图；在标准构造详图，已经按其所属构件类型注明代号，以明确该详图与平法施工图中该类型构件互补关系，两者共同构成完整的结构施工图。如图 10-12 所示，梁集中标注代号 KL，明确其构件类型为楼层框架梁，再根据指定框架抗震等级，就可选用平法 11G101-1 第 79 页抗震楼层框架梁 KL 纵向钢筋构造详图（含钢筋锚固，连接），第 85 页箍筋构造做法详图。

KL3(2) 300X600
Φ8@100/200(3)
3Φ25
N4Φ10
5Φ25 3/2
5Φ25 3/2
5Φ20

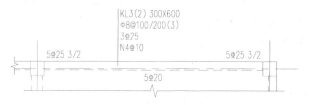

图 10-12　梁平法标注示意

（2）结构楼层层高、标高表。在施工图上应当用表格或其他方式注明包括地下和地上各层的结构层楼面、地面标高、结构层高及相应的结构层号，对剪力墙结构尚需注明结构底部加强部位，约束边缘构件范围及上部结构嵌固部位等，如图 10-13 所示。

结构层楼面标高和结构层高在单项工程中必须统一，以保证基础、柱与墙、梁、板等用同一标准竖向定位。一般将统一的结构层楼面标高和结构层高分别放在柱、墙、梁等各类构件的平法施工图中。

结构层楼面标高是指建筑图中的楼层标高扣除建筑面层以后的结构面标高，结构层号应与建筑楼层号对应。

层高、标高表内，在所绘制平面布置图的层号、标高下绘制粗实线，表示当前平面所在位置，用竖向粗实线表示竖向构件起止标高。

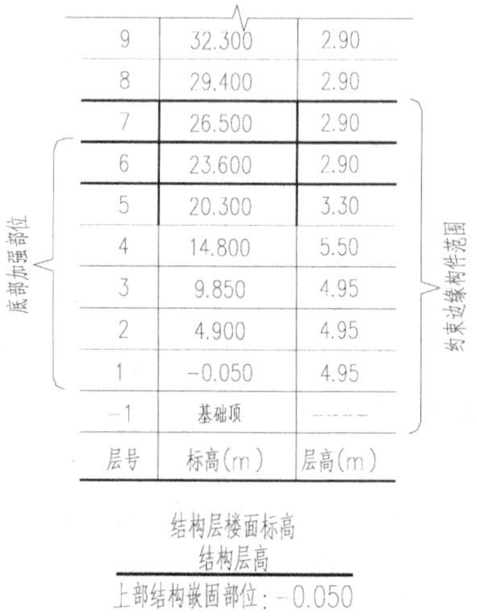

9 32.300 2.90
8 29.400 2.90
7 26.500 2.90
6 23.600 2.90
5 20.300 3.30
4 14.800 5.50
3 9.850 4.95
2 4.900 4.95
1 -0.050 4.95
-1 基础顶 ----
层号 标高(m) 层高(m)
底部加强部位
约束边缘构件范围
结构层楼面标高
结构层高
上部结构嵌固部位：-0.050

图 10-13　结构层楼层标高表

（3）结构设计总说明。在施工图结构设计总说明中，必须写明与平法施工图密切相关的内容。

① 注明所选用的平法标准图的图集号，以免图集升版后在施工中用错版本。

② 当抗震设计时，应写明抗震设防烈度及结构构件抗震等级，以便选用相应抗震等级的标准构造详图；当非抗震要求时，也应写明，以便采用相应非抗震标准构造图。

③ 写明各类构件在其所在部位采用的混凝土强度等级和钢筋级别。

④ 写明各类构件如柱、剪力墙、梁等纵向钢筋接长时采用的连接方式及有关要求。

⑤ 应写明结构不同部位所处环境类别，以确定混凝土保护层厚度。

10.4　结构平法施工图示例

下面以某框架结构工程为例，完整介绍框架结构各类构件包括基础、柱、梁、板、楼梯平法施工图绘制方法，掌握结构施工图绘制基本知识和平法表示方法制图规则。通过本部分学习，要求达到能综合应用第 2 章～第 8 章所学习基本命令（对命令具体操作步骤本章不再重复），熟悉结构施工图绘制流程，为今后设计工作奠定基础。

绘制结构施工图时，构件及其定位需在建筑轴网上进行，建筑轴网绘制方法，定位及标注参照第 9 章建筑施工图相关内容，轴网及结构施工图涉及结构构件其图元特性包括图层，颜色，线型参照表 10-5，在后续施工图绘制示例中默认已完成建筑轴网绘制工作，不再重复此步骤。示图中用箭头引注的内容仅为注解，在实际设计图纸绘制时，不需要表示。

10.4.1　基础平法施工图的绘制

框架结构柱下基础有条形基础、独立基础、桩基承台和筏形基础等几种基础形式，本示例以柱下独立基础为例，介绍独立基础平法施工图绘制流程，成图如图 10-1 所示。为了示图清晰，图纸省去标题栏、图框、图签及部分文字说明。

绘制基础平法施工图的步骤是：首先绘制基础平面布置图，然后在平面布置图按独立基础平法施工图制图规则注写独立基础的有关内容。

1.　绘制独立基础平面布置图

根据柱下独立基础大小，在建筑轴网上将独立基础及上部框架柱一起绘制在平面图上，并标注独立基础定位尺寸，对轴线未居中的柱，应标注柱中心线与轴线之间定位尺寸。不同基础之间，除了基础平面大小和高度不同外，图形绘制方法一致，下面以图 10-1 中②轴的 DJ_P01 为例，介绍一下独立基础平面图的绘制。

【例 10.4.1-1】绘制独立基础平面图，如图 10-14 所示。

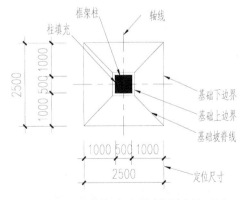

图 10-14　独立基础平面图绘制方法示例

（1）以已有建筑轴线交点为中心，用矩形命令 Rectang 绘制柱子和基础下边界，用填充命令 Solid 进行柱内填充，用偏移命令 Offset 将柱边线外偏 50，生成基础上边界；用直线命令 Line 连接基础上下边界角点，生成基础坡脊线。

（2）用尺寸标注命令 Dimlinear，在基础两个边上标注基础平面总尺寸（长度和宽度，分别为 2500），总尺寸与基础边界线之间标注分尺寸（1000、500、1000）。

（3）以绘制好的基础为原型，用拷贝命令 Copy 复制到其他轴网交点处，用拉伸命令 Stretch 生成其他尺寸的基础，如 DJ$_P$02 可由 DJ$_P$01 每边对称拉伸 500 后生成。

2. 平法注写内容

在基础平面布置图上，应在编号相同的基础中选出一个，并在适当位置，如右上角用直线引注，用多行文字命令 Mtext 进行独基高度及配筋的集中标注，注写形式如图 10-15 所示。基础平面图注写可分为集中标注和原位标注两种。

集中标注包括基础编号、截面竖向尺寸、配筋三项必注内容，以及基础底面标高和必要文字注解。

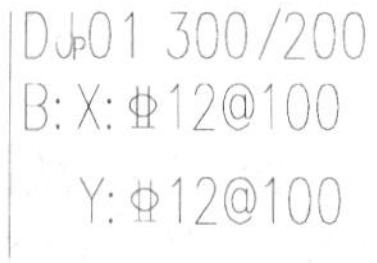

DJ$_P$01 300/200
B: X: ⱷ12@100
Y: ⱷ12@100

图 10-15　集中标注示例

（1）基础编号，见表 10-7。其中基础截面形状以下标形式定义，下标"J"为阶形基础，下标"P"为坡形基础，本示例基础编号为 DJ$_P$01，为普通独立基础，截面形状为坡形，序号为 01。

（2）截面竖向尺寸。由下向上注明每阶高度，形式如 h_1/h_2……如本示例中 300/200，表示独立基础有两阶，高度分别为 300 和 200。

表 10-7　　　　　　　　　　　　　　独立基础编号

类型	基础底板 截面形状	代号	序号
普通独立基础	阶形	DJ$_J$	××
	坡形	DJ$_P$	××
杯口独立基础	阶形	BJ$_J$	××
	坡形	BJ$_P$	××

（3）基础底板配筋。普通独立基础和杯口独立基础的底部双向配筋注写规定如下：以 B 代表各种独立基础底板的底部配筋；X 向配筋以 X 打头，Y 向配筋以 Y 打头注写；当两向配筋相同时，则以 X&Y 打头注写。如本示例独立基础底板配筋标注为：B：X：ⱷ12@100，ⱷ12@100；表示基础底板底部配置Ⅲ级钢筋，X 向直径为 12，间距 100；Y 向直径为 16，间距 100。

（4）原位标注。原位标注是在基础平面布置图上标注独立基础平面尺寸，对编号相同基础，可以选择其中一个进行标注，其余相同的基础仅注编号。

3. 独立基础详图

为了加深对独立基础平法注写内容理解，在例 10.4.1-2 中以 DJP01 为例介绍独立基础详图绘制方法，平法注写各项内容均可表示在详图对应位置，在实际设计中，基础详图一般不需要设计者单独绘制，根据基础类型直接选用平法图集对应节点详图即可。

【例 10.4.1-2】 绘制独立基础详图，如图 10-17 所示。

（1）详图绘图比例为 1:30，首先绘制基础平面及剖面图轮廓线，平面轮廓线绘制方法参照例 10.4.1-1 步骤（1）；剖面图轮廓线用直线命令 Line 绘制，并在柱子适当高度位置绘制剖断线，其中基础垫层用图案填充命令 Hatch 来填充，填充图案为 AN33C。

（2）用尺寸标注命令 Dimlinear，标注基础平面尺寸及基础高度方向尺寸。标注内容包括基础平面尺寸中基础边长与轴线关系尺寸及基础边长尺寸，基础上边界、柱跟轴线三者间关系尺寸；基础剖面图中基础每阶高度 300/200 及总高度。

（3）绘制基础配筋详图，在基础平面右下角用圆弧命令 Arc 画弧，圆心为基础右角点，半径约基础边长的 1/3，并用修剪命令 Trim 修剪基础坡脊线。

（4）用多段线命令 Pline 绘制底板 X 和 Y 向钢筋，多段线线宽为 50，钢筋保护层为 25。绘制分三步进行，即图 10-16 中（a）、（b）、（c）。步骤（a）先用 Pline 命令绘制 X 和 Y 向最外排钢筋，钢筋中心线与基础边界距离为 75；步骤（b）利用偏移命令 Offset 偏移复制两个方向钢筋，间距为 S1 和 S2，即设计确定钢筋间距；步骤（c）利用修剪命令 Trim 以圆弧区域界线和 X、Y 向 0.9 倍基础高度界线（基础边长≥2500 时，除了外围钢筋，其余钢筋采用 0.9 倍边长交错放置）为边界，对钢筋进行修剪。

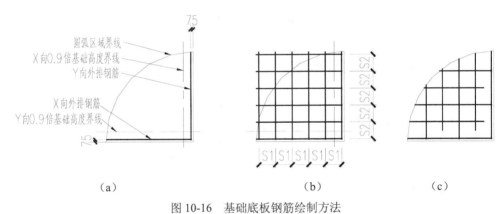

图 10-16　基础底板钢筋绘制方法

（5）用多段线命令 Pline 绘制剖面图中底板 X 和 Y 向钢筋，多段线线宽为 50。与剖切方向平行的 X 向底板筋放下部，钢筋中心线距离基础底边为 75，因钢筋采用Ⅲ级钢，需在两端头绘制斜钩断点（仅表示断点，钢筋加工不需要斜钩），钢筋弯钩画法见图 10-3；用圆环命令 Donut 绘制与剖切方向垂直的底板 Y 向钢筋断面，圆环内径为 0，外径为 100；其余钢筋包括柱插筋和基础内定位箍可以用多段线命令 Pline 来绘制。

（6）对上述已完成钢筋及基础垫层用直线命令 Line 绘制标注引线，用文字命令 Text 进行标注。

4. 增加必要文字说明

在完成基础平面图绘制及平法注写后，在图面适当位置增加基础平法施工图必要文字说明。如：①独立基础设计所采用图集编号，如平法 11G101-3；②基础底标高，如本工程±0.000绝对标高为 90.300m，基础底面基准标高为-2.000m；③基底持力层及土层承载力，如本工程基底持力层为第（3）层粉质粘土，地基承载力特征值 fak = 160kPa。

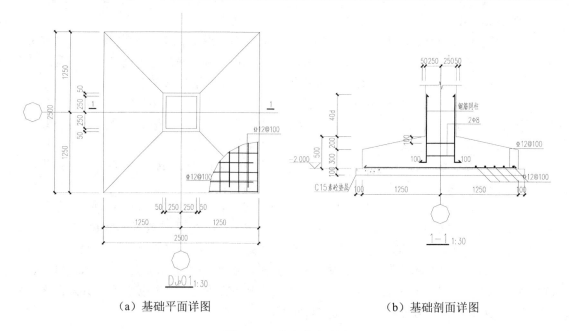

（a）基础平面详图　　　　　　　　（b）基础剖面详图

图 10-17　独立基础详图

10.4.2　柱平法施工图绘制

柱平法施工图是在按适当比例绘制的柱平面布置图上（也可与剪力墙平面布置合并绘制），采用列表注写方式或截面注写方式表达的施工图。

绘制柱平法施工图的步骤是：首先绘制柱平面布置图，然后在平面布置图中按照列表注写方式或截面注写方式注写柱的有关内容。

1．列表注写方式

这是最常用的一种表现形式。它是在采用适当比例绘制的一张柱平面布置图上（包括框架柱、框支柱、梁上柱和剪力墙上柱），选择同一编号柱中的一个（有时需要选择几个）截面来标注几何参数代号的方法。柱表中需注写柱号、柱段起止标高、几何尺寸（包括柱截面对轴线的偏心情况）、配筋数据，并配以柱截面形状及其箍筋类型，见图 10-18、图 10-19。

图 10-18　典型单柱布置图　　　　图 10-19　箍筋类型 1（m×n）

（1）柱编号。由类型代号和序号组成，类型代号见表 10-8。

表 10-8 　　　　　　　　　　　　　　　　柱编号

柱类型	框架柱	框支柱	芯柱	梁上柱	剪力墙上柱
代号	KZ	KZZ	XZ	LZ	QZ

在编号时，当柱总高、分段截面尺寸和配筋均对应相同，仅分段截面与轴线的关系不同时，仍可编为同一柱号。

（2）柱的起止标高。自柱根部往上以变截面位置或截面未变但配筋改变处为界分段注写。

框架柱和框支柱的根部标高指基础顶面标高，梁上柱的根部标高指梁顶面标高。剪力墙上柱的标高则分为两种：当柱纵筋锚固在墙顶部时，其根部标高为墙顶面标高；当柱与剪力墙重叠为一层时，其根部标高为墙顶面往下一层的结构层楼面标高。

（3）柱截面尺寸。柱截面尺寸为 $b \times h$，截面边线与轴线的定位尺寸分别为 b_1、b_2 和 h_1、h_2，显然 $b = b_1 + b_2$，$h = h_1 + h_2$，尺寸标注应对应于各段柱分别注写。当截面的某一边收缩减小至与轴线重合或偏到柱的另一侧时，b_1、b_2 和 h_1、h_2 中的某项为零或负值。

圆柱用直径数字前面加 d 表示，与柱的轴线关系也用 b_1、b_2 和 h_1、h_2 表示。

（4）柱纵筋。分为角筋、截面 b 边中部筋及 h 边中部筋（截面对称时钢筋可仅在一侧标注）。当为圆柱时，角筋一栏注写圆柱全部纵筋。

（5）箍筋。箍筋的注写包括钢筋级别、直径、间距。在抗震设计时，用斜杠"/"区分柱箍筋加密区和非加密区长度范围内箍筋的不同间距；当柱箍筋沿全高为一种规格时，则不使用"/"线。圆柱采用螺旋箍筋时，需在箍筋前加"L"。

各类箍筋类型图及箍筋的复合具体形式，应画在表上部的适当位置，并标注表中对应的 b、h 和箍筋类型号。

【**例 10.4.2-1**】 绘制柱平法施工图（列表注写方式），如图 10-20 所示。

柱 表

柱号	标高	bxh (圆柱直径d)	b_1	b_2	h_1	h_2	角筋	b边一侧中部筋	h边一侧中部筋	箍筋类型号 (mxn)	箍筋	备注
KZ1	基础顶~4.450	500X500	250	250	250	250	4Φ25	3Φ25	3Φ22	1(4x4)	Φ8@100/200	
KZ2	基础顶~4.450	500X500	250	250	250	250	4Φ25	3Φ22	3Φ25	1(4x4)	Φ8@100/200	
KZ3	基础顶~4.450	500X500	250	250	250	250	4Φ25	3Φ25	3Φ25	1(4x4)	Φ8@100/200	
KZ4	基础顶~4.450	500X500	250	250	250	250	4Φ25	3Φ22	3Φ22	1(4x4)	Φ8@100/200	

图 10-20 柱表

（1）在建筑轴线交点处，用矩形命令 Rectang 绘制柱子，柱截面尺寸为 500×500，并确定柱子与轴网偏心关系；按图示要求标注柱与轴网间定位尺寸如 b_1、b_2 及 h_1、h_2，如图 10-18 所示；采用复制命令 Copy 完成其余轴网交点处柱子的绘制。根据结构计算分析结果，截面尺寸及配筋相同柱子采用同一编号，用文字编辑命令 Ddedit 对其他已复制柱子编号进行修改。

（2）用直线命令 Line 和偏移复制命令 Offset 绘制柱表，如图 10-20 所示。表头高度为 1200，其余行高为 800，用文字命令 Text 完成如图表格内文字，文字高度为 400，列宽根据表格文字内容确定。

（3）在表头上部或图中适当位置绘制箍筋类型图，如图 10-19 所示，详图比例为 1:30。用矩形命令 Rectang 绘制柱子轮廓线；采用多段线 Pline 绘制外箍及箍筋弯钩，线宽为 40，弯钩尺寸见图 10-10；拷贝外箍，通过拉伸命令 Stretch 拉伸生成 X 向内箍，内箍肢距大致为外箍 1/3，再通过对 X 向内箍拷贝命令 Copy 和旋转命令 Rotate 生成 Y 向内箍；在柱轮廓线两侧标注柱边长 b、h 及箍筋肢数代号 m、n，完成箍筋类型图绘制。

2. 截面注写方式

这种方式是在分标准层绘制的柱平面布置图上，选择相同编号的一个柱截面，用原位绘制截面详图并注写截面尺寸和配筋具体数值来表达柱平法施工图的方法。截面注写方式比较直观，但制图工作量大，平面布置图也需较大比例。采用截面注写方式时，可以根据具体情况，在一层平面布置图所注写的柱上，加括号"（ ）""< >"来区分和表达不同标准层的注写数值。

【例 10.4.2-2】 绘制柱平法施工图（截面注写方式），如图 10-3 所示。

（1）同例 10.4.2-1 中步骤（1）。不同的是：在标注柱截面与轴线间定位尺寸时需标注具体数值而不再标注参数，截面与轴线居中时可不标注。

（2）从同一编号的柱中选择一个截面如 KZ3，在原位绘制截面详图，并用例 10.4.2-1 中步骤（3）的方法绘制箍筋类型图，如图 10-21（a）所示；然后用圆环命令 Donut 绘制柱纵筋，纵筋位置先布置在箍筋每个内角部，其余纵筋对称均匀分布在柱每个边上，如图 10-21（b）所示；最后在详图上用 Text 或 Dtext 命令进行柱标注，如图 10-21（c）所示，内容包括柱集中标注和原位标注。集中标注内容：柱编号（KZ3）、截面尺寸（500×500）、柱角部纵筋（4Φ25）或全部纵筋、箍筋（Φ8@100/200）等；原位标注内容：柱各边中部钢筋（3Φ25）、柱中心线与轴线间定位尺寸，柱中心线与轴线重合可不标注。由此完成柱详图的绘制。

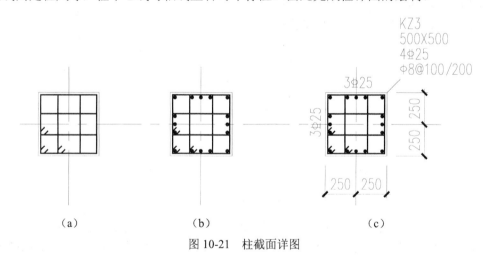

图 10-21　柱截面详图

10.4.3　梁平法施工图的绘制

梁平法施工图是在梁的结构平面布置图上，采用平面注写方式或截面注写方式表达的梁构件截面尺寸及配筋图。

绘制梁平法施工图的步骤是：首先绘制梁平面布置图，然后在平面布置图按平法制图规则上注写梁施工图的有关内容。

1. 绘制梁平面布置图

根据不同结构层次（标准层），将全部梁及与之相关联的柱、墙、板绘制在平面图上，并按规定注明各结构层的标高及相应的结构层号；对轴线未居中的梁，应标注其偏心定位尺寸，但贴柱边的梁可不注。

2. 注写内容

在梁平面布置图上，选择同一编号中的一根梁，在其上注写梁的截面尺寸和配筋信息。注写内容包括集中标注和原位标注。以下所列举示例均取自图 10-5 梁平法施工图。

集中标注用来表达梁的通用数值，可以从梁的任意一跨引出，内容如下。

（1）梁编号。必须注明的参数。包含梁的类型代号、序号、跨数及有无悬挑等信息，见表 10-9。例如，KL1（2）表示 1 号框架梁，2 跨，无悬挑。

表 10-9　梁编号

梁类型	楼层框架梁	屋面框架梁	框支梁	非框架梁	悬挑梁
代号	KL	WKL	KZL	L	XL
序号	××	××	××	××	××
跨数及是否带有悬挑	（××）、（××A）或（××B）	（××）、（××A）或（××B）	（××）、（××A）或（××B）	（××）、（××A）或（××B）	

注：（××A）为一端有悬挑；（××B）为两端有悬挑；悬挑不计入跨数。

（2）梁的截面尺寸。必须注明的参数。等截面梁用 $b \times h$ 表示；加腋梁用 $b \times h$ $GYc_1 \times c_2$ 表示（c_1 为腋长，c_2 为腋高）；对于悬挑梁，当根部和端部截面高度不同时，用 $b \times h_1/h_2$ 表示（其中 h_1 为根部高，h_2 为端部高）。

（3）梁箍筋。必须注明的参数。包含梁箍筋的钢筋级别、直径、加密区与非加密区间距及肢数等信息。箍筋加密区与非加密区的不同间距及肢数用"/"分隔，箍筋肢数写在括号内，箍筋加密区长度则按相应抗震等级的标准构造详图取用。

例如Φ8@100/200（3）表示箍筋为 HPB300 钢筋，直径Φ8，加密区间距为 100mm，非加密区间距为 200mm，均为 3 肢箍。

（4）梁上部贯通筋或架立筋根数。必须注明的参数。所注根数应根据结构受力要求及箍筋肢数等构造要求而定。当既有贯通筋又有架立筋时，用贯通筋＋架立筋的形式表示，架立筋写在加号后面的括号内。当梁的上部纵筋和下部纵筋均为贯通筋、且多数跨的配筋相同时，可用"；"将上部纵筋与下部纵筋分隔。例如 3Φ25；4Φ25 表示梁上部配置 3Φ25 贯通筋，梁的下部配置 4Φ25 贯通筋。

（5）梁侧面纵向构造钢筋或受扭钢筋配置。当梁腹板高度 hw≥450mm 时，梁身需配置纵向构造钢筋，所注规格与根数应符合规范规定，注写值以 G 打头；当梁需要配置抗扭钢筋时，注写值以 N 打头；如 L1 中标注的 G4Φ10，表示梁两个侧面共配置 4Φ10 纵向构造钢筋，每侧 2Φ10；如 KL1 集中标注的 N4Φ10，表示梁两个侧面共配置 4Φ10 抗扭钢筋，每侧 2Φ10。

3. 梁的平面原位标注

原位标注就是在梁控制截面处的标注，包括以下几种。

（1）支座上部纵筋标注。本标注为包括贯通筋在内的全部纵筋。多于一排时，用"/"自上而下分开。例如 5Φ25 3/2 表示支座上部钢筋共 2 排，上排 3Φ25，下排 2Φ25。

当同排纵筋有两种不同直径时，用"+"表示，角部纵筋写在前面；当中间支座两侧纵筋相同时，可仅在一侧表示。

（2）梁下部纵筋标注。与上部纵筋标注类似，多于一排时，用"/"将各排纵筋自上而下分开。例如 L1 下部钢筋 5Φ20 2/3，表示采用两排钢筋，上排 2Φ20，下排 3Φ20，全部伸入支座。

（3）标高高差。该参数为选注值。当梁顶面与楼层所在结构层的标高不同时，用加括号值加注，高出楼层值为正值，反之为负值。

例如，某结构层楼面标高为 24.950m，当某梁的梁顶面标高高差注写为（−0.350）时，即表明该梁顶面标高为 24.600m，低于楼面 0.35m。

（4）附加箍筋或吊筋。直接画在平面图中主梁的相应位置，用线引注总配筋值（附加箍筋肢数写在括号内），或在说明中加注附加箍筋值。

【例 10.4.3-1】 绘制梁平法施工图，局部梁图如图 10-22 所示，完整梁图见图 10-5。本例重点介绍梁平面布置图绘制方法及梁平法注写方式。

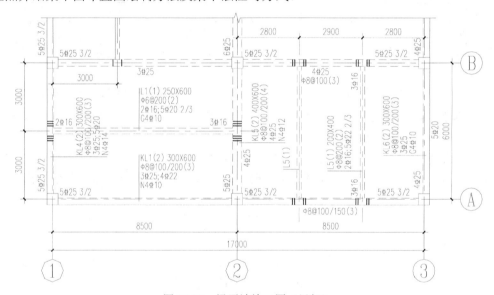

图 10-22　梁平法施工图（局部）

（1）按例 10.4.2-1 中步骤（1）绘制柱平面图（不需要标注尺寸及原位标注）；用多线命令 Mline 绘制梁线，比例（S）根据平法标注梁宽确定，如梁宽为 300，S 值设为 300，对正（J）设为无，以柱边与轴网交点作为多线定位点，沿建筑轴线布置梁线。

（2）通过移动命令 Move 调整梁与柱子及轴线之间位置关系，本示例外围梁的外皮与柱外皮平齐，内部梁中线与轴线重合。用修剪命令 Trim 修剪柱头范围内梁线。利用菜单特性命令 Properties，选择所有梁线，设置其图层为 beam，线型为 dashed，设置合适线型比例，使梁线显示正确。

（3）采用分解命令 Explode 对平面边界及洞口周边梁线进行分解，并将边界上梁线线型修改为 Continuous，采用标注命令对所有未处于建筑轴网上梁的中心线或梁边进行定位；通过以上三步骤完成梁平面布置图绘制工作。

（4）对梁截面及配筋进行平法标注，梁标注按框架梁（KL）和非框架梁（L）分开进行。梁编号顺序可按从下到上，从左到右。梁类型，跨数，截面及配筋相同的梁采用同一编号，并从同一编号的梁中选出一根梁，在其上进行梁的截面尺寸和配筋信息集中标注和原位标注，如图 10-23 所示。

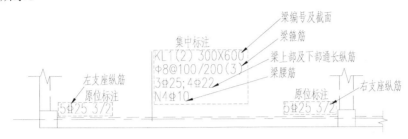

图 10-23　梁平面标注示意图

（5）在主次梁相交处主梁之上次梁两侧绘制附加钢筋或吊筋，增加数量根据计算确定，设计时采用多段线命令 Pline 来绘制，并在原位标注其根数、直径，或说明中统一注明。

4. 梁的直接截面注写

截面注写方式是在梁平面布置图上，用剖面形式直接表达的梁平法施工图。截面注写方式可以单独使用，也可以与平面注写方式结合使用（表达异形截面梁的尺寸和配筋，以及表达局部区域过密的梁）。具体做法就是将所选择梁的截面配筋图直接以剖面形式绘制在本图或其他图上。在截面配筋详图上应明确注明梁的截面尺寸、上部筋、下部、侧面筋和箍筋的具体数值时，具体表达方式与平面注写形式相同。当梁顶面标高不同于结构层的标高时，其注写规定也与平面注写方式相同。

【例 10.4.3-2】 以 KL5 为例，绘制单跨梁立面图（图 10-24）、左右支座及跨中三个位置剖面详图（图 10-25、图 10-26）。立面图表示钢筋弯曲锚固及钢筋截断接长等，详图表示钢筋配置情况（包括大小及位置）。与梁平法施工图（图 10-26）内容进行对比，加深对梁平法平面注写内容理解。

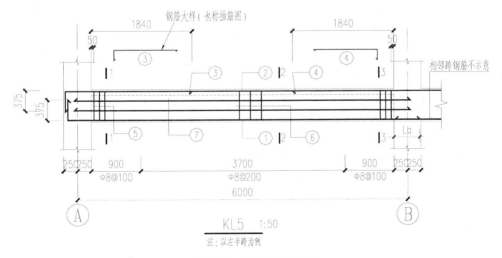

图 10-24　梁配筋立面图

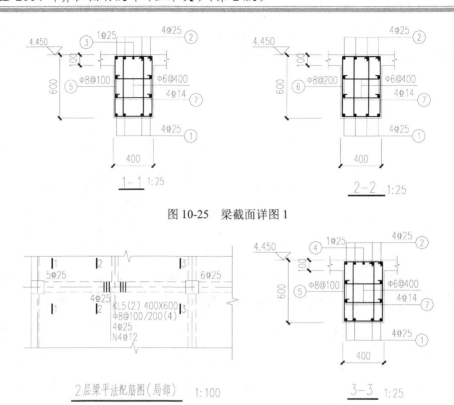

图 10-25　梁截面详图 1

图 10-26　梁平法施工图（局部）及截面详图 2

（1）绘制梁立面详图，比例为 1∶30。首先绘制立面定位轴线，用直线命令 Line 绘制投影方向柱宽、梁高以及梁高范围内的楼板线、柱线，线型为 dashed，并在柱子适当高度位置及梁右端绘制剖断线。

（2）用尺寸标注命令 Dimlinear，标注投影方向梁的平面尺寸、梁与轴线的关系尺寸、柱子与轴线的关系尺寸；如图中梁的跨度为 6000，柱子边线与轴线间尺寸为 250。

（3）绘制梁立面配筋详图，用多段线命令 Pline 绘制梁上部纵筋、腰筋、梁下部纵筋；用 Pline 线绘制净跨 1/3 处③、④号钢筋斜钩断点，并绘制其大样图（也称抽筋图）；用 Pline 线在梁顶与梁底纵筋之间绘制箍筋。对左边支座上下部纵筋绘制时注意钢筋伸到柱对边并上下弯折 15d。

（4）用尺寸标注命令 Dimlinear，标注上部钢筋断开位置、箍筋加密区与非加密区尺寸、柱边第一根箍筋距离柱边线距离。

（5）梁截面详图绘制方法同例 10.4.2-2 中柱截面详图绘制方法相同，但在钢筋标注时不同。梁截面详图中，用 Line 线绘制标注引线，分别标注上部钢筋（图中编号为②、③、④钢筋）；下部钢筋（图中编号为①钢筋）；箍筋（编号为⑤、⑥钢筋）；腰筋，抗扭时为扭筋（图中编号为⑦钢筋）；用 Pline 多段线命令在同水平上绘制两头带弯钩的钢筋勾住腰筋，则绘制出拉筋（图中拉筋为Φ6@400）。

10.4.4　板平法施工图的绘制

板平法施工图是在结构楼面板或屋面板平面布置图上，采用平面注写方式表示楼板截面尺寸及配筋图。

绘制板平法施工图的步骤是：首先绘制楼面板或屋面板平面布置图，然后在平面布置图按平法制图规则上注写板的有关内容。

1. 绘制板平面布置图

根据不同结构层次（标准层），将全部梁及与之相关联的柱、墙、板绘制在平面图上，并按规定注明各结构层的标高及相应的结构层号；绘制板上相关构件包括：楼板留洞、设备基础、预埋件、填充墙构造柱、建筑外围线脚等。板施工图的绘制方法同梁平法施工图，在这不再重复，其他板上构件绘制方法会在后面示例中加以介绍。

2. 板块坐标方向规定

为方便设计表达和施工识图，规定结构平面的坐标方向如下。

（1）当两向轴网正交布置时，图面从左至右为 X 向，从下至上为 Y 向。

（2）当轴网转折时，局部坐标方向顺轴网转折角度做相应转折。

（3）当轴网向心布置时，切向为 X 向，径向为 Y 向。

此外，对于平面布置比较复杂的区域，如轴网转折交界区域、向心布置的核心区域等，其平面坐标方向应由设计者另行规定并在图上明确表示。

3. 板块集中标注内容

在板平面布置图上，两向均以一跨为一板块，在其上注写板的截面尺寸和配筋信息。板平面注写主要包括板块集中标注和板支座原位标注。板块集中标注的内容为：板块编号、板厚、贯通纵筋以及当板面标高不同时的标高高差。

（1）板块编号。板块编号按表 10-10 的规定进行，所有板块应逐一编号，相同编号的板块可择其一做集中标注，其他仅注写置于圆圈内的板编号。

表 10-10　　　　　　　　　　　　　　　板编号

板类型	代号	序号
楼层板	LB	××
屋面板	WB	××
悬挑板	XB	××

（2）板厚。板厚注写为 h = ×××（为垂直于板面的厚度）；当悬挑板的端部改变截面厚度时，用斜线分隔根部与端部的高度值，注写为 h = ×××/×××；当设计已在图注中统一注明板厚时，此项可不注。

（3）贯通纵筋。贯通纵筋按板块的下部和上部分别注写（当板块上部不设贯通纵筋时则不注），并以 B 代表下部，以 T 代表上部，B&T 代表下部与上部；X 向贯通纵筋以 X 打头，Y 向贯通纵筋以 Y 打头，两向贯通纵筋配置相同时则以 X&Y 打头。当为单向板时，分布筋可不必注写，而在图中统一注明。

（4）板面高差。如板块相对于结构层楼面标高的高差，应将其注写在括号内，高出为正值，低于为负值。

例如板集中标注 LB1   h = 100

B:X&Y⏚8@200

表示 1 号楼面板，板厚为 100，板下部配置双向贯通纵筋，配筋值为⏚8@200。

4. 板块原位标注内容

板支座上部非贯通纵筋和悬挑板上部受力钢筋，如图 10-27 所示。板支座钢筋原位标注应在钢筋配置相同跨的其中一跨上绘制表示（悬挑部位单独配置时在原位表示）。绘制方法：在板跨上垂直于板支座（梁或墙）方向，绘制一段长度适宜的粗实线（当该筋通长设置在悬挑板或短跨板上部时，应画至悬挑边或贯通短跨），来代表支座上部非贯通纵筋。纵筋上方注写钢筋编号（如①、②等）、配筋值、横向连续布置的跨数（注写在括号内，单跨时可不注写），如图中①、②号筋连续分布 3 跨。纵筋下方注写支座上部非贯通纵筋从支座中线伸入跨中的长度，当纵

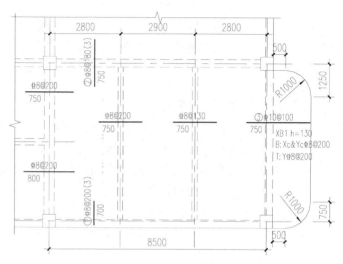

图 10-27　板原位标注示例

筋从支座两侧伸入跨中长度对称时，可仅在支座一侧钢筋下方标注长度，另一侧不标注；当纵筋两侧伸入跨中的长度不对称时，分别在两侧钢筋线段下方注写伸出长度；对短跨上的贯通纵筋，长度不标注；悬挑板的上部纵筋，只标注钢筋伸入邻跨方向的长度值，如③号筋。

5. 板配筋方式对比（传统与平法）

板施工图传统表示方法与平法主要差别在板负筋及正筋表示方法上，平法表示更为简单，如平法板负筋直接用粗实线表示，不需要带直钩，长度为示意性；板下部钢筋在平法直接用文字注写代替传统方法绘制钢筋及标注大小，见图 10-28。

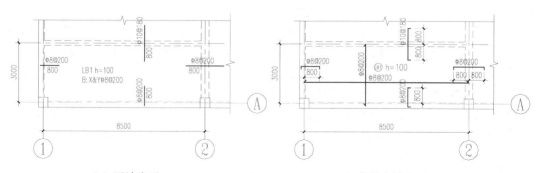

（a）平法表示　　　　　　　　　（b）传统方法表示

图 10-28　板施工图表示方法对比示例

【**例 10.4.4**】　绘制板平法施工图，局部板图如图 10-29、图 10-30 所示，完整板图见图 10-4。重点介绍板上预留洞口、设备基础平面布置图（图 10-31），以及设备基础及雨棚详图（图 10-32）的绘制方法。

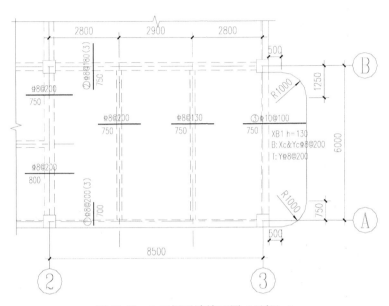

图 10-29　2 层板平法施工图（局部）1

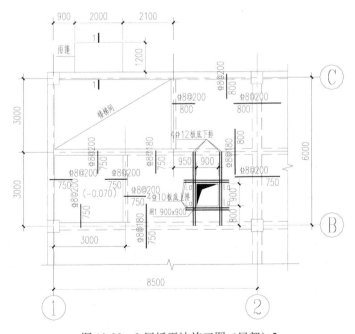

图 10-30　2 层板平法施工图（局部）2

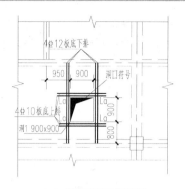

（a）板洞平面布置图

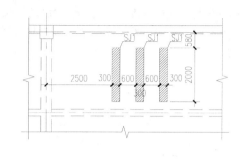

（b）设备基础平面布置图

图 10-31　板洞及设备基础平面布置图

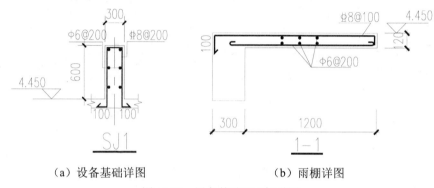

（a）设备基础详图　　　　　　　　　（b）雨棚详图

图 10-32　设备基础及雨棚详图

（1）按例 10.4.3-1 中步骤（1）～步骤（3）绘制梁平面布置图；绘制平面周边构件，包括雨棚、挑板、立面造型线脚等；用直线命令 Line 结合圆角命令 Fillet 绘制③轴以右带圆弧转角挑板，圆弧半径为 1000mm，如图 10-29 所示；用直线命令 Line 绘制①轴与◎轴交点以右雨棚，如图 10-30 所示；并用尺寸标注命令对上述绘制完成圆弧挑板及雨棚进行定位标注。

（2）绘制板上预留洞口及设备基础平面图，如图 10-31 所示。用矩形命令 Rectang 绘制矩形洞口，用圆命令 Circle 绘制圆形洞口；用直线命令 Line 绘制洞口符号，并用图案填充命令 Hatch 填充图示区域，填充样式为 Solid；引注洞编号及大小，如本例洞 1 尺寸为 900 × 900，用尺寸标注命令进行洞口定位，矩形洞口定位角点和边长，圆形洞口定位圆心及半径。用多段线命令 Pline 绘制洞口加强钢筋，线宽 50，每侧示意两道，沿板短向方向钢筋锚入两侧梁内，沿板长方向钢筋过洞口边一个锚固长度 La，并引注钢筋大小及位置，如本例引注 4Φ12 板底下排，4Φ10 板底上排。用矩形命令 Rectang 绘制 300 × 2000 条形设备基础，为了示图清楚，可用图案填充命令 Hatch 进行填充，如填充样式为 ANSI31；对设备基础进行编号（SJ1）并用尺寸命令进行定位标注。

（3）进行板平面及配筋注写，对板厚及板下部钢筋相同板块采用同一编号（如 LB1）。用多段线命令 Pline 绘制一段垂直于梁或墙适宜长度（与标注长度基本相同）的中粗实线，线宽为 50，以该线段代表支座上部非贯通纵筋，并在线段上方注写钢筋编号（如①、②

等）、配筋值、横向连续布置的跨数（单跨不注），在线段下方注写钢筋自支座中线向跨中的伸出长度。

（4）绘制设备基础及雨棚详图。首先用直线命令 Line 绘制设备基础及雨棚外轮廓线，其中设备基础绘制高度，宽度及基础底板轮廓线，并在板宽的适当位置画剖断线，雨棚绘制出挑长度（如 1200mm），厚度（如 120mm）及支撑梁外轮廓线；其次绘制详图配筋：用多段线命令 Pline 绘制剖面图中设备基础的倒"U"形竖向分布钢筋、雨棚板沿悬挑方向板的上部受力钢筋和板底筋，多段线线宽为 50。所有钢筋中心线与构件边线距离为 75，设备基础竖向钢筋Φ8@200 需画至板底并水平弯折 12d，如本例 100；悬挑板上部受力钢筋Φ8@100 需伸至梁外边缘并竖向弯折 100。用圆环命令 Donut 绘制内径为 0，外径为 100 的圆环，表示与剖切方向垂直的分布钢筋，即点筋，如图示Φ6@200。

（5）增加板配筋文字说明：如未注明板编号及钢筋配置；板配筋表示方法及参照图集；梁定位说明；对板洞及设备基础与其他专业的配合要求等。

10.4.5　剪力墙平法施工图的绘制

剪力墙平法施工图是在剪力墙平面布置图上，采用平面列表注写方式或截面注写方式表达的剪力墙构件尺寸及配筋图，完整剪力墙平法施工图由剪力墙平面布置图（图 10-33）及剪力墙墙柱表、剪力墙墙梁表、剪力墙墙身表（图 10-34）组成。

绘制剪力墙平法施工图的步骤是：首先绘制剪力墙平面布置图，然后在平面布置图上按平法制图规则绘制剪力墙的墙柱、墙梁和墙身构件的有关内容。

1. 绘制剪力墙平面布置图

根据不同结构层次（标准层），将全部剪力墙、墙梁、剪力墙上预留洞口或套管等绘制在平面图上，按规定注明各结构层的标高、结构层高及相应的结构层号和上部嵌固部位位置；对轴线未居中的剪力墙，应标注其偏心定位尺寸；绘制剪力墙边缘构件，按剪力墙墙柱、墙身及墙梁进行编号。

2. 墙柱编号

墙柱编号，由墙柱类型代号和序号组成，表达形式符合表 10-11 规定。

表 10-11　　　　　　　　　　　　墙柱编号

墙柱类型	代号	序号
约束边缘构件	YBZ	××
构造边缘构件	GBZ	××
非边缘暗柱	AZ	××
扶壁柱	FBZ	××

注：约束边缘构件包括约束边缘暗柱、约束边缘端柱、约束边缘翼墙、约束边缘转角墙四种，图 10-35 中左边（a）、（b）、（c）、（d）。构造边缘构件包括构造边缘暗柱、构造边缘端柱、构造边缘翼墙、构造边缘转角墙四种，图 10-33 中右边（a）、（b）、（c）、（d）。其中约束边缘构件长度 Lc，根据墙肢轴压比、抗震等级及墙肢长度 hw 确定。

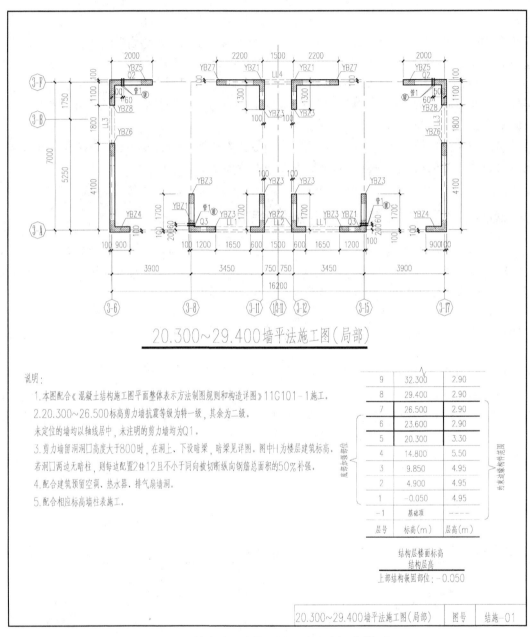

20.300~29.400墙平法施工图（局部）

说明：

1. 本图配合《混凝土结构施工图平面整体表示方法制图规则和构造详图》11G101-1施工。

2. 20.300~26.500标高剪力墙抗震等级为特一级，其余为二级。

未定位的墙均以轴线居中，未注明的剪力墙均为Q1。

3. 剪力墙留洞洞口高度大于800时，在洞上、下设暗梁，暗梁见详图。图中H为楼层建筑标高。若洞口两边无暗柱，则每边配置2Φ12且不小于同向被切断纵向钢筋总面积的50%补强。

4. 配合建筑预留空调、热水器、排气扇墙洞。

5. 配合相应标高墙柱表施工。

层号	标高(m)	层高(m)
9	32.300	2.90
8	29.400	2.90
7	26.500	2.90
6	23.600	2.90
5	20.300	3.30
4	14.800	5.50
3	9.850	4.95
2	4.900	4.95
1	-0.050	4.95
-1	基础项	----
层号	标高(m)	层高(m)

结构层楼面标高
结构层高

上部结构嵌固部位：-0.050

20.300~29.400墙平法施工图（局部）	图号	结施—01

图 10-33　剪力墙平法施工图——平面布置图部分

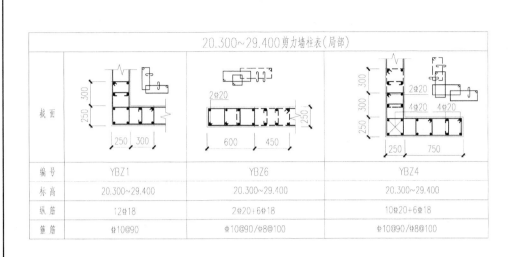

剪力墙柱表、连梁表及墙身表　图号　结施-02

图 10-34　剪力墙平法施工图——构件表部分

3. 墙身编号

墙身编号，由墙身代号、序号以及墙身所配置的水平与竖向分布钢筋的排数组成，其中排数注写在括号内，表达形式为 Q××（×排）。

注：1）在编号中如若干墙身的厚度尺寸和配筋均相同，仅墙厚与轴线的关系不同或墙身长度不同时，也可将其编为同一墙身号，但应在图中注明与轴线的几何关系。

2）当墙身所设置的水平与竖向分布钢筋的排数为 2 时可不注。

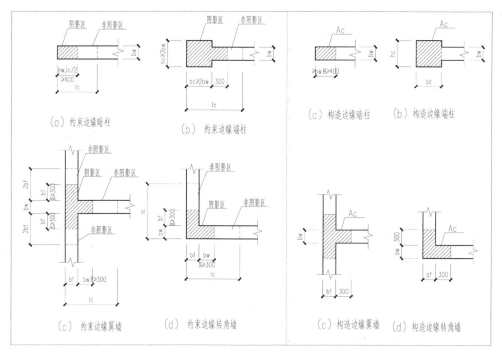

（a）左侧为约束边缘构件　　　　　　　　　（b）右侧为构造边缘构件

图 10-35　剪力墙边缘构件示例

3）对于分布钢筋网的排数规定：非抗震时当剪力墙厚度大于 160 时，应配置双排；当其厚度不大于 160 时，宜配置双排。抗震时当剪力墙厚度不大于 400 时，应配置双排；当剪力墙厚度大于 400，但不大于 700 时，宜配置三排；当剪力墙厚度大于 700 时，宜配置四排。

4. 墙梁编号

墙梁编号，由墙梁类型编号和序号组成，表达形式符合表 10-12 规定。

表 10-12　　　　　　　　　　　　　　墙梁编号

墙梁类型	代号	序号
连梁	LL	××
连梁（对角暗撑配筋）	LL（JC）	××
连梁（交叉斜筋配筋）	LL（JX）	××
连梁（集中对角斜筋配筋）	LL（DX）	××
暗梁	AL	××
边框梁	BKL	××

5. 绘制剪力墙墙柱表

剪力墙柱表见图 10-36，主要包括以下内容：

（1）各段剪力墙柱的截面配筋图和编号。截面配筋图中包括墙柱截面配筋、阴影区和非阴影区截面尺寸及配筋、箍筋大样及墙柱截面几何尺寸。

（2）剪力墙墙柱的起止标高。自墙柱柱根部以上变截面位置或截面未变但配筋改变处为界分段注写，并和楼层标高层高表中竖向构件的表示高度相一致。

20.300~29.400剪力墙柱表(局部)			
截面			
编号	YBZ1	YBZ6	YBZ4
标高	20.300~29.400	20.300~29.400	20.300~29.400
纵筋	12Φ18	2Φ20+6Φ18	10Φ20+6Φ18
箍筋	Φ10@90	Φ10@90/Φ8@100	Φ10@90/Φ8@100

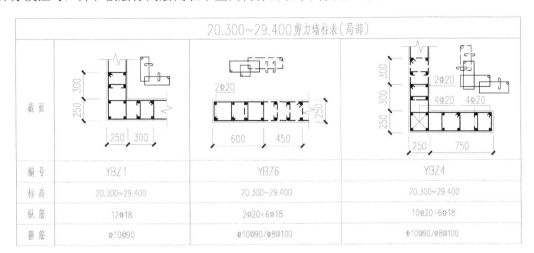

图 10-36 剪力墙墙柱表（局部）

（3）墙柱的纵向钢筋和箍筋。注写值应与表中截面配筋图对应一致。纵向钢筋注总配筋值，如采用两种直径，用“+”号相连，如 YBZ6 采用 2Φ20 + 6Φ18，并在截面配筋图中示意钢筋位置。箍筋注写方式与柱相同，除注写阴影区箍筋外，尚需注写非阴影区箍筋：如 YBZ6 采用Φ10@90/Φ8@100，表示阴影区箍筋采用III级钢，直径为 10，间距为 90，非阴影区箍筋采用III级钢，直径为 8，间距为 100。在截面配筋图中，为了示图清楚，可将非阴影区箍筋采用虚粗线表示。

6. 绘制剪力墙墙梁表

剪力墙墙梁表见图 10-37，主要包括以下内容。

剪力墙连梁表(局部)								
编号	所在楼层号	相对标高差	梁截面 b X h	上部纵筋	下部纵筋	箍筋	腰筋	斜向交叉钢筋或暗撑
LL1	6~7		250x500	3Φ22	3Φ22	Φ10@100(2)		
	8		250x500	3Φ22	3Φ22	Φ8@100(2)		
LL2	6~7		250x500	2Φ22	2Φ22	Φ10@100(2)		
	8		250x500	2Φ22	2Φ22	Φ8@100(2)		
LL3	6~7		250x500	3Φ20	3Φ20	Φ10@100(2)		

图 10-37 剪力墙墙梁表（局部）

（1）墙梁编号。

（2）墙梁所在楼层号。

（3）墙梁梁顶与所在结构层楼面的高差，高于楼层标高为正，低于为负，无高差时不注。

（4）墙梁截面尺寸、上下部纵筋及箍筋的数值。

（5）墙梁腰筋及斜向交叉钢筋或暗撑设置情况。

7. 绘制剪力墙墙身表

剪力墙身表见图10-38，主要包括以下内容。

剪 力 墙 身 表（局部）					
编号	标高	墙厚	水平分布筋	垂直分布筋	拉 筋（双向）
Q1	20.300~26.500	250	Φ10@150	Φ10@150	Φ6@450@450
Q2	20.300~23.600	250	Φ12@100	Φ10@150	Φ6@450@300
	23.600~26.500	250	Φ10@150	Φ10@150	Φ6@450@450
Q3	20.300~26.500	250	Φ14@100	Φ10@150	Φ6@450@300

图 10-38　剪力墙墙身表（局部）

（1）剪力墙墙身编号。

（2）墙身的起止标高，自墙身根部以上变截面位置或截面未变但配筋改变处为界分段注写，并和楼层标高层高表中竖向构件的表示高度相一致。

（3）剪力墙墙厚。

（4）剪力墙墙身分布筋及拉筋数值。

【例10.4.5】 以剪力墙局部平面为例，见图10-39，介绍剪力墙平面布置图绘制方法。

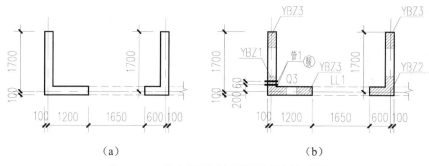

（a）　　　　　　　　　　　　　　（b）

图 10-39　剪力墙平面布置图绘制方法示例

（1）将图层当前层设为 wall，用多线命令 Mline 绘制墙线，比例（S）根据平法标注墙宽确定，如墙宽为 250，S 值设为 250，对正（J）设为无，以轴网交点作为多线定位点，沿建筑轴线布置墙线，多线长度按图中定位尺寸确定，将多线线宽设为 30；继续用多线命令绘制墙段间的墙梁。

（2）通过移动命令 Move 调整墙线与轴线之间位置关系，本示例外墙的外皮与轴线之间距离为 100，见图 10-39（a）。

（3）在墙肢端部及角部用矩形命令 Rectang 或直线命令 Line 绘制剪力墙边缘构件，如本图中 YBZ1~YBZ3，对边缘构件阴影区采用图案填充命令 Hatch 进行填充，填充样式为 ANSI31，并对已完成墙柱进行引注；对墙身及墙梁进行标注。

（4）绘制墙身预留套管及洞口，套管用多义线命令 Pline 绘制合适长度短粗线表示，线宽50。

（5）利用尺寸标注命令对墙肢长度、墙梁、墙身套管及洞口进行定位，对轴线未居中剪力墙标注其偏心定位尺寸，见图 10-39（b）。

10.4.6　楼梯平法施工图的绘制

楼梯平法施工图是在楼梯平面及剖面图上，采用平面注写、剖面注写和列表注写三种方式表达的楼梯构件尺寸及配筋图。完整楼梯平法施工图由楼梯剖面图、楼梯平面图及楼梯构件详图等部分组成。

绘制楼梯施工图的步骤是：首先绘制楼梯平面图及剖面图，然后按平法制图规则在楼梯平面及剖面图上绘制梯梁、梯柱、梯板等构件的有关内容。

1. 楼梯类型

板式楼梯包含 11 种类型（在表 10-13 摘录常用几种类型），在类型判断时对一个完整梯段，以踏步段两端是否有高低段平台进行梯段类型划分，编号由梯板代号和序号组成；如 AT××、BT××、ATc××等。

表 10-13　　　　　　　　　　　　　　　楼梯类型摘录

梯板代号	序号	备注
AT	××	仅由踏步段构成
BT	××	由低端平板和踏步段构成
CT	××	由踏步段和高端平板构成
DT	××	由低端平板、踏步段和高端平板三部分构成
ATc	××	踏步段构成，（抗震楼梯）

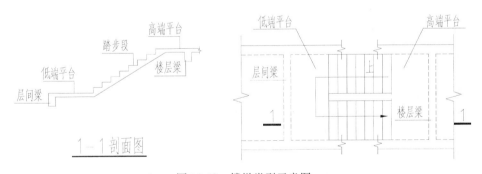

图 10-40　楼梯类型示意图

2. 绘制楼梯剖面图、平面图

根据不同结构层次（标准层），将楼梯梯梁、梯柱、梯板等构件绘制在楼梯平面图上，并按规定标注各构件标号和尺寸、楼层结构标高、层间结构标高、梯梁及梯柱配筋、梯板板厚及配筋等内容。作为楼梯支撑构件的梯梁、梯板、梯柱的绘制方法，同前面章节的梁平法施工图、板平法施工图、柱平法施工图，这里不再赘述，其他构件绘制方法见后面示例说明。

3. 楼梯平面注写内容

平面注写方式，系在楼梯平面布置图上注写各构件截面尺寸和配筋具体数值的方式来表达楼梯施工图，包含集中标注和外围标注。

（1）楼梯集中标注的内容（图 10-41）有如下五项。

① 梯板各构件代号与序号，如 ATc1；

② 梯板厚度，注写为 h = ×××，如本例 h = 140。当为带平板的梯板 H 梯段板厚度和平板厚度不同时，可在梯段板厚度后面括号内以字母 P 打头注写平板厚度。例如，h=140（P150），140 表示梯段板厚度，150 表示梯板平板段的厚度。

③ 踏步段总高度和踏步级数，之间以"/"分隔，如本例 1800/12。

④ 梯板支座上部纵筋，下部纵筋，之间以"；"分隔，如本例的Φ12@100；Φ12@100。

⑤ 梯板分布筋，以 F 打头注写分布钢筋具体值，如本例 FΦ8@200；该项也可在图中统一说明。

（2）楼梯外围标注的内容（图 10-42）包括：

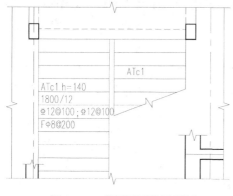

图 10-41　楼梯平面注写示例

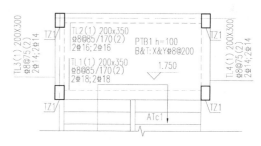

图 10-42　楼梯平面注写示例

① 楼梯间的平面尺寸。

② 楼层及层间结构标高。

③ 楼梯的上下方向。

④ 梯板的平面几何尺寸。

⑤ 平台板板厚及配筋、梯梁配筋、梯柱配筋，平台板 PTB、梯梁 TL、梯柱 TZ 配筋参照板、梁、柱平法表示方法。

【例 10.4.6】 绘制楼梯施工图。

1. 绘制楼梯平面施工图，如图 10-43 所示，完整平面图见图 10-6。

（1）绘制比例为 1：50。首先按照楼梯间在本结构层的平面位置，画出楼梯间宽度、长度的定位轴线。绘制结构层楼梯间构件，用直线命令 Line 绘制在结构层标高范围内的楼层梁、梯梁轮廓线，线型为 dashed；用多段线命令 Pline 绘制柱、剪力墙、梯柱轮廓线，梯柱布置在楼层梁、柱或剪力墙上。按照建筑施工图中楼梯踏步，用直线命令 Line 绘制楼梯梯板踏步线，利用偏移命令 Offset 偏移复制踏步线，间距为踏步宽度，即绘制出梯板平面；用 Pline 线绘制跑步方向线，箭头尾部线宽修改为 200；画水平向剖切线，水平向剖切线是在本结构层高度范围某一平面向下观看时落在平面上的剖线，在平面图中，所有剖切平面以上构件无法看到，被剖切到的构件用剖断线切断。

（2）用尺寸标注命令 Dimlinear，标注楼梯平面尺寸。标注内容包括梯梁、梯柱与轴线关系尺寸；梯井尺寸；楼梯双向边长尺寸；楼梯踏步尺寸，用踏步宽度×（踏步数-1）表示。

（3）用 Pline 线绘制标注引线后，用文字命令 Text 编写梯梁、平台板、梯板的截面与配筋信息；用 Line 线绘制标高符号，注写标高值。

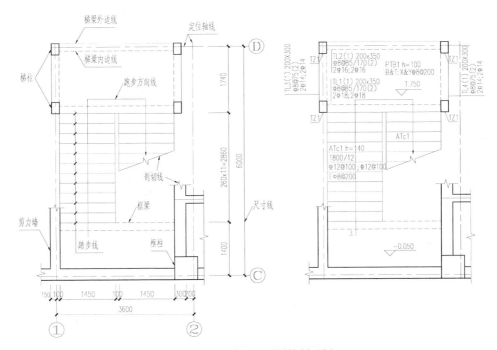

图 10-43　楼梯平面图绘制示例

2．绘制楼梯剖面施工图，如图 10-44 所示，完整剖面图见图 10-7。

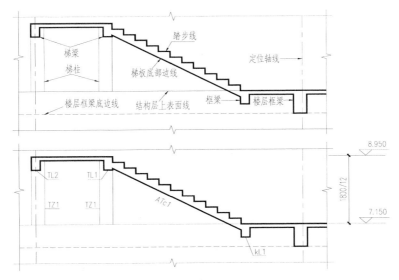

图 10-44　楼梯剖面图绘制示例

（1）沿平面进深方向剖切，得到楼梯剖面图。绘制楼梯剖面图，比例 1∶50。首先画出楼梯剖面定位轴线，与平面定位轴线对应。绘制踏步板，用多段线命令 Pline 沿 X 轴方向画出长度为踏步宽的直线，再沿 Y 轴方向画出长度为踏步高的直线，Copy 命令选择踏步线，用阵列 Array 命令并输入踏步级数，绘制出一跑楼梯整个踏步板；用直线命令 Line 绘制楼层梁、柱、梯梁、梯柱及平台板，注意剖面图中各构件需与平面图中的位置、尺寸相一致。

（2）用尺寸标注命令 Dimlinear，标注楼梯剖面尺寸。标注内容包括梯板、平台板与轴线关系尺寸；楼梯进深尺寸；梯板竖向尺寸，用一跑楼梯总高度/踏步数表示；梯板平面尺寸，用踏步宽度×（踏步数-1）表示。

（3）用 Pline 线绘制标注引线，用文字命令 Text 编写梯梁、平台板、梯板编号、楼层标高。

（4）绘制梯柱配筋详图，比例 1∶30。绘制方法见前面柱平法施工图中柱截面配筋图。如图 10-45 所示。

（5）增加楼梯图文字说明：如楼梯设计引用的详图图集；未注明的梁、梯板、平台板编号及钢筋配置；预埋件配合建筑专业的设置等。

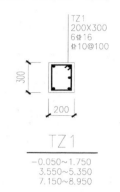

图 10-45　梯柱配筋详图

10.5　钢结构施工图

以多层钢结构框架为例，施工图内容主要包括以下几部分：钢结构设计总说明，基础布置平面图，锚桩及柱脚布置平面图（图 10-46、图 10-48），锚桩及柱脚详图（图 10-47、图 10-49），钢结构布置平面图（图 10-51），钢结构构件连接详图（图 10-52、图 10-53），楼板模板配筋图（图 10-50）。其中基础布置平面图同钢筋混凝土框架类似，可参考 10.4.1 小节。

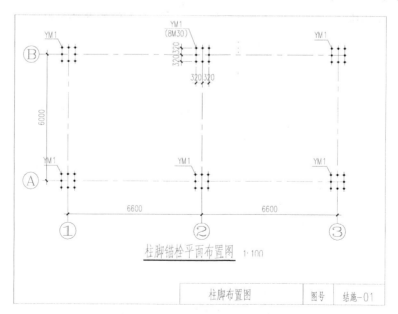

图 10-46　柱脚锚栓布置平面图

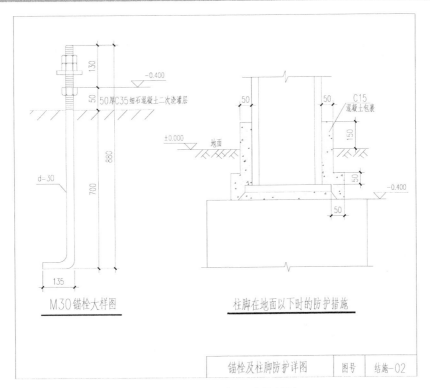

图 10-47 锚栓及柱脚防护详图

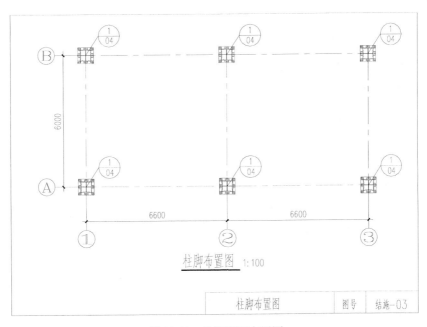

图 10-48 柱脚平面布置图

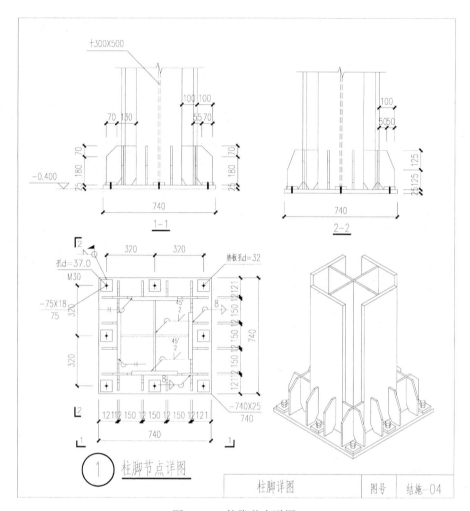

图 10-49　柱脚节点详图

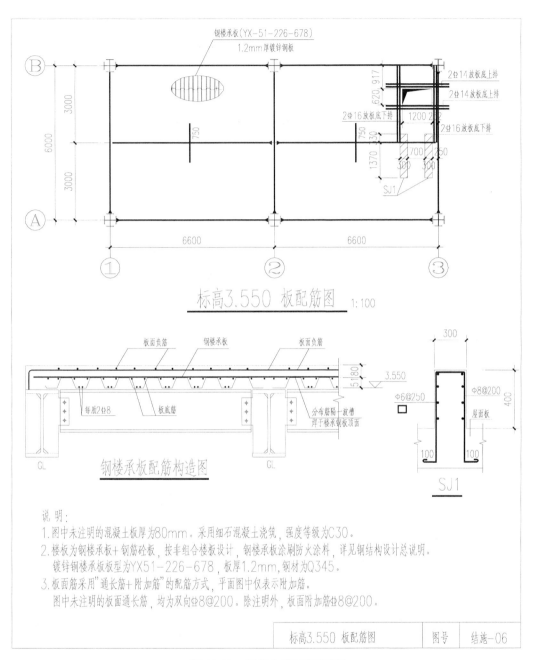

图 10-50　标高 3.550 板配筋图

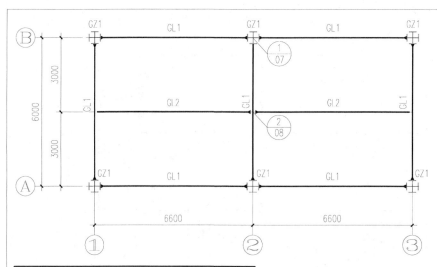

构 件 截 面 表			
标号	截面	材质	备注
GZ1	H500x300x12x25（十字交叉）	Q345B	
GL1	HN400x200x8x13	Q345B	
GL2	HN300x150x6.5x9	Q345B	

标高3.550 结构平面布置图

说明：
1. 除图中注明外，所有钢柱均按轴线居中或柱边与轴线平齐布置，图中示意的钢梁均表示钢梁中心线。
2. 图中所有钢梁均为焊接H型钢；钢梁加劲肋与焊接H型钢之间的连接角焊缝均应沿长度方向满焊。
3. 未注明构件材质均为Q345B，焊条采用E50系列。
4. 图中构件连接方式如下： —| 表示梁与梁之间铰接 ⊥► 表示梁与柱之间刚接。

标高3.550 结构平面布置图	图号	结施-05

图 10-51　标高 3.550 结构平面布置图

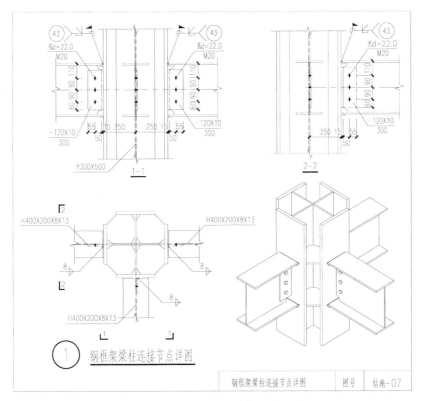

图 10-52 钢框架梁柱连接节点详图

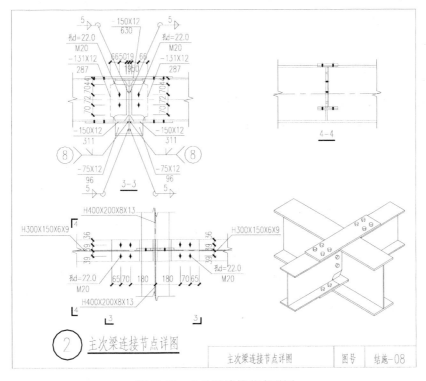

图 10-53 主次梁连接节点详图

10.5.1　钢结构施工图的相关知识

钢结构材料，型材规格，构件间连接方法是钢结构三大要素。根据构件受力特点和使用条件，选用合适材料等级，确定最佳型钢截面形式及截面尺寸，设计合理构件间连接方法，是钢结构施工图设计不可或缺的内容。

1．钢结构材料

承重钢结构的材料宜采用现行国家标准《碳素结构钢》GB/T 700 1988 中的 Q235 钢和《低台金高强度结构钢》GB/T 1591—1994 中的 Q345、Q390 和 Q420 钢。当采用其他牌号的钢材时，尚应符合相应有关标准的规定和要求。

碳素结构钢的牌号由代表屈服点的字母、屈服点数值、质量等级符号、脱氧方法 4 个部分按顺序组成。

例如，Q235-B·F，其符号含义如下：

Q——钢材屈服强度；

235——屈服点（不小于）235N/mm²；

A、B、C、D——质量等级，从次到优顺序排列；

F、b、Z、TZ——沸腾钢、半镇静钢、镇静钢、特殊镇静钢，在牌号表示中"Z"与"TZ"符号可忽略。

在碳素结构钢中，钢号越大，含碳量越高，强度也随之增高，但塑性和韧性降低。在承重结构钢中经常采用掺加合金元素的低台金钢。其强度高于碳素结构钢，强度的增高不是靠增加含碳量，而是靠加入合金元素的程度，所以，其韧性并不降低。

2．钢板及型钢截面形式

钢结构钢材常由钢厂以热轧钢板和热轧型钢供应，由钢结构制造厂按设计图纸制成结构或扩大构件，然后运到工地现场拼接和吊装。

（1）热轧钢板。钢结构中常用热轧钢板，厚度为 4.5～60mm。厚钢板可用以制作各种板结构和各种焊接组合工字形或箱形截面的构件。此外还可用作连接用的节点板、支座底板、加劲肋等。钢板的符号是"－厚度×宽度×长度"或"－宽度×厚度×长度"。

（2）热轧型钢。常用热轧型钢如图 10-54 所示的普通槽钢、普通工字钢、部分 T 形钢、等边角钢、圆形钢管、方形钢管、H 型钢等。

角钢符号为"∠边长×厚度"或"∠长边×短边×厚度"，例如∠100×6 或∠90×56×6；

槽钢符号为"[型号"，例如[22，表示槽钢截面高度为 220mm；

工字钢符号为"I 型号"，例如 I22，表示工字钢截面高度为 220mm；

H 型钢标注方法为 H 高度×宽度×腹板厚度×翼缘厚度，例如 H350×350×10×6。

圆钢管符号为"ϕ外径×厚度"，如ϕ100×6。

图 10-54　常用热轧型钢截面类型

3. 钢结构的连接方法

钢结构常用的连接方法有焊缝和螺栓连接，按连接完成所处的场所，可分为工厂连接和工地连接。

（1）焊缝连接。焊缝连接常用两种类型为对接焊缝和角焊缝，其中对接焊缝坡口形式如图 10-55 所示。

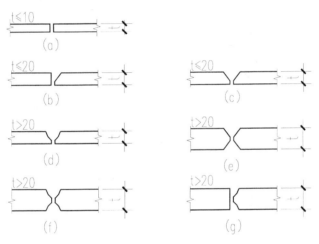

（a）I 形焊缝；（b）单边 V 形焊缝；（c）V 形焊缝；（d）U 形焊缝；
（e）X 形焊缝；（f）双边 U 形焊缝；（g）K 形焊缝

图 10-55　对接焊缝的坡口形式

（2）焊缝表示方法。在钢结构设计图纸上，所有焊缝应采用焊缝符号（图 10-56）来表示。焊缝符号有指引线和表示焊缝截面形状的基本符号（表 10-14）组成，必要时还可加上辅助符号、补充符号和焊缝尺寸符号。指引线一般有带有箭头指引线和基准线组成；辅助符号是表示焊缝表面形状特征的符号，如表面为平面及凹面焊缝；补充符号是为了补充说明焊缝的某些特征而采用的符号，如三面围焊、周边焊缝或工地现场焊缝等。

表 10-14　　　　　　　　　　　　　　　　常用焊缝基本符号

名称	封底焊缝	对接焊缝					角焊缝	塞焊缝与槽焊缝	点焊缝
		I 形焊缝	V 形焊缝	单边 V 形焊缝	带钝边的 V 形焊缝	带钝边的 U 形焊缝			
符号	⌣	‖	∨	⋁	Y	Y	◺	⊓	○

表 10-15   焊缝连接图例及标注方法

序号	名称	形式	图例及连接标注方法	说明
1	单面角焊接			角焊缝焊脚尺寸为 6
2	双面角焊接			同上
				肢背角焊缝焊脚尺寸为 8 肢尖角焊缝焊脚尺寸为 6
				角焊缝焊脚尺寸为 6
3	周围焊缝		或	同上
4	三面焊缝			同上
5	双面间断角焊缝			角焊缝焊脚尺寸为 6
6	相同焊缝符号		或	
7	现在安装焊缝符号			

（3）焊缝标注方法示例（图 10-56）。

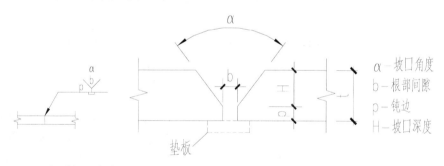

（a）V 形焊缝标注方法   （b）V 形焊缝对应焊缝尺寸

图 10-56　焊缝的标注方法示例

　　（4）螺栓连接。钢结构连接用的螺栓有普通螺栓和高强度螺栓两种。普通螺栓一般为六角头螺栓，产品等级可分 A、B、C 三级；高强螺栓有 8.8 级和 10.9 级两种，其连接可分摩擦型连接和承压型连接两种，安装时必须使用特制的扳手，确保螺杆具有规定的预拉力，从而在被连接板件接触面上施加规定预压力。

　　（5）螺栓表示方法。螺栓图例及表示方法见表 10-16。

表 10-16　　　　　　　　　　　　　螺栓及螺孔图例

名称	安装螺栓	高强螺栓	永久螺栓	螺栓圆孔	长圆形落空
符号	◈	◆	◇	●	⬭

10.5.2　钢结构施工图的绘制实例

下面以钢结构施工图中结构布置图和构件节点详图为例，介绍钢结构施工图需要绘制的各部分内容和绘制方法及要求。

1.　结构布置图

结构布置图包括钢梁，钢柱平面布置，其中钢梁用代表构件形心位置的粗实线表示，钢柱按构件实际截面绘制；构件编号（如 GL1，GZ1）及构件截面表；节点大样平面索引；在平面图表示构件之间连接方式如铰接或刚接如图 10-57 所示，其中图 10-57（a）表示主次梁刚接，图 10-57（b）表示主次梁铰接，图 10-57（c）表示梁柱刚接。

（a）　　　　　　　　　（b）　　　　　　　　　（c）

图 10-57　构件连接方式示意图

【例 10.5.2-1】　绘制钢结构平面布置图（图 10-58）。

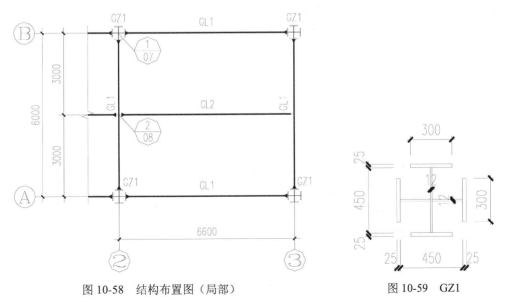

图 10-58　结构布置图（局部）　　　　　　　图 10-59　GZ1

（1）平面布置图绘图比例为 1：100，在图示柱子位置（轴网交点）布置 GZ1，采用矩形命令 Rectang 绘制 GZ1 每肢钢板，截面尺寸如图 10-59 所示。

（2）用多段线命令 Pline 绘制钢梁，线宽为 50；在构件连接处即粗线端点绘制代表连接方式三角符号，多段线起点宽度为 150，终点宽度为 0，长度为 150，如图 10-58 所示。

（3）用文字命令 Text 进行构件编号，如 GZ1，GL1，GL2 等；在主次梁（如 GL1 与 GL2）交接处，梁柱节点处（如 GZ1 与 GL1）采用圆及直线命令绘制索引符号，索引符号为直径 10mm 细线圆和水平直径线组成，并采用文字命令 Text 在上半圆注写详图编号（如 1），下半圆注写被索引图纸编号（如 07）。

2. 节点详图

节点详图包括节点平面图（图 10-60），两个方向剖视图（图 10-61、图 10-62）。节点详图用来表示构件截面形状及截面尺寸，构件间连接方式如焊缝连接、螺栓连接，连接件如连接板及加劲肋等。在详图中需要表示构件断面图及各个方面剖视图如俯视图、前视图及左右视图等。以 GL1 为例，构件各向视图如图 10-60 所示，其中图 10-60（a）为剖视图或左视图，图 10-60（b）为俯视视图，图 10-60（c）为前视图。

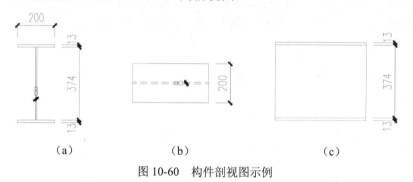

（a）　　　　　　　（b）　　　　　　　（c）

图 10-60　构件剖视图示例

【例 10.5.2-2】　绘制梁柱节点详图。

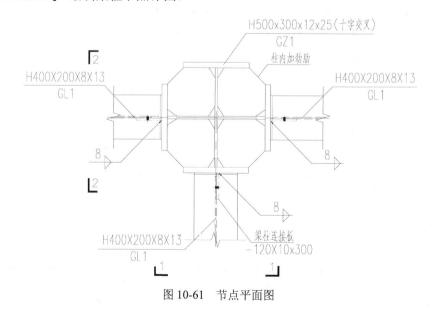

图 10-61　节点平面图

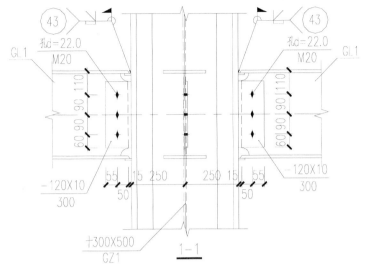

图 10-62　前视图

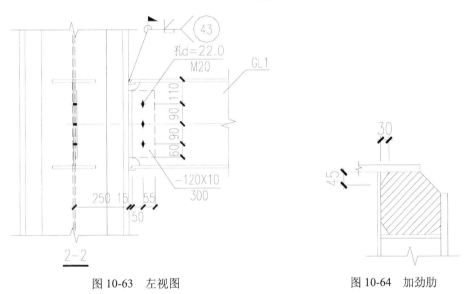

图 10-63　左视图　　　　　　　　　图 10-64　加劲肋

（1）绘制节点详图平面图。绘图比例为 1：15，采用矩形命令 Rectang 绘制 GZ1 每肢钢板，截面尺寸如图 10-59 所示；用直线命令绘制柱内加劲肋（图 10-64），因钢柱腹板与翼缘板采用焊接，在腹板与翼缘板交接处需对加劲肋板进行切角，尺寸为宽 30、高 45 的三角形；绘制与柱连接 GL1 俯视图，GL1 形心线与其相连两对侧柱翼缘板中心线重合；在梁腹板相邻侧用矩形命令 Rectang 绘制矩形连接板俯视图，宽度为 100，厚度为 10，线型为 Dashed，并用多义线命令 Pline 绘制代表连接板与梁腹板连接螺栓短粗线，线宽为 50。

（2）绘制详图前视图。绘图比例为 1：15，绘制柱及其两侧 GL1 前视图，并用剖断线在梁高度上下合适高度将柱截断。两侧 GL1 与柱翼缘板采用坡口熔透焊，采用 Arc 及 Line 命令绘制按图 10-65 绘制翼缘与腹板；用 Retang 命令绘制连接板，并按图示尺寸用 Pline 绘制高强螺栓；在近侧柱翼缘上绘制 GL1 剖视图、连接板及连接螺栓。右视图绘制方法同上。

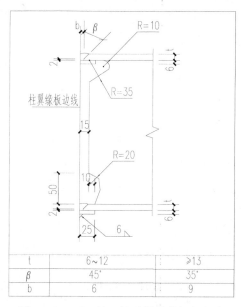

图 10-65　GL1 坡口熔透焊构件细部尺寸

（3）在已完成平面图及剖视图上，用 Line 和 Text 命令标注构件编号，如 GL1 为 H400×200×8×13；标注各部分连接焊缝如连接板与柱翼缘双面角焊缝，梁柱翼缘板间剖口熔透焊；标注连接板与梁腹板连接采用螺栓型号（如 M20）及螺栓孔大小（如孔 d＝22.0）。

附录 A PKPM 系列结构设计软件

A.1 PKPM 简介

PKPM 系列设计软件由中国建筑科学研究院设计软件事业部（PKPM CAD 工程部）研制，是一套集建筑设计、结构设计、设备设计、节能设计于一体的大型建筑工程综合 CAD 系统。图 A-1 为 2010 版 PKPM 软件运行主界面。

图 A-1　PKPM2010 版运行主界面

PKPM 系列软件建筑设计软件（APM）在建研院自主研制开发的二维、三维图型支撑系统（CFG）下工作，技术先进，操作简便。用人机交互方式输入三维建筑形体，直接对模型进行渲染及制作动画。APM 可完成平面、立面、剖面及详图的施工图设计，还可生成二维渲染图。备有常用图库及纹理材料库，其成图具有较高的自动化程度和较强的适应性。建筑设计系列软件还有装修、园林、日照、中国古代建筑、规划、场地等设计模块。

PKPM 系列软件装有先进的结构分析软件包，容纳了国内最流行的各种计算方法，如平面杆系、矩形及异形楼板、高层三维壳元及薄壁杆系、梁板楼梯及异形楼梯、各类基础、砌体及底框抗震、钢结构、预应力混凝土结构分析等等。全部结构计算模块均按新的设计规范编制。全面反映了新规范要求的荷载效应组合，设计表达式，抗震设计新概念的各项要求。建筑弹塑性动力、静力时程分析软件接力结构建模和结构计算，操作简便，成熟实用。

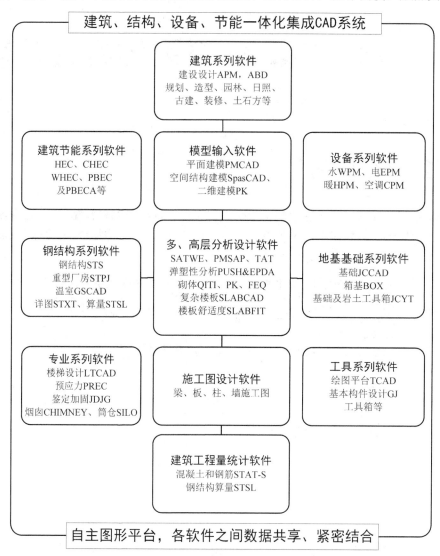

图 A-2　PKPM 系统的主要功能模块

PKPM 系列软件有丰富和成熟的结构施工图辅助设计功能，接力结构计算结果，可完成框架、排架、连梁、结构平面、楼板配筋、节点大样、各类基础、楼梯、剪力墙等施工图绘制。在自动选配钢筋，按全楼或层、跨剖面归并，布置图纸版面，人机交互干预等方面独具特色。

PKPM 系列软件适应多种结构类型。砌体结构模块包括普通砖混结构，底层框架结构、混凝土空心砌块结构，配筋砌体结构等。钢结构模块包括门式刚架、框架、工业厂房框排架、桁架、支架、农业温室结构等。还提供预应力结构、复杂楼板、筒仓、烟囱等设计模块。

设备设计包括采暖、空调、电气及室内外给排水，可从建筑 APM 生成条件图及计算数据，也可从 AutoCAD 直接生成条件图。交互完成管线及插件布置，计算绘图一体化。

在建筑节能设计方面提供按照最新国家和地方标准编制的，适应公共建筑、住宅建筑、各类气候分区的节能设计软件。

PKPM 系列软件在国内率先实现建筑、结构、设备、节能、概预算数据共享。从建筑方案设计开始，建立建筑物整体的公用数据库，全部数据可用于后续的结构设计、设备设计、节能设计和概预算工程量统计分析。

PKPM 系列软件由建设部组织鉴定，1991 年获首届全国软件集中测评优秀软件奖，1992 年北京地区软件评测一等奖，建设部科技进步二等奖，1993 年列入国家重点科技成果推广项目，1996 年荣获国家科技进步三等奖，1998 年荣获国家科技进步二等奖，2003 年建设部华夏科技进步一等奖。PKPM 系列软件为中国软件行业协会推荐的优秀软件产品。用户已超过 10000 家，是国内建筑行业应用最广泛的一套 CAD 系统。

下面介绍 PKPM 系列中的结构设计软件中的几个主要模块：建筑结构模型与荷载输入、SATWE 结构空间分析、建筑结构施工图。

A.2 建筑结构整体模型与荷载输入

A.2.1 PMCAD 软件介绍

PKPM 结构设计软件的入口为 PMCAD 软件，PMCAD 也是整个结构 CAD 的核心，它建立的全楼结构模型是 PKPM 各二维、三维结构计算软件的前处理部分，也是梁、柱、剪力墙、楼板等施工图设计软件和基础 CAD 的必备接口软件。

（1）用简便易学的人机交互方式输入各层平面布置及各层楼面的次梁、预制板、洞口、错层、挑檐等信息和外加荷载信息，建模中可方便地修改、拷贝复制、查询。逐层输入模型后组装全楼形成全楼模型。

（2）自动进行从楼板到次梁、次梁到承重梁的荷载传导并自动计算结构自重，自动计算人机交互方式输入的荷载，形成整栋建筑的荷载数据库。由此数据可自动给 PKPM 系列各结构计算软件提供接口。

（3）绘制各种类型结构的结构平面图和楼板配筋图。包括柱、梁、墙、洞口的平面布置、尺寸、偏轴、画出轴线及总尺寸线，画出预制板、次梁及楼板开洞布置，计算现浇楼板内力与配筋并画出板配筋图。

（4）多高层钢结构的三维建模从 PMCAD 扩展，包括了丰富的型钢截面和组合截面。

A.2.2 PKPM 常用功能键

在 PKPM 模型建立、图形显示、设计结果查看等经常用到下述快捷键或鼠标操作：

鼠标左键＝键盘＜Enter＞，用于确认、输入等

鼠标右键＝键盘＜Esc＞，用于否定、放弃、返回菜单等

键盘＜Tab＞，用于功能转换，或在绘图时为选取参考点

以下提及＜Enter＞、＜Esc＞和＜Tab＞时也即表示鼠标的左键、右键和＜Tab＞键，而

不再单独说明。

鼠标中滚轮往上滚动：连续放大图形

鼠标中滚轮往下滚动：连续缩小图形

鼠标中滚轮按住滚轮平移：拖动平移显示的图形

<Ctrl>+ 按住滚轮平移：三维线框显示时变换空间透视的方位角度

<F1>= 帮助热键，提供必要的帮助信息

<F2>= 坐标显示开关，交替控制光标的坐标值是否显示

<Ctrl>+<F2>= 点网显示开关，交替控制点网是否在屏幕背景上显示

<F3>= 点网捕捉开关，交替控制点网捕捉方式是否打开

<Ctrl>+<F3>= 节点捕捉开关，交替控制节点捕捉方式是否打开

<F4>= 角度捕捉开关，交替控制角度捕捉方式是否打开

<Ctrl>+<F4>= 十字准线显示开关，可以打开或关闭十字准线

<F5>= 重新显示当前图、刷新修改结果

<Ctrl>+<F5>= 恢复上次显示

<F6>= 充满显示

<Ctrl>+<F6>= 显示全图

<F7>= 放大一倍显示

<F8>= 缩小一倍显示

<C trl>+<W>= 提示用户选窗口放大图形

<F9>= 设置捕捉值

<Ctrl>+<←>= 左移显示的图形

<Ctrl>+<→>= 右移显示的图形

<Ctrl>+<↑>= 上移显示的图形

<Ctrl>+<↓>= 下移显示的图形

如<ScrollLock>打开，以上的四项<Ctrl>键可取消

<←>= 使光标左移一步

<→>= 使光标右移一步

<↑>= 使光标上移一步

<↓>= 使光标下移一步

<Page Up>= 增加键盘移动光标时的步长

<Page Down>= 减少键盘移动光标时的步长

<U>= 在绘图时，后退一步操作

<S>= 在绘图时，选择节点捕捉方式

<Ctrl>+<A>= 当重显过程较慢时，中断重显过程

<Ctrl>+<P>= 打印或绘出当前屏幕上的图形

<Ctrl>+<~>= 具有多视窗时，顺序切换视窗

<Ctrl>+<E>= 具有多视窗时，将当前视窗充满

<Ctrl>+<T>= 具有多视窗时，将各视窗重排

以上这些热键不仅在人机交互建模菜单起作用，在其他图形状态下也起作用。

A.2.3 建筑结构模型与荷载输入示例

下面以一个框架模型实例，介绍应用 PMCAD 进行建筑结构模型与荷载输入。

1. 工程简介

某县级医院行政办公楼，自室外地面至屋面板总高度 12.550m，三层现浇框架结构。

建筑功能：一层为库房，二层及三层为办公和会议室。典型建筑平面图、立面图见图 A-3、图 A-4。

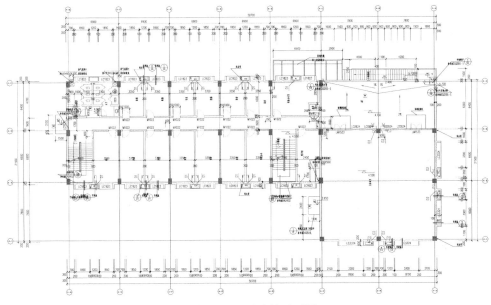

图 A-3 二层建筑平面图

柱网尺寸以 6.9×6.9m，6.4×6.9m 为主，在三层局部设置 14.7×15.6m 井字梁楼盖。典型楼层结构布置及梁、柱截面尺寸、楼屋面现浇板厚度分别见图 A-5。

砌体填充墙采用页岩空心砖，砌筑后容重 12kN/m³。

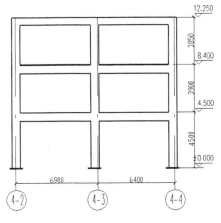

图 A-4 剖面图

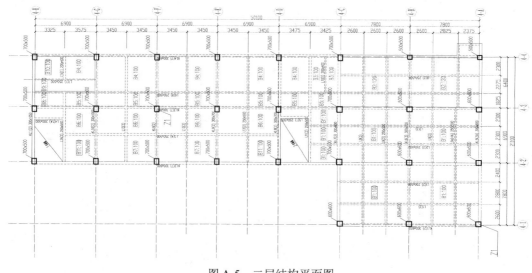

图 A-5　二层结构平面图

2. 设防烈度、设计荷载取值

抗震设防参数：

按本地区设防烈度 7 度，设计基本地震加速度 0.10g，多遇地震水平地震影响系数最大值 $\alpha_{max} = 0.08$；设计地震分组第三组，建筑场地类别 II 类，特征周期 Tg = 0.45s。

设计荷载取值：

（1）屋面均布永久荷载标准值（板厚 120mm）

$$q_{rD} = 25 \times 0.12 + 4.5（防水、保温、吊顶等荷载）= 7.5kN/m^2$$

（2）楼面均布永久荷载标准值（板厚 100mm）

$$q_{fD} = 25 \times 0.10 + 1.5（楼面面层、吊顶等）= 4.0 kN/m^2$$

（3）屋面均布活荷载标准值（不上人屋面）

$$q_{rL} = 0.50 kN/m^2$$

（4）楼面均布活荷载标准值

办公室、会议室 $q_{fL} = 2.00 kN/m^2$

档案室　　　　　$q_{fL} = 5.00 kN/m^2$

（5）雪荷载标准值

基本雪压 $S_0 = 0.10 kN/m2$，屋面积雪分布系数 $\mu r = 1.0$

$$S_k = \mu r S_0 = 1.0 \times 0.10 = 0.10 kN/m^2$$

（6）风荷载标准值

$$\omega_k = \beta_Z \mu_s \mu_z \omega_0$$

基本风压 $\omega_0 = 0.30 kN/m^2$，地面粗糙度类别 B 类。

（7）四周围护墙（砌体填充墙）永久荷载标准值（按墙面面积计算）

$$q_{weD} = 6.0 kN/m^2$$

（8）内隔墙（砌体填充墙）永久荷载标准值（按墙面面积计算）

$$q_{wiD} = 3.2 kN/m^2$$

3. 三维模型与荷载输入

首先，设定工作目录，并单击"建筑模型与荷载输入"进入三维建模主菜单。

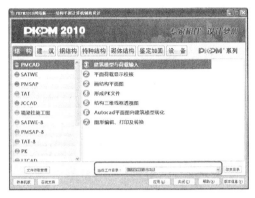

图 A-6　设定工程目录

图 A-7　输入工程名称

输入工程名称：xz，确定后就进入三维模型交互输入。

三维模型交互输入中依次通过轴线输入（定义平面网格），构件定义（定义结构中采用的梁、柱、支撑标准截面），楼层定义（将梁、柱、支撑、次梁这些构件布置到平面网格上，形成和编辑标准层），荷载定义（定义荷载标准层），楼层组装（将结构标准层和荷载标准层对应，形成整个结构的实际模型，定义设计参数），就完成了本菜单的主要功能。

进入"轴线输入"菜单，点取正交轴网，轴网输入，进入如图 A-8 所示对话框，按照平面布置图输入开间和进深，形成平面网格。确定后即可将建立的平面网格插入到交互界面内，如图 A-9 所示。

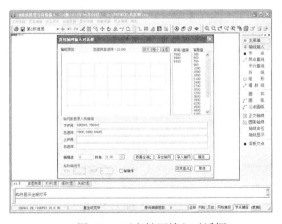

图 A-8　正交轴网输入对话框

图 A-9　输入正交轴网

可以对平面网格编辑，删除无用网格，补充输入其他网格。对于次梁可以作为次梁输入，也可以作为主梁输入，作用次梁不用建立网格，作为主梁输入必须先建立网格。本工程次梁存在井字梁，受力复杂，作为主梁输入参与整体分析。所以都建立入网格，如图 A-11 所示。

单击"楼层定义"菜单下的梁、主梁、墙、斜杆、次梁布置，首先进行构件标准截面的定义，然后再将所定义的构件布置到平面网格上。

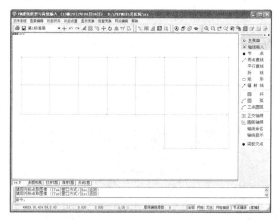

图 A-10　删除清理无用网格

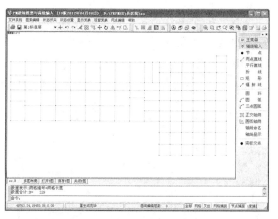

图 A-11　补充其他次梁网格

　　根据平面布置图，将柱构件布置在节点上（可以输入偏心和布置角度），梁构件布置在网格线上（可以输入偏心，对于斜梁或错层梁可以输入两端相对于标准层的高差）。

　　可以选择轴线、窗口等方式实现成批布置。

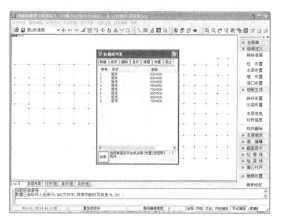

图 A-12　标准截面定义

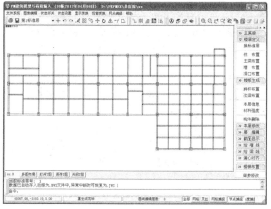

图 A-13　布置梁柱杆件

　　支撑可以根据网格或节点输入，单击支撑的输入位置，定义两端的高度即可。本例中没有支撑，可以自己尝试支撑的输入。

　　完成梁柱支撑等构件的布置以后，鼠标右键单击网格线，在出现的对话框中选择梁，即可修改该梁的布置信息，包括两端的标高和偏轴距离等。通过修改两端的标高，可以实现斜梁和层间梁的输入（目前程序可以在同一轴线上输入多道梁，只要保证各梁的两端标高均不重合）。同样的，如果在网格点上右键单击，即可在出现的对话框中修改柱的布置信息，通过修改柱的柱底标高，可以实现跃层柱的输入。如果该节点上还存在支撑，则还能选择支撑修改其两端的标高，实现跃层支撑的输入。

　　如果次梁按次梁输入，则单击"次梁布置"，首先确定次梁截面，然后根据命令行提示选择两点，程序自动在该位置布置次梁，并将两点连线作为参考线，用户输入复制间距和次数后，将沿参考线复制次梁。在次梁布置中，可采用"图素编辑"中的命令对已经布置的次梁进行编辑，如平移复制、拖动复制、图素延伸、删除等。保存文件时满足一定条件的次梁向后传递数据，否则将被忽略。次梁需满足以下条件：与房间的某边平行或垂直；二级以下次梁；两边需与梁连接。本例中次梁全部按主梁输入。

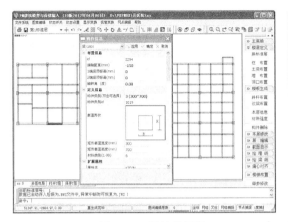

图 A-14　梁构件属性

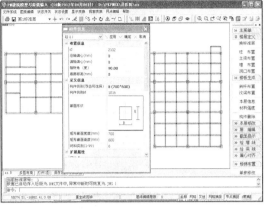

图 A-15　柱构件属性

单击"本层信息"，输入本标准层信息，确定本层楼板的厚度，混凝土的强度等级、钢筋的级别等。其中楼板厚度、混凝土强度等级信息为本层的楼板、梁柱构件赋缺省，后面还可以单房间修改楼板厚度，如图 A-17 所示，选择"修改板厚"菜单，单独指定房间的材料厚度。

图 A-16　本层信息输入

图 A-17　修改楼板厚度

布置完第一结构标准层的构件后，可以单击"换标准层"，添加新标准层，选择全部复制，再通过删除局部构件、修改变化位置的方法，输入第 2 结构标准层。

同样在复制第 2 标准层的基础上输入第 3 结构标准层。

各个标准层的结构模型输入完成后，就可以进行荷载的输入，返回一级菜单，单击"荷载输入"菜单，首先单击"恒活设置"菜单，输入当前标准层的楼面均布恒荷载、活荷载，作为在楼面恒活布置时的缺省数据，如图 A-21 所示。楼板重量可以作为楼面恒荷载输入；也可以选择自动计算现浇板自重（此时恒载不能包含楼板重量），由程序自动计算楼板重量，作为恒载加入。本例把楼板重量包含在恒载中，输入恒载 4.0，活载 2.0，不选择自动计算现浇板自重。单击"楼面荷载"菜单，根据房间的用途不同，可以单独修改房间的恒、活荷载。

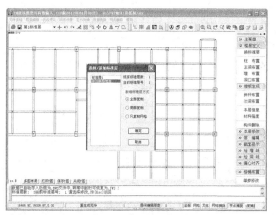

图 A-18　添加新的标准层

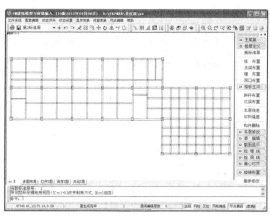

图 A-19　第 2 标准层模型

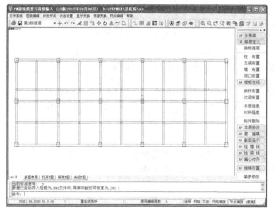

图 A-20　第 3 标准层模型

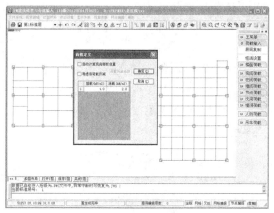

图 A-21　设定楼面恒、活荷载信息

　　除了楼面恒活荷载外，还可以输入梁、柱、墙、节点、次梁上作用的恒活荷载，人防荷载，吊车荷载等。本例中有填充墙，其荷载要作为梁间荷载布置，定义均布梁间恒载布置到有填充墙的梁上。可以通过数据开关显示荷载数据，查询输入的荷载是否正确。

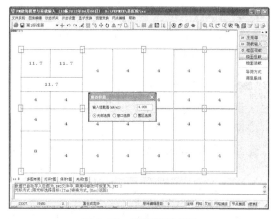

图 A-22　楼面荷载修改

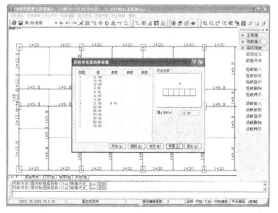

图 A-23　梁上线荷载输入

　　荷载输入完成后，返回一级菜单，单击"设计参数"，定义结构类型、材料、地震、风荷载等计算和绘图参数。

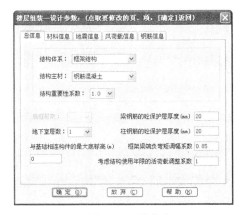

图 A-24　总信息

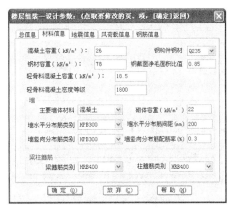

图 A-25　材料信息

单击"楼层组装",将结构标准层和荷载标准层对应,形成整个结构的实际模型。可以单击"整楼模型",查看组装以后的整体模型。

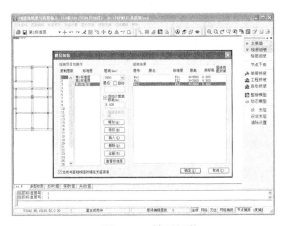

图 A-26　楼层组装

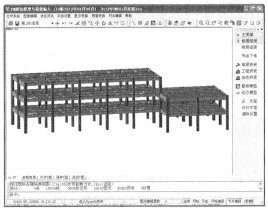

图 A-27　全楼整体模型

单击"退出"菜单,出现如图 A-28 所示提示,单击"存盘退出"按钮保存数据,如果是对于已经存在的工程数据进行修改,若不想保存修改结果,可以选择"不存盘退出"按钮。

如果单击"存盘退出"按钮,则会出现如下选项。

图 A-28　退出程序

图 A-29　退出后续操作选项

退出的后续操作选项,可以进行模型检查等后续操作,如果在建模时没有执行"生成楼板"的命令的话，则选择"生成遗漏的楼板"会将这些楼板自动生成，厚度取各自层信息中的楼板厚度。

A.3 SATWE 结构空间分析

A.3.1 SATWE 软件介绍

PKPM 系列结构设计软件，在 PMCAD 建立三维整体模型基础上，提供了 3 个空间分析软件：SATWE、TAT、PMSAP，这 3 个软件模块都可以完成空间分析与结构设计，其中 SATWE 应用最普及，这里介绍 SATWE 软件的空间分析功能。

图 A-30　SATWE 模块运行界面

SATWE 为 Space Analysis of Tall-Buildings with Wall-Element 的词头缩写，这是应现代多、高层建筑发展要求专门为多、高层建筑设计而研制的空间组合结构有限元分析软件。

SATWE 具有如下特点。

（1）模型化误差小、分析精度高。对剪力墙和楼板的合理简化及有限元模拟，是多、高层结构分析的关键。SATWE 以壳元理论为基础，构造了一种通用墙元来模拟剪力墙，这种墙元对剪力墙的洞口（仅限于矩形洞）的尺寸和位置无限制，具有较好的适用性。墙元不仅具有平面内刚度，也具有平面外刚度，可以较好地模拟工程中剪力墙的真实受力状态，而且墙元的每个节点都具有空间全部六个自由度，可以方便地与任意空间梁、柱单元连接，而无需任何附加约束。对于楼板，SATWE 给出了四种简化假定，即假定楼板整体平面内无限刚、分块无限刚、分块无限刚带弹性连接板带和弹性楼板。上述假定灵活、实用，在应用中可根据工程的实际情况采用其中的一种或几种假定。

（2）计算速度快、解题能力强。SATWE 具有自动搜索微机内存功能，可把微机的内存资源充分利用起来，最大限度地发挥微机硬件资源的作用，在一定程度上解决了在微机上运行的结构有限元分析软件的计算速度和解题能力问题。

（3）前后处理功能强。SATWE 前接 PMCAD 程序，完成建筑物建模。SATWE 前处理模块读取 PMCAD 生成的建筑物的几何及荷载数据，补充输入 SATWE 的特有信息，诸如特殊构件（弹性楼板、转换梁、框支柱等）、温度荷载、吊车荷载、支座位移、特殊风荷载、多塔，以及局部修改原有材料强度、抗震等级或其他相关参数，完成墙元和弹性楼板单元自动划分，等等。最终形成传基础荷载。

SATWE 以 PK、JLQ、JCCAD、BOX 等为后续程序。由 SATWE 完成内力分析和配筋计算后，可接梁柱施工图绘梁、柱施工图，接 JLQ 绘剪力墙施工图，并可为基础设计 JCCAD 和箱形基础 BOX 提供柱、墙底组合内力作为各类基础的设计荷载。同时自身具有强大的图形后处理功能。

A.3.2 SATWE 空间分析应用示例

详细的 SATWE 参数说明与使用技术条件，可以参考 SATWE 用户手册，下面接力 A.2.3 的 PMCAD 建模示例例题，进行后面的 SATWE 分析，介绍采用 SATWE 分析的设计流程。

1. SATWE 分析前处理

单击"接 PM 生成 SATWE 数据"进入 SATWE 前处理参数设定，如图 A-31 所示。

（1）分析与设计参数补充定义。设定 SATWE 的总体分析参数，共 10 页，它们分别为：总信息、风荷载信息、地震信息、活荷信息、调整信息、设计信息、配筋信息、荷载组合、地下室信息和砌体结构信息。对于一个工程，在第一次启动 SATWE 主菜单时，程序自动将上述所有参数赋值。其中，对于 PM 设计参数中已有的参数，取 pm 参数值；否则，取多数工程中常用值作为其隐含值，并将其写到硬盘上名为 SAT_DEF.PM 文件中，以后再启动 SATWE 时，程序自动读取 SAT_DEF. PM 中的信息，在每次修改这些参数后，程序都自动存盘，以保证这些参数在以后使用中的正确性。对于 PM 和 SATWE 共同的参数，程序自动联动，任意一处修改，则两处同时起作用。

图 A-31 SATWE 模块运行界面

总信息页面参数如图 A-32 所示，本工程为规则的框架结构，总信息参数结构类型选择"框架结构"，地震作用选"计算水平地震作用"，模拟施工采用"模拟施工 3"。

如图 A-33 所示，在"地震信息"页面，根据本工程的具体情况，输入正确的地震信息。设防烈度：7 度；设计地震分组：第三组；场地土类别：Ⅱ类；框架抗震等级：三级；计算振型个数：9 个。

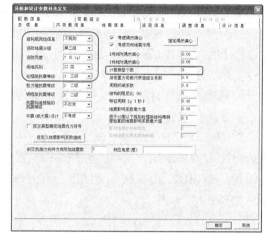

图 A-32　总信息参数　　　　　　　　　　图 A-33　地震信息参数

在"风荷载信息"页面，根据本工程的具体情况，输入正确的风载信息。基本风压：0.3kN/m²；X、Y 向结构基本周期：0.9 秒；地面粗糙度：B 类。其中周期可以按荷载规范附录 E 经验公式计算，也可以先粗填一个值，通过最后的 SATWE 分析查看 X、Y 向第一平动周期返回填入风荷载信息，重新计算。

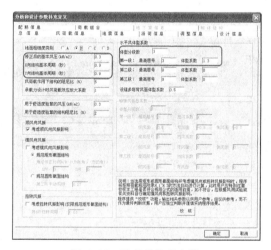

图 A-34　风荷载信息参数　　　　　　　　图 A-35　设计信息参数

在"设计信息"页面，设定梁柱的保护层厚度 20mm，框架梁端考虑受压钢筋，柱配筋按双偏压计算。

本工程其他页面参数保持程序的默认值。单击"确认"后退出参数设定。

（2）特殊构件定义。这是一项补充输入菜单。通过这项菜单，可补充定义特殊柱、特殊梁、弹性楼板单元、材料强度和抗震等级等信息。对于一个工程，经 PM 建模菜单或 SATWE 的设计参数定义菜单后，若需补充定义特殊柱、特殊梁、弹性楼板单元、材料强度和抗震等级等，可执行本项菜单，否则，可跳过这项菜单。

本工程需要指定角柱，下面是进入菜单"特殊构件补充定义"的界面，单击"特殊柱"->"角柱"即可定义或取消角柱的定义。本项工程定义角柱如图 A-36 所示，定义好的角柱程序会以标示"JZ"字样。

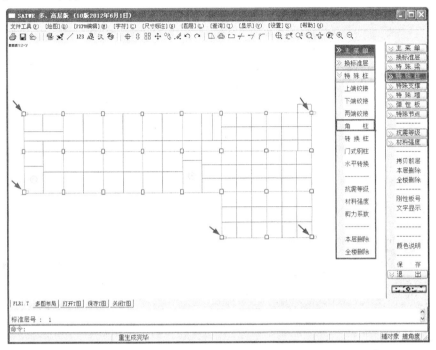

图 A-36   设计信息参数

单击"换标准层",切换到其他楼层,依次定义好角柱信息。

(3)"3.温度荷载定义"、"4.特殊风荷载定义"、"5.多塔结构补充定义",这几项本工程都不涉及,可以直接跳过。

(4)生成 SATWE 数据文件及数据检查。这项菜单是 SATWE 前处理的核心,是 SATWE 的前处理向内力分析与配筋计算及后处理过渡的一项菜单,其功能是综合 PMCAD 的第 1 项菜单生成的数据和前述几项菜单输入的补充信息,将其转换成空间组合结构有限元分析所需的数据格式。不经过"生成 SATWE 数据文件及数据检查"这项菜单,SATWE 的第二项主菜单功能无法正常执行,所以这一项必须执行。

图 A-37   生成 SATWE 数据文件及数据检查

生成完 SATWE 数据文件后，即可退出 SATWE 前处理菜单，进入第二项内力分析与配筋计算。

2. SATWE 三维内力分析与配筋计算

单击"结构内力、配筋计算"选项后，屏幕弹出计算控制参数。

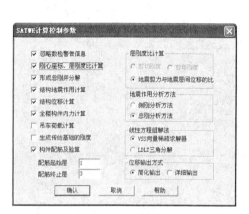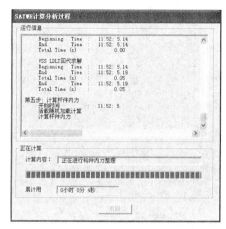

图 A-38　SATWE 三维分析与配筋计算

SATWE 的第二项主菜单为"结构内力、配筋计算"。它是 SATWE 的核心功能，多、高层结构分析的主要计算工作都在这里完成。单击"确认"按钮后自动完成全楼空间分析与构件的配筋计算。

3. SATWE 分析结果查看

"分析结果图形和文件显示"菜单可以查看 SATWE 的三维分析结果，计算结果输出包括图形输出和文本输出两部分。图形输出的内容有：各层配筋构件编号简图、混凝土构件配筋及钢构件验算简图、梁弹性挠度、柱轴压比、墙边缘构件简图、各荷载工况下构件标准内力简图，等等。

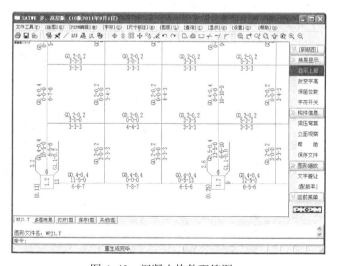

图 A-39　分析结果查看菜单　　　　　图 A-40　混凝土构件配筋图

（1）混凝土构件配筋及钢构件验算简图。这项菜单的功能是以图形方式显示配筋验算结果，其输出简图的文件名为 WPJ *.T，其中"*"代表层号，简图上梁、柱的配筋结果表达方式如下。

① 混凝土梁

GAsv-Asv0

Asu1—Asu2—Asu3

_____

Asd1—Asd2—Asd3

VTAst—Ast1

Asu1、Asu2、Asu3——为梁上部左端、跨中、右端配筋面积（cm^2）。

Asd1、Asd2、Asd3——为梁下部左端、跨中、右端配筋面积（cm^2）。

Asv——为梁加密区抗剪箍筋面积和剪扭箍筋面积的较大值（cm^2）。

Asv0——为梁非加密区抗剪箍筋面积和剪扭箍筋面积的较大值（cm^2）。

Ast、Ast1——为梁受扭纵筋面积和抗扭箍筋沿周边布置的单肢箍的面积，若 Ast 和 Ast1 都为零，则不输出这一行（cm^2）。

G、VT——为箍筋和剪扭配筋标志。

② 混凝土柱

在左上角标注（Uc），在柱中心标柱 Asvj，在下边标注 Asx，在右边标注 Asy，上引出线标注 Asc，下引出线标注 Asv 和 Asv0，如图 A-41 所示。

Asc——为柱一根角筋的面积，采用双偏压计算时，角筋面积不应小于此值，采用单偏压计算时，角筋面积可不受此值控制（cm^2）。

Asx、Asy——分别为该柱 B 边和 H 边的单边配筋，包括两根角筋（cm^2）。

图 A-41　混凝土柱

Asvj、Asv、Asv0——分别为柱节点域抗剪箍筋面积、加密区斜截面抗剪箍筋面积、非加密区斜截面抗剪箍筋面积，箍筋间距均在 Sc 范围内。Asvj 取计算的 Asvjx 和 Asvjy 的大值，Asv 取计算的 Asvx 和 Asvy 的大值，Asv0 取计算的 Asvx0 和 Asvy0 的大值（cm^2）。若该柱与剪力墙相连（边框柱），而且是构造配筋控制，则程序取 Asc、Asx、Asy、Asvx、Asvy 均为零。此时该柱的配筋应该在剪力墙边缘构件配筋图中查看。

Uc——为柱的轴压比。

G——为箍筋标志。

（2）各荷载工况下结构空间变形简图。第 10 项荷载工况下结构空间变形简图用来显示各个工况作用下的结构空间变形图，为了清楚变化趋势，变形图均以动画显示。在位移标注菜单里还可以看到不同荷载工况作用下节点的位移数值。观察变形图时，可以随时选择合适的视角，如果动画幅度太小或太大，也可以根据需要改变幅度。对于复杂的结构，可以应用切片功能取出结构的一榀或任意一个平面部分单独观察，这样可以看得更为清楚。另外还可以标注各个工况下的节点位移。

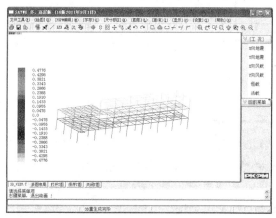

图 A-42　风载水平位移彩色云斑图

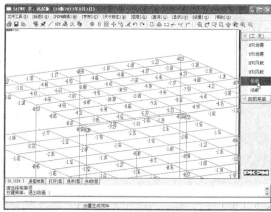

图 A-43　恒载竖向位移标注

（3）各荷载工况下构件标准内力简图

第 4 项、第 11 项菜单用来是查看构件标准内力，功能基本相同。所不同的是第 4 项用平面图表示，第 11 项采用三维投影视图。相对来说第 11 项三维画法对某些特殊结构而言，比平面查看更形象直观。切换视角、调整显示比例、切片功能在这里都可使用。显示范围可以是某一个楼层，也可以是某几个楼层，也可以是整个结构，当然通过使用切片，也可以是结构的某一榀或任意一个平面部分。

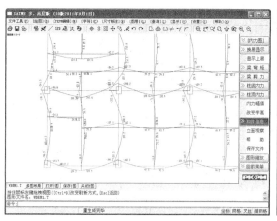

图 A-44　单工况标准内力平面简图

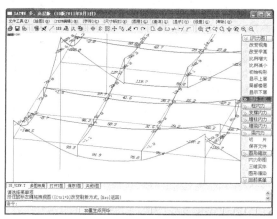

图 A-45　单工况标准内力三维简图

（4）地震作用计算结果文本输出。文本结果输出的第 2 项"周期、地震作用与振型输出文件（WZQ.OUT）"输出了地震作用分析结果，如各个振型的周期、地震力、振型参与质量系数、最小剪重比调整等信息，该文件输出内容有助于设计人员对结构的整体性能进行评估分析。

（5）结构位移结果文本输出

文本结果输出的第 3 项"结构位移输出文件（WDISP.OUT）"输出了各个工况下的结构位移，用来控制结构整体的变形：如层间位移角、位移比等规范要求的各项变形控制。

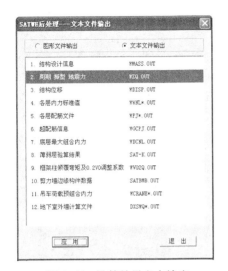

图 A-46　计算结果文本输出

图 A-47　地震作用分析结果

```
=== 工况  1 === X 方向地震作用下的楼层最大位移

Floor   Tower   Jmax      Max-(X)     Ave-(X)         h
                JmaxD     Max-Dx      Ave-Dx      Max-Dx/h      DxR/Dx      Ratio_AX
  3       1      299       8.74         8.62         3900.
                 299       2.01         1.99         1/1937.       52.4%         1.00
  2       1      166       6.78         6.63         3900.
                 166       3.08         3.02         1/1265.        4.3%         1.17
  1       1       33       3.71         3.63         4500.
                  33       3.71         3.63         1/1213.       99.9%         1.05

X方向最大层间位移角：              1/1213.(第  1层第  1塔)
```

图 A-48　结构位移结果文本输出

A.4　绘制施工图

A.4.1　PKPM 混凝土结构施工图简介

使用 PKPM 系列结构设计软件，在 PMCAD 建立三维整体，SATWE、TAT、PMSAP 三个空间分析软件任意一个完成空间分析的基础上，可以完成混凝土结构施工图、钢结构施工图的自动绘制。混凝土施工图在 PMCAD 与墙梁柱施工图模块中完成，钢结构施工图在钢结构模块中完成。

下面还以 A.2.3 某县医院框架工程为例，介绍 PKPM 对于混凝土结构施工图的绘制。

图 A-49　混凝土墙梁柱施工图绘制界面

A.4.2 混凝土结构平面图

楼板结构平面图在 PMCAD 模块的第 3 项菜单"画结构平面图"中完成，可以自动根据房间楼板的区格计算楼板的弯矩、配筋及挠度、裂缝的计算，并可以输出详细的计算书。根据楼板的计算配筋结果进行自动归并，并按归并的结构绘制楼板结构平面图。

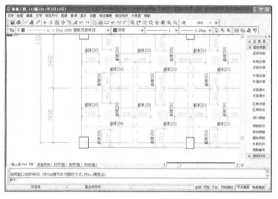

图 A-50 画结构平面图菜单界面   图 A-51 自动绘制结构平面图

A.4.3 梁施工图

墙梁柱施工图模块可以读取前面 SATWE 计算的配筋结果，自动进行梁的配筋归并，并自动选配钢筋，对于混凝土梁提供平法施工图画法，也提供了详细的立、剖面施工图画法，分别对应墙梁柱施工图模块中的第 1、2 项菜单。

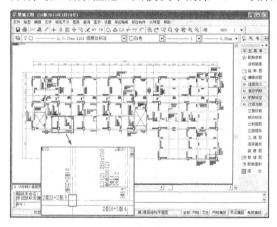

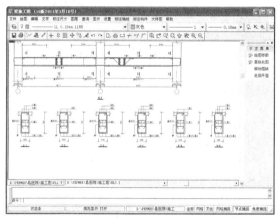

图 A-52 梁平法施工图   图 A-53 梁立、剖面施工图

A.4.4 柱施工图

再读取前面 SATWE 计算的配筋结果，墙梁柱施工图模块自动进行柱的配筋归并，并自动选配钢筋，对于混凝土柱提供平法施工图画法，也提供了详细的立、剖面施工图画法，分别对应墙梁柱施工图模块中的第 3、4 项菜单。

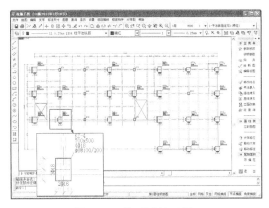

图 A-54　柱平法施工图

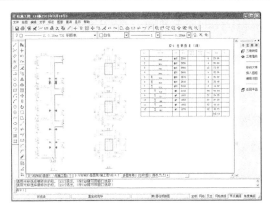

图 A-55　柱立、剖面施工图

A.5　PKPM 与其他相关软件的接口

A.5.1　AutoCAD 平面图向建筑模型转化

PKPM 程序可把 AutoCAD 平台上生成的建筑平面图转化成建筑结构平面布置的三维模型数据，从而节省用户重新输入建筑模型的工作量。程序根据 Dwg 平面图上的线线关系转换成 PKPM 中的轴线和建筑构件梁、柱、墙、门、窗等建筑构件和它们的平面布置。模型转化的 PMCAD 的标准层数据，再在 PMCAD 中补充输入荷载等信息，楼层组装为三维整体模型。

主界面如图 A-57 所示。

图 A-56　AutoCAD 平面图向建筑模型转化进入界面

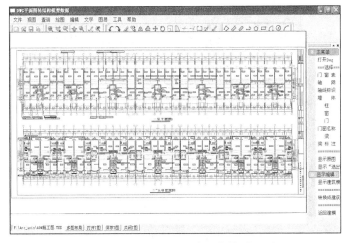

图 A-57　DWG 平面图转结构模型界面

右侧主菜单具体内容如图 A-58 所示。

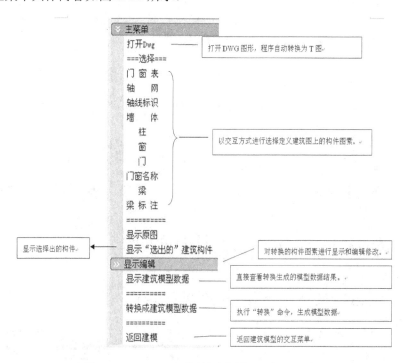

图 A-58　DWG 平面图转结构模型右侧菜单介绍

A.5.2　PKPM 图形转换为 AutoCAD 图

　　PKPM 系列软件都是在中国建筑科学研究院自主研制开发的二维、三维图形平台（CFG）下工作，生成的图形文件格式为"*.T"，所有生成图形都可以在 PKPM 自主平台的 TCAD 中编辑、打印，TCAD 中提供了丰富的绘图与编辑命令，入口见图 A-59 界面中的第 7 项菜单。也可以把 PKPM 生成的图形转换为 AutoCAD 的 DWG 图，然后在 AutoCAD 中进行后期编辑，见图 A-60。

图 A-59　PKPM 图形编辑、打印及转换

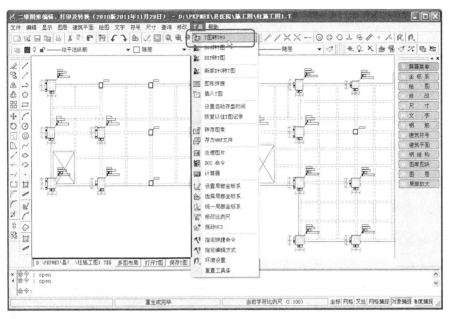

图 A-60　PKPM 图形编辑、打印及转换

附录 B 基于 BIM 的 Revit Structure 2012 软件

建筑信息模型（BIM，Building Information Molding）是近年来出现的一项新技术，正引领着建筑业信息技术走向更高层次。如果将 20 世纪 90 年代 CAD 技术应用（从手工绘图转向计算机二维绘图）视为第一次设计手段革命，那么当下的 BIM 技术应用，将是设计手段的第二次革命，也是一次真正意义上的信息革命。BIM 从根本上解决了项目规划、设计、施工、维护管理各阶段间的信息断层，真正实现了"计算机辅助设计"。

通常可依据功能将 BIM 体系软件分为三类：①基于绘图的 BIM，如 Revit、ESRI 等；②基于专业的 BIM，如 ArchiCAD、MagiCAD、鲁班钢筋等；③基于管理的 BIM，如 Project、Archibus 等。本章主要介绍基于绘图的结构建模软件 Revit Structure 2012。

B.1 概述

B.1.1 BIM 概述

BIM 理念源于 20 世纪 70 年代美国 Charles Eastman 博士提出的建筑物计算机模拟系统，BIM 是以三维数字技术为基础，集成建筑工程各相关信息的工程数据模型，是一种应用于设计、建造、运营全生命周期的数字化方法。BIM 具有三维可视化、信息完备性、协同操作性等特性，与传统 CAD 相比，更多强调了带有信息参数的三维模型创建，以及统一数据源的多专业协作。

BIM 越来越得到全球各地业主、设计院、工程承包方等的认可，美国 Letterman 数字艺术中心、伦敦希思罗国际机场 5 号航站楼以及上海世博文化中心等项目，相继成功应用了 BIM 技术，提高了设计品质，降低了建造成本。

B.1.2 Revit Structure 2012 概述

Autodesk Revit 是基于 BIM 的系列软件，包括 Architecture、Structure、MEP（建筑、结

构、水暖电）三款专业软件，其中 Revit Structure 2012 是一款专为结构工程师提供结构设计、分析及出图的强大工具软件。这款软件将多材质的物理模型与独立、可编辑的分析模型进行了集成，可实现结构建模及文档的准备，并为常用结构分析软件提供双向链接。

在 Revit Structure 2012 中，项目是单个设计信息的数据库模型，所有的图纸、视图以及明细表都是同一基本建筑模型数据库的信息表现形式。软件具有编制结构设计文档的多专业协调能力，其参数化修改引擎可自动协调在任何位置（视图、图纸、明细表等）进行的修改。

B.2　工作界面

打开 Revit Structure 2012，进入项目、族、资源初始显示界面，界面同时显示基本样例文件或最近使用过的项目和族文件。新建或打开项目，进入 Revit 操作界面（经典 Ribbon 界面模式），如图 B-1 所示。

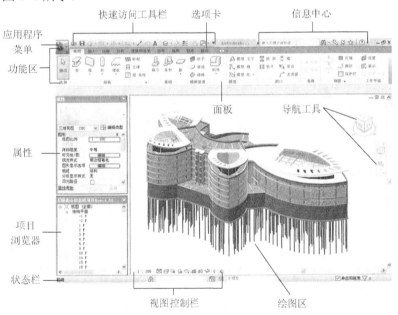

图 B-1　Revit Structure 2012 操作界面

B.2.1　应用程序菜单

应用程序菜单提供对常用文件操作的访问，例如"新建"、"打开"和"保存"，还允许使用更高级的工具（如"导出"和"发布"）来管理文件。单击 打开应用程序菜单，如图 B-2 所示，若要查看每个菜单项的选择项，可单击其右侧箭头，然后在列表中进行选择。

B.2.2　快速访问工具栏

如图 B-3 所示，快速访问工具栏包含一组默认工具，用户可以单击向下箭头按钮 ，对该工具栏进行自定义，使其显示最常用工具。

图 B-2　应用程序菜单

图 B-3　快速访问工具栏

若要向快速访问工具栏中添加功能区工具按钮，可在功能区中单击鼠标右键，在弹出的快捷菜单中选择"添加到快捷访问工具栏"，如图 B-4 所示。

图 B-4　添加到快捷访问工具栏

B.2.3　功能区选项卡

功能区集中了 Revit Structure 2012 中所有功能的操作命令，完整的功能区如图 B-5 所示。用户可以单击 按钮，进行"最小化为面板按钮"、"最小化为面板标题"、"最小化为选项卡"显示模式间的切换。

图 B-5　功能区选项卡

当激活某些命令或者选择图元时，功能区会自动增加与该操作相关的上下文选项卡。例如，单击功能区"常用"中的"梁"工具时，将显示"修改|放置梁"的上下文选项卡，如图 B-6 所示。

图 B-6　"修改|放置梁"上下文选项卡

B.2.4　基本工具按钮

（1）图元编辑工具。常规图元编辑工具适用于软件的整个绘图过程，如对齐、移动、偏移、复制、镜像、旋转、阵列等，如图 B-7 所示，其具体功能与 AutoCAD 2012 中类似。

图 B-7　图元编辑工具　　　　　　　　　　图 B-8　窗口管理工具

（2）窗口管理工具。如图 B-8 所示，窗口管理工具包含切换窗口、关闭隐藏对象、复制、层叠、平铺和用户界面，用户可以通过对应按钮实现窗口间切换及各窗口的布局，同时可以控制用户界面组件的显示。

（3）导航工具。全导航控制盘，即查看对象控制盘和巡视建筑控制盘上的三维导航工具的组合。用户可以查看各个对象及围绕模型进行漫游和导航，如图 B-9 所示。当显示其中一个全导航控制盘时，按住鼠标中键可进行平移，滚动鼠标滚轮可进行放大和缩小，同时按住 <Shift>键和鼠标中键可进行动态观察。

图 B-9　全导航控制盘　　　　　　　　　　图 B-10　ViewCube

ViewCube，是用来指示模型当前方向和调整视点的三维导航工具，如图 B-10 所示。主视图是随模型一同存储的特殊视图，可以方便地返回已知视图或熟悉的视图，用户也可以单击鼠标右键，在弹出的快捷菜单中选择"将当前视图设定为主视图"。

B.2.5 属性

如图 B-11 所示，"属性"选项板是一个无模式对话框，系统默认显示在界面左侧，通过该选项板，用户可以查看和重新定义图元属性参数。

单击"属性"选项板中的"编辑类型"，如图 B-12 所示，打开"类型属性"对话框，"属性"和"类型属性"对话框分别包括了实例设计参数和类型设计参数。

图 B-11 "属性"选项板

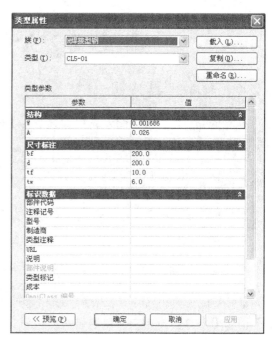

图 B-12 "类型属性"对话框

B.2.6 项目浏览器

项目浏览器位于 Revit 操作界面左下角，主要用于显示当前项目中所有视图、明细表、图纸、族、链接的 Revit 模型及其他部分的逻辑层次。展开各分支节点，将显示下一层项目。同时，通过右键单击浏览器相关项，可以进行"复制"、"删除"、"重命名"等相关操作。

B.2.7 绘图区及视图控制栏

绘图区，用以绘制和显示当前项目视图（平面、立面、剖面、明细表等）的区域，如图 B-1 所示。

视图控制栏，位于视图窗口底部，状态栏上方，通过它，可以快速访问影响绘图区域的功能。如图 B-13 所示，视图控制栏上从左至右依次是比例、详细程度、视觉样式、日光路径、打开/关闭阴影、裁剪视图等工具。

图 B-13 视图控制栏

B.2.8 状态栏及信息中心

状态栏，沿图 B-1 所示 Revit 界面底部显示，使用某一工具时，状态栏左侧会提供一些技巧或提示；亮显图元或构件时，状态栏则会显示族和类型的名称。状态栏右侧为工作集、设计选项、单击和拖曳、过滤器等控件。

信息中心，位于 Revit 界面右上角，用户可以使用信息中心搜索信息，显示"Subscription Center"面板以访问 Subscription 服务，显示"通讯中心"面板以访问产品更新，以及显示"收藏夹"面板以访问保存的主题。

B.3 结构建模

Revit 结构建模区别于传统的 CAD 三维建模，其模型及所有构件涵盖三维或更多维数据信息（如材质、单价、产商等），且当用户在某一视图下修改结构模型时，其余视图将随之更新。本节将从结构建模基本流程出发，围绕各主要结构构件及步骤展开讲解。

B.3.1 基本流程

Revit Structure 2012 的主要功能可满足结构设计各阶段需求，无论是初始投标阶段的初步设计，还是施工过程中的深化设计，其设计深度由用户灵活把握。结构建模过程中无严格的先后顺序限制，通常情况下可按如图 B-14 所示基本流程操作，其中图纸设计将在 B.5 节中详细讲解，本书暂不涉及分析模型及荷载。

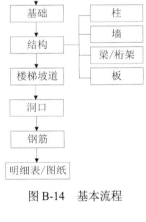

图 B-14 基本流程

B.3.2 项目创建

单击应用程序菜单按钮![按钮]，选择"新建"→"项目"，弹出如图 B-15 所示对话框，默认样板文件 Structural Analysis-DefaultCHNCHS.rte。此外，用户也可根据需要，单击"浏览"按钮，选择所需样板文件并及时保存。

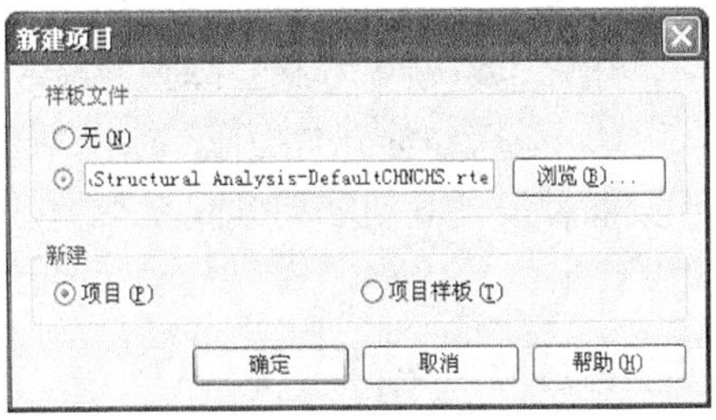

B.3.3 标高与轴网

建议用户先创建标高，这样后续的轴网即可在各楼层平面视图中自动显示。

（1）标高。

① 在项目浏览器中展开"立面（建筑立面）"，双击视图名称"南"（或右键打开），如图 B-16 所示，进入南立面视图，系统默认设置为标高

图 B-15 "新建项目"对话框

1、标高 2。用户可根据需要调整标高，即双击修改标高符号上方数字或上下拖动标高线调整。

② 单击功能区→"常用"选项卡→"基准"面板→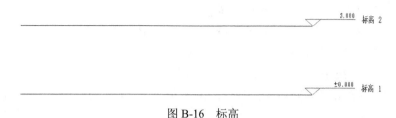标高工具，可添加标高，双击该标高名可进行重命名（如修改为 1F、2F 等）。此外，用户也可以通过复制命令添加标高。

图 B-16　标高

（2）导入底图。现阶段，结构设计仍以传统二维 CAD 出图为主，因此在 Revit 软件应用过程中，常常利用"导入 CAD"功能辅助建模。在项目浏览器中展开"结构平面"，双击"1F"进入 1 层平面视图，单击"插入"选项卡→"导入"面板→"导入 CAD"，弹出"导入 CAD 格式"对话框，如图 B-17 所示，用户可根据需要进行导入文件、图层、导入单位、定位等设置。

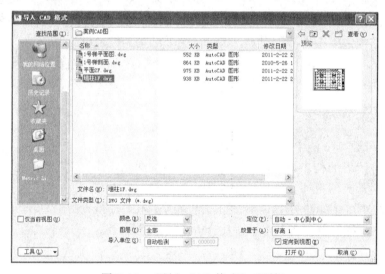

图 B-17　"导入 CAD 格式"对话框

（3）轴网。

① 打开平面视图，单击"常用"选项卡→"基准"面板→轴网工具，在绘图区单击鼠标左键并拖动至合适位置添加轴网（或拾取 CAD 底图轴线，创建轴网）。当绘制多条轴线时，用户也可使用复制、阵列等命令，提高绘制效率。

② 与标高重命名类似，双击轴号，可在文本编辑框中修改轴号。此外，用户需注意，由于某些轴线是采用阵列方式获得的，因此，在对单条轴线进行操作时需先解组。

B.3.4　结构

（1）柱。

① 单击"常用"选项卡→"结构"面板→柱·工具，在其下拉列表框中选择"结构柱"

或"建筑柱"命令，并从类型选择器中选择相应尺寸的柱，若没有，则单击"属性"按钮，打开"类型属性"对话框，如图 B-18 所示，修改类型参数并复制出新尺寸规格的柱。

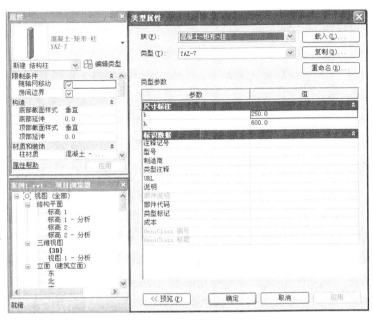

图 B-18　柱类型属性

② 若上述操作中没有所需柱类型，则选择"插入"选项卡→"从库中载入"面板→"载入族"工具，打开相应族库，载入对应族文件。有些异型柱的族文件需要用户通过创建族来完成，将在 B.4.4 小节中具体阐述。

③ 通过移动鼠标将柱子添加至绘图区对应位置，并在左侧"属性"对话框中完成对柱子基准、顶底标高及偏移等的设置。如图 B-19 所示，以一框架核心筒结构类型为案例，进行的一层柱平面及三维视图绘制。

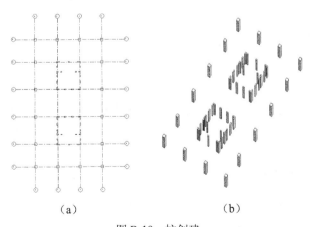

（a）　　　　　　　　　　　　（b）

图 B-19　柱创建

（2）墙。

① 单击"常用"选项卡→"结构"面板→ 🗋 墙 ·工具，用户可在其下拉列表框中选择"结

构墙"、"隔墙"、"墙饰条"、"分隔缝"等命令，并从类型选择器中选择相应规格的墙（或打开"类型属性"对话框新建相应规格的墙）。

② 在左侧"属性"对话框中设置墙体限制条件（定位线、基准、偏移值等），单击"修改 | 放置结构墙"选项卡→"绘制"面板→"直线"工具，在绘图区沿顺时针方向绘制墙体。此外，用户也可选择绘制面板中"矩形"、"圆弧"、"拾取线"等命令绘制相应墙体。如图 B-20 所示，为案例中核心筒部位添加剪力墙后的三维视图。

（3）梁/桁架。

① 单击"常用"选项卡→"结构"面板→"梁"工具，从类型选择器下拉列表框中选择相应规格的梁（或打开"类型属性"对话框新建相应规格的梁）。

② 若上述操作中没有所需梁类型，则选择"插入"选项卡→"从库中载入"面板→"载入族"命令，打开相应族库。

③ 左侧"属性"对话框中设置梁属性（如偏移值、顶面对齐方式等）后，在绘图区单击梁起点，拖动鼠标绘制梁线，至梁终点单击鼠标，即可绘制一条梁，同样方法绘制其余梁。类似于墙体绘制方式，用户也可选择"绘制"面板中"矩形"、

图 B-20 剪力墙创建

"圆弧"、"拾取线"等命令绘制相应梁。如图 B-21 所示，为案例在绘制梁后的平面及三维视图。

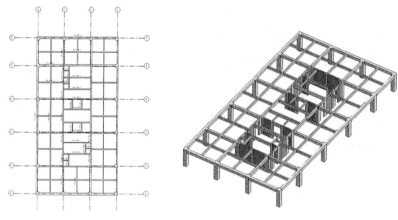

图 B-21 梁创建

④ 此外，在工业厂房建模过程中，将较多涉及桁架、结构间支撑、梁系统等，绘制方法与基本梁类似。

（4）楼板。

① 单击"常用"选项卡→"结构"面板→ 楼板 工具，用户可在其下拉列表框中选择"结构楼板"、"建筑楼板"、"楼板边缘"命令，选择相应规格的楼板（或单击"编辑类型"按钮，新建所需功能、材质、尺寸的楼板），并在左侧"属性"对话框中设置标高参数。

② 弹出"修改 | 创建楼层边界"选项卡，进入绘制轮廓草图模式。选择"绘制"面板中的"线"、"矩形"、"拾取线"、"拾取支座"等工具，进行楼板边界绘制并单击确定按钮。

③ 如需对楼板边界进行修改，可选中楼板，弹出"修改 | 楼板"选项卡，在"模式"面

板中选择编辑边界。如图 B-22 所示，为添加楼板后的案例三维视图。

④ 此外，斜楼板的绘制，可借助"绘制"面板中的"坡度箭头"工具📐，进行斜楼板坡度设置。

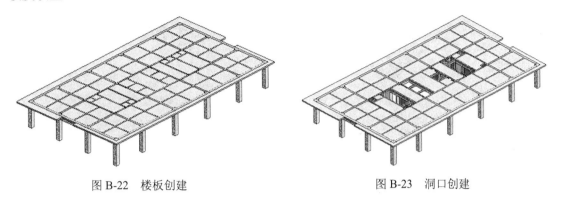

图 B-22　楼板创建　　　　　　　　　　图 B-23　洞口创建

B.3.5　洞口

在上述楼板及墙体绘制过程中，可以通过编辑轮廓线，实现楼板或墙体的开洞，也可以通过软件专用的"洞口"命令创建面洞口、竖井洞口、墙洞口等。

选择"常用"选项卡→"洞口"面板→"按面"工具▦，可拾取屋顶、楼板的某一面并垂直于该面进行剪切，绘制洞口形状并单击确定按钮✔，完成洞口创建。同理，可选择"竖井"、"墙"、"垂直"等工具，创建相应洞口。如图 B-23 所示，为楼板开洞后的三维视图。

B.3.6　楼梯坡道

（1）楼梯。

① 选择"常用"选项卡→"楼梯坡道"面板→"楼梯"工具🪜，进入绘制楼梯草图模式，自动激活"创建楼梯草图"选项卡。选择"绘制"面板中"梯段"工具▦，即可直接开始绘制楼梯。若绘制弧形或旋转楼梯，此时需单击一侧的"圆心—端点弧"工具⌒。

② 单击"编辑类型"按钮，打开"类型属性"对话框，新建楼梯样式，设置踏步、踢面、梯边梁等的位置、高度、材质等。然后在"属性"对话框中设置楼梯宽度、基准偏移等参数，单击"确定"。

③ 单击"梯段"工具▦，捕捉每跑起止点，绘制梯段。同理，也可单击"边界"工具⌐或"踢面"工具▦创建楼梯。如图 B-24 所示，为案例添加直梯后的三维视图。

（2）坡道。

① 选择"常用"选项卡→"楼梯坡道"面板→"坡度"工具▱，进入绘制坡道草图模式。在"类型属性"对话框中新建坡度样式，设置坡度厚度、材质、最大坡度等参数。

② 在"属性"对话框中设置坡度宽度、基准标高、基准便宜等参数后，单击"梯段"工具，捕捉每跑起止点，创建坡道。弧形坡度单击"梯段"工具后，需单击选项栏"圆心—端点弧"工具。

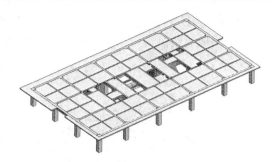

图 B-24　楼梯创建

B.3.7　基础

选择"常用"选项卡→"基础"面板→"独立基础"工具 🔲，在"类型属性"对话框中进行独立基础相关参数设置。类似于柱子的添加，用户可以通过轴网加载等形式添加独立基础，如图 B-25 所示，为添加独立基础后的三维视图。

条形基础及基础底板的添加与上述操作类似。此外，用户可通过单击"修改｜放置独立基础"选项卡→"模型"面板→"载入族"命令，载入所需基础族文件。

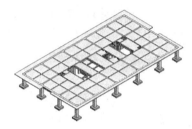

图 B-25　基础创建

B.3.8　钢筋

Revit Structure 2012 支持对混凝土构件中添加实体钢筋，具体如下。

① 设定钢筋混凝土保护层。即单击"常用"选项卡→"钢筋"面板→"保护层"工具 🔲，在显示的"编辑保护层"状态栏中选择"编辑保护层设置"工具 🔲，弹出如图 B-26 所示对话框，用户可对钢筋保护层厚度进行添加、复制、重置等操作。

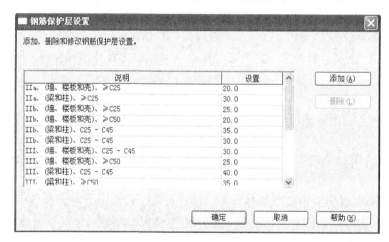

图 B-26　钢筋保护层设置

② 剖切构件。即单击"视图"选项卡→"创建"面板→"剖面"工具 ，剖切梁，生成剖面视图，可拖动边界线屏蔽无关构件。

③ 在剖面视图中添加箍筋。即单击"钢筋"工具，在"放置钢筋"状态栏自动显示对应于钢筋加载项的操作选项，如图 B-27 所示，选择 33 号形状为当前构件箍筋。

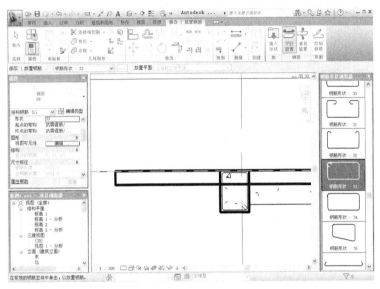

图 B-27　钢筋添加

B.3.9　明细表

明细表是 Revit Structure 2012 的重要组成部分，通过定制明细表，我们可以从所创建的结构模型中获取项目应用中所需的各类信息。

（1）单击"视图"选项卡→"创建"面板→"明细表"工具 ，选择"明细表/数量"，弹出新建明细表窗口，如图 B-28 所示，选择要统计的构件类别，设置名称及应用阶段。

（2）如图 B-29 所示"明细表属性"对话框，用户可从字段列表框中选择要统计的字段，可设置过滤器统计其中部分构件。此外，还可以进行排序、格式和外观设置。

图 B-28　"新建明细表"对话框

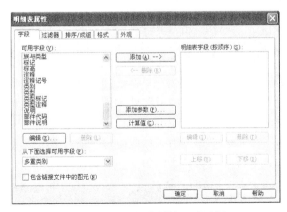

图 B-29　"明细表属性"对话框

B.4 族

Revit 项目是通过族的组合来实现的，族是其核心所在，贯穿于整个设计项目中，是项目模型最基础的构筑单元。因此，掌握族的概念和用法至关重要。

B.4.1 族的概述

族是一个包含通用属性集和相关图形表示的图元组，属于一个族的不同图元的部分或全部参数值可能不同，但是参数的集合是相同的。族中的这些变量称为族类型，族中每一类型都具有相关的图形表示和一组相同的参数，称作族类型参数。

所有添加到项目中的图元，如 B.3 节中的柱、墙、梁、楼板等都是使用族创建的。通过使用预定义的族及新建族，可以将标准图元和自定义图元添加到结构模型中。通过族，还可以对用法和行为类似的图元进行某种级别的控制，以便轻松地修改设计和更高效地管理项目。

B.4.2 族的分类

（1）系统族。在项目中，有些图元不能从外部加载，但可以通过设置进行定制，然后在项目中直接应用，如墙、梁、柱、楼板、屋顶等构件，这种族称为"系统族"。另外，标高、轴网、图纸及视图窗口等项目及系统设置，也属于系统族。

系统族已在 Revit Structure 中预定义且保存在样板和项目中，系统族中至少应该包含一个系统族类型。如果项目中现有的系统族类型无法满足要求，用户可以在属性对话框中复制已有类型并重新设置，或者从其他项目文件中传递一个满足要求的系统族类型到本项目。

（2）标准构件族。标准构件族是用于创建建筑构件和一些注释图元的族，包括建筑内和建筑周围安装的建筑构件，例如门、窗及一些常规自定义的注释图元（符号和标题栏等）。标准构件族是在外部.rfa 文件中创建的，并可载入到项目中，一般非特别指明，族即是指标准构件族。

标准构件族通常在相应的族样板上创建，同时用户也可以根据自身需要在族中添加参数，如尺寸、材质、可见性等，然后保存为独立的.rfa 文件，供用户加载至所需项目。Revit Structure 提供了多种标准族样板和使软件基本功能运转所必需的族库，用户可自行创建自己的族文件，也可以通过网络下载等其他途径获得族文件。

（3）内建族。用户在创建项目时往往需要针对本项目快速创建一些专有构件，而这些构件将来也不需要重复应用，此时即可采用通用的建模功能，快速在位创建这些构件，即"在位创建族"，也叫"内建族"。内建族的创建遵循构件的实际尺寸，当项目的更新影响到创建的内建族时，内建族亦会随之更新。

内建族的创建和系统族类似，无需从外部文件加载，也不能保存为独立的外部族文件，它仅在当前项目中创建和使用。

B.4.3 族的使用

（1）加载族。选择"插入"选项卡→"从库中载入"面板→"载入族"工具，弹出图 B-30 所示对话框，用户可以单选或复选需要载入的族文件，然后单击右下角的"打开"，将族载入项目。

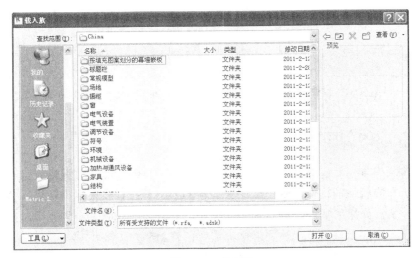

图 B-30 载入族

用户可以通过项目浏览器中族列表查看项目中所有的族，并可选择相应族，拖至绘图区创建构件。

此外，用户还可以通过 Windows 资源管理器将族文件拖至项目绘图区；或当族文件打开时，通过"常用"选项卡→"族编辑器"面板→"载入到项目中"进行族的加载。

（2）编辑族和族类型。

① 编辑项目中的族。在绘图区选中并右击需要编辑的族，在弹出的菜单中选中"编辑族"，即可在族编辑器中进行该族编辑。

同样，在项目浏览器中选中并右击需要编辑的族，在弹出菜单中单击"编辑"，也可在族编辑器中编辑该族。

需要特别注意，编辑项目中的族文件时，项目中已有的族类型文件均自动更新为新编辑的族类型。

② 编辑族的类型。在绘图区选中需编辑的族，在"属性"选项板中单击"编辑类型"，打开"类型属性"对话框，如图 B-31 所示。用户可以在此对话框中编辑当前类型下的参数值，同时也可以通过"复制"、"重命名"等方式创建新的类型。

此外，用户也可以在项目浏览器中双击要编辑的族类型名，打开"类型属性"对话框。

图 B-31　编辑族类型

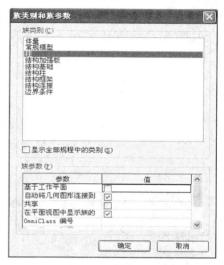

图 B-32　定义族类别和族参数

B.4.4　族的创建

族创建前，应首先从几何图形、尺寸、显示要求、详细程度等方面进行综合规划。如果可以找到与所需族相似的构件，则可以在族编辑器中将其打开，根据需要进行修改，然后将其载入至项目中；如果所需族与现有族非常类似，则只需在现有族中创建多个类型即可；如果现有构件或族文件无法满足上述要求，则需要创建新族。主要步骤如下。

（1）新建族，弹出"新建—选择样板文件"对话框，选择合适的族样板文件，通常采用"公制常规模型"作为族样板文件。

（2）定义族类别和族参数，单击"常用"选项卡→"属性"面板→"族类别和族参数"工具，打开如图 B-32 所示的对话框，定义族类别及相应参数。族类别决定着族在项目浏览器中的位置及在项目中的工作特性，族参数体现着设计师将对族在项目中的工作特性作进一步设置的意图。

（3）单击"常用"选项卡→"属性"面板→"族类型"工具，打开如图 B-33 所示对话框，新建族类型；单击"族类型"对话框中"添加"按钮，弹出如图 B-34 所示"参数属性"对话框，新建族参数。

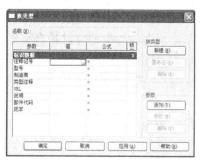

图 B-33　新建族类型

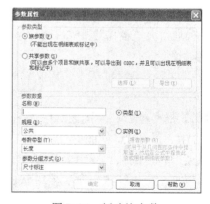

图 B-34　新建族参数

（4）布局有助于绘制构件几何图形的参照平面，参照平面和参照线在族的创建过程中最为常用，它们是辅助绘图的重要工具，大多数族样板文件中已经画有三个参照平面，它们分别为 X、Y 和 Z 平面方向，交点为（0,0,0）。

建议用户在立面视图中锁定底参照平面，避免以后给轮廓线添加 EQ 参数时发生错误；此外，同一平面内不要添加两个参照平面，以免在参照平面锁定关系中出现限制条件。

（5）在族文件窗口中，通过拉伸、融合、旋转、放样等操作绘制相应实体模型，如图 B-35 所示为通过拉伸命令绘制的约束边缘转角墙柱。

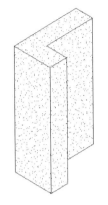

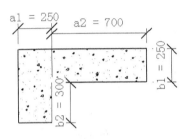

图 B-35　实体模型　　　　　　　　　　图 B-36　尺寸标注

（6）如图 B-36 所示，选择"注释"选项卡→"尺寸标注"面板中相应命令工具，在平面视图中进行尺寸标注，并将尺寸添加至相应实例参数，或根据需要通过公式将一些参数进行关联。

（7）单击"视图"选项卡→"图形"面板→"可见性/图形"工具，设置族的可见性；如图 B-37 所示，进入"材质"对话框，通过类型选择、着色、图案填充、填充样色选择等操作完成族材质设置。

图 B-37　材质设置

（8）保存新建的族文件，并载入项目进行测试，完成族的创建。

B.5　图纸设计

在 Revit Structure 中创建的结构模型，可导出为 CAD 格式、DWF 格式、图片等格式文件，或将其发布至 Buzzsaw 供其他电脑或智能手机浏览使用。目前情况下，通常还是将二维或三维图形绘制在图纸上，供材料加工、现场施工时使用。

B.5.1　图纸创建

创建图纸时首先需要选择图框，即标题栏，然后将出图内容添加至图纸中。

（1）标题栏。单击"视图"选项卡→"图纸组合"面板→"图纸"工具，在默认安装情况下，标题栏族文件存放在 C:\ProgramData\Autodesk\RST 2012\Libraries\China\标题栏，包含 A0-A3 以及"修改通知单"五个不同的标题栏族文件。用户可以根据需要选用相应尺寸标题栏或新建标题栏族文件。

如图 B-38 所示，标题栏包含图纸幅面及图纸标签，图纸标签又包含设计单位信息、图纸修订信息、项目信息及图纸会签。其中图幅大小、设计单位信息、图纸修订信息栏格式等可通过编辑族模式重新设置；图纸修订信息随云线修订而自动更新；项目信息和图纸会签可在项目环境中直接录入。

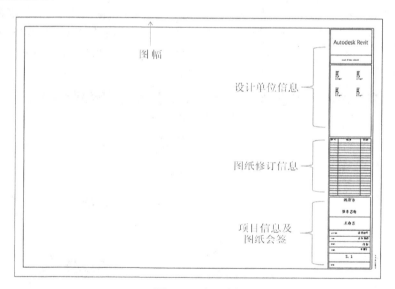

图 B-38　标题栏

（2）视图。双击打开项目浏览器中新建的图纸，在项目浏览器视图列表中，直接拖动视图至图纸；或单击"视图"选项卡→"图纸组合"面板→"视图"工具，弹出"视图"对话框，选择所要添加的视图。

视图放置在图纸上称为视口，通过视口可以显示对应的视图。每添加一个视图，将自动生成一个视口及视图标题（视图名称、缩放比例及编号等）。用户可以右击视口，在快捷菜单中选择"激活视图",对视图进行编辑;也可以单击视口并打开"类型属性"对话框,定义相关属性。如图 B-39 所示,为包含三维视图、一楼平面图等多个视口的图纸。

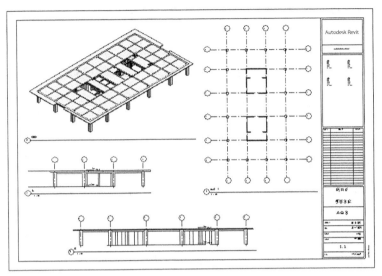

图 B-39 Revit 视图及图纸

(3)明细表。Revit Structure 2012 提供多种明细表,如图形柱明细表、材质、注释快、视图列表及修订明细表等,除修订明细表外,其余类型明细表均通过"明细表"命令创建。用户可参考上述视图添加及编辑说明,将明细表添加至图纸。

此外,在图纸上可能会包含一些外部信息,如文字、图像和电子表格,可通过注释、插入等命令添加至图纸。

B.5.2 图纸变更

项目设计或施工过程中经常涉及图纸变更,在 Revit Structure 2012 中,用户可以使用修订功能在图纸上设置修订信息,添加云线批注,并可检查修订时间、原因及操作者。

(1)修订信息。单击"视图"选项卡→"图纸组合"面板→"修订"工具 ,弹出"图纸发布/修订"对话框,如图 B-40 所示,用户可通过该对话框编辑添加日期、说明、发布者等相关修订信息。

图 B-40 "图纸发布/修订"对话框

（2）云线批注。设计修改后，往往需要在修改区域内添加云线进行标识。如图 B-41 所示，用户可以单击"注释"选项卡→"详图"面板→"云线批注"工具 ，在绘图区为修改部位添加云线批注，并单击 按钮，完成云线标注。此外，用户还可以通过"标记"命令为云线添加相应标记。

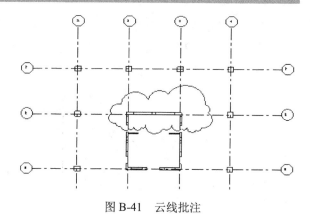

图 B-41　云线批注

B.5.3　图纸打印

（1）打印设置。单击"应用程序菜单"按钮 →"打印"菜单"→"打印设置"项，在"打印设置"对话框中选择打印机名、纸张大小、方向、颜色等并保存。

（2）打印。单击"应用程序菜单"按钮 →"打印"菜单"→"打印"项，在"打印"对话框中对打印范围、份数等进行调整，并最终完成图纸打印。

B.6　工程案例

B.6.1　某 SOHO 办公楼

（1）项目介绍。本项目为集商业与办公一体的高档写字楼，由两栋二十层的南北塔楼及一栋两层裙房相连组成，地下两层为停车库及设备用房。项目总建筑面积约 51723m^2，其中地上 41851m^2，地下 9872m^2。主楼为框架核心筒结构，建筑顶标高为 83.7m；裙房为框架结构，建筑顶标高为 14.85m；基础形式为桩及阀板基础。

（2）Revit 模型。如图 B-42 所示，为本项目 Revit 结构模型。该模型的创建，增强了各参与方对项目主体结构的直观认识，有效规避了设计及施工过程中的构件碰撞、材料信息不对称等现象，降低了工程成本，提高了项目实施进度及质量。

（3）明细表。如图 B-43 所示，为通过 Revit Structure 生成的工程桩明细表，该明细表清晰地反映了桩顶标高、混凝土强度、桩长、体积

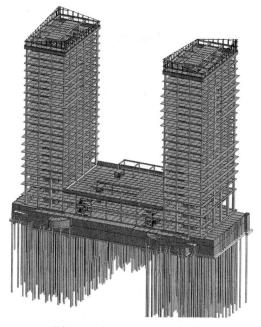

图 B-42　Revit Structure 模型

等信息，为工程量计算提供了准确便捷的信息。

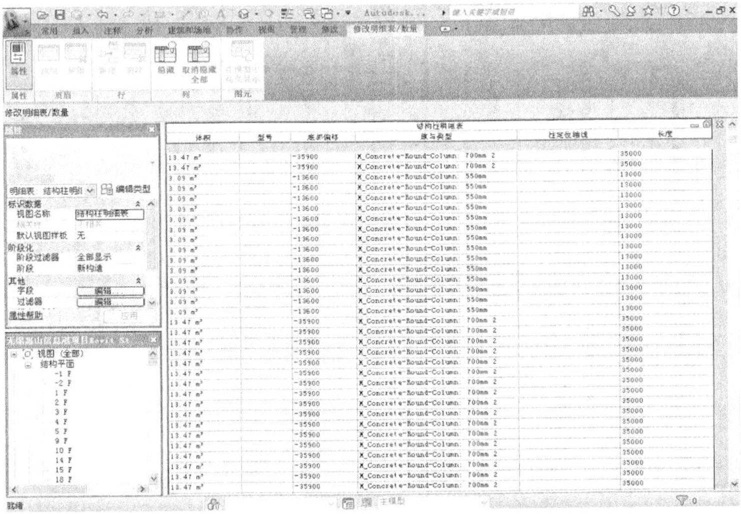

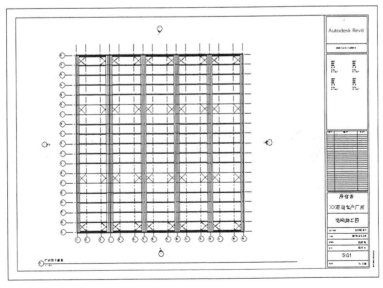

图 B-43 工程桩明细表

B.6.2 某工业厂房

（1）项目概况。本项目为单层工业厂房，总建筑面积约 11500m²，主厂房外檐高度 13.40m，柱顶标高 11.2m，主厂房内变电所、检测室、卫生间、水泵房及值班室层高均为 4.20m。厂房采用门式刚架轻型房屋钢结构形式，跨度均为 21m（共 5 跨），每跨设 2 台 5t 桥式吊车，主厂房内变电所、检测室、卫生间、水泵房及值班室采用钢筋混凝土框架结构。

（2）Revit 图纸。如图 B-44、图 B-45 所示，分别为 Revit Structure 2012 生成的项目柱顶处平面图、南北侧立面图。

图 B-44 柱顶处平面图

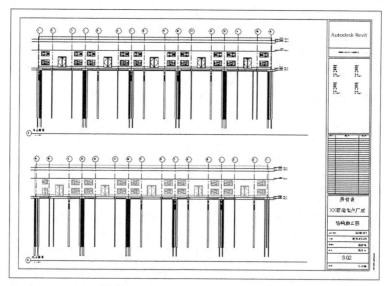

图 B-45　南北侧立面图

（3）施工模拟。Revit 结构模型的建立为 BIM 技术奠定了基础，在虚拟仿真施工中，可以通过 Revit Structure 软件自身的模型阶段化，或借助 Navisworks 软件并结合进度计划，有效实现项目的施工过程模拟。如图 B-46 所示，为模型阶段化基础上的施工流程模拟（桩基→承台→混凝土结构→钢结构柱→钢桁架→墙面→屋面）。

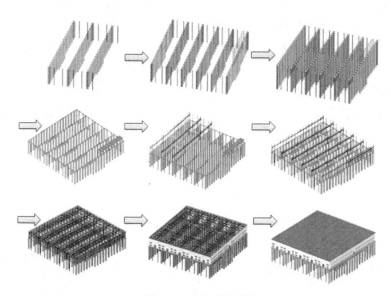

图 B-46　施工模拟图

参 考 文 献

[1] 王茹、雷光明. AutoCAD 计算机辅助设计（土木类）. 北京：人民邮电出版社

[2] 中国建筑标准设计研究院. 房屋建筑制图统一标准（GB/T 50001—2001）

[3] 中国建筑标准设计研究院. 总图制图标准（GT/T50103—2001）

[4] 中国建筑标准设计研究院. 建筑制图标准（GB/T 50104—2001）

[5] 中国建筑标准设计研究院. 建筑设计规范（2003 版）（GB 50096—1999）

[6] 中国建筑标准设计研究院. 混凝土结构施工图——平面整体表示方法制图规则与构造详图 11G101-1

[7] 图集编绘组. 建筑工程设计施工系列图集——土建工程. 北京：中国建材工业出版社

[8] 黄展东. 建筑工程设计施工详细图集——混凝土结构工程. 北京：中国建筑工业出版社

[9] 时代印象. 中文版 AutoCAD 2013 技术大全. 北京：人民邮电出版社

[10] 王吉强. AutoCAD 2013 建筑制图与室内工程制图精粹. 北京：机械工业出版社

[11] 肖静. 精通 AutoCAD 2012 中文版. 北京：清华大学出版社

[12] 龙马工作室. AutoCAD 2013 中文版完全自学手册. 北京：人民邮电出版社